教育部职业教育与成人教育司推荐教材
中等职业学校计算机技术专业教学用书

# 网络布线与小型局域网搭建

## （第3版）

段　标　主　编
范加泽　副主编

電子工業出版社
Publishing House of Electronics Industry
北京・BEIJING

## 内 容 简 介

本书是计算机网络及相关专业的专业课教材，旨在帮助学生在学习计算机网络基本理论和基础知识的前提下，掌握基本的网络工程技术与施工技术。

本书共分为 7 个项目，比较详细地介绍网络布线与小型局域网搭建方面的知识，分别为认识网络工作、认识网络工程布线材料、布线系统的设计、布线系统施工、交换机与路由器的基本配置、组建局域网和测试与验收网络工程。主要围绕计算机网络搭建技术与施工技术展开介绍，每个项目提供了思考与练习，供学生拓展知识使用。

本书可以作为中等职业学校计算机相关专业的计算机网络课程的教材，也可以作为计算机网络知识的培训教程，还可以供计算机网络爱好者和工程技术人员学习参考。



**图书在版编目（CIP）数据**

网络布线与小型局域网搭建 / 段标主编. —3 版. —北京：电子工业出版社，2016.4

ISBN 978-7-121-27979-9

Ⅰ. ①网… Ⅱ. ①段… Ⅲ. ①计算机网络—布线—中等专业学校—教材②局域网—中等专业学校—教材 Ⅳ.①TP393.03②TP393.1

中国版本图书馆 CIP 数据核字（2015）第 318813 号

策划编辑：柴　灿
责任编辑：郝黎明
印　　刷：北京盛通商印快线网络科技有限公司
装　　订：北京盛通商印快线网络科技有限公司
出版发行：电子工业出版社
　　　　　北京市海淀区万寿路 173 信箱　邮编　100036
开　　本：787×1 092　1/16　印张：16.25　字数：416 千字
版　　次：2005 年 5 月第 1 版
　　　　　2016 年 4 月第 3 版
印　　次：2023 年 1 月第 11 次印刷
定　　价：32.00 元

凡所购买电子工业出版社图书有缺损问题，请向购买书店调换。若书店售缺，请与本社发行部联系，联系及邮购电话：（010）88254888，88258888。

质量投诉请发邮件至 zlts@phei.com.cn，盗版侵权举报请发邮件至 dbqq@phei.com.cn。

本书咨询联系方式：（010）88254589。

# 前言

# PREFACE

2014年，中等职业学校专业教育标准（信息技术类）出版发行，对中等职业学校计算机网络技术专业的办学具有一定的指导意义。网络工程能力是计算机网络技术专业学生的基本专业技能，学生需要了解网络工程的招投标知识、材料知识、网络搭建知识以及工程验收知识并具有一定的网络配置与工程施工能力。《网络布线与小型局域网搭建》作为计算机网络技术专业的一门核心课程，是学生专业知识与专业技能养成的重要课程之一，也是各中等职业学校计算机网络专业学生必修课程之一。

本书将计算机网络布线与网络搭建知识通过7个项目（每个项目有若干个工作任务）进行了组织，在内容的选择上注重了对实用性知识的选取，具有很强的实用性。7个项目分别为认识网络工作、认识网络工程布线材料、布线系统的设计、布线系统施工、交换机与路由器的基本配置、组建局域网和测试与验收网络工程。

项目1：介绍了网络工程的基本知识及招投标的相关知识，使学生能建立起网络工程的概念，了解招投标的基本程序及文档知识。

项目2：介绍了网络布线材料的基本知识，使学生对网络施工中常用线材与管材有个清晰的认识，加深对网络布线概念的理解。

项目3：介绍了布线系统的设计的知识，若干个工作任务对网络布线的7个子系统的设计进行比较详细的说明，通过各子系统的设计的介绍，使学生建立起全面的网络布线系统的概念。

项目4：介绍了网络布线施工技术的知识，通过各种操作技能的练习，学生可以基本掌握网络布线施工技术的技术要领与操作方法。

项目5：介绍了交换机与路由器的配置知识，为局域网的组建打下基础。

项目6：介绍了对等网的组建、可管理的局域网的组建以及无线局域网配置，通过这些知识的学习，学生基本掌握了中小型公司网络组建的所需要的知识与技能。

项目7：介绍了工程验收与交接的知识，通过学习这些知识，学生可以对网络工程有一个全面的认识，能够理解相关文化学科学习的重要性。

本书7个项目均由工作任务、小试牛刀、一比高下、开动脑筋和课外阅读等环节组成，有相当一部分知识对学校的办学条件有一定的要求，教师在组织教学的过程中，可以根据学校的实际情况有选择地进行教学。

本书由段标担任主编，范加泽担任副主编，胡刚强、陈华、严终敏、唐运韬、陈爱霞、姜军教师编写了相关章节。全书在编写过程中，借鉴了不少国内外计算机网络相关教材成功的经验，同时也参考了相关书籍，在此对帮助本书编写的教师及文献的作者表示衷心的感谢！

限于编著者的水平，书中不妥之处在所难免，恳请各位专家、教师和学生提出宝贵意见，使我们在修订时加以修正。联系邮箱 duanbiao67@163.com。

编　者

# 目 录

CONTENTS

# 项目 1　认识网络工程

## 项目描述

网络工程是指具有一定规模的计算机网络系统，它可以是单座建筑物内的局域网，也可以是覆盖一个园区的园区网，还可以是跨地区的广域网。它可以包括从事生产、运输、贸易等经济活动的企业内部的计算机网络，也可以包括具有一定规模的党政机关、学校、科研院所和行政事业单位办公网络。构建计算机网络是一个涉及面广泛、技术复杂、专业性很强的系统工程，它包括网络规划、网络设计、设备选型和采购、设备安装调试、运行管理等环节，必须针对每个环节的情况，制定统一协调的详细规划与部署，保证网络建设高速、节约、有效地进行。本项目就是先对网络工程有一个初步的了解。

## 项目分解

工作任务 1　认识网络工程
工作任务 2　了解网络工程的招标
工作任务 3　了解网络工程的投标

## 工作任务 1　认识网络工程

### 1. 系统集成与网络工程

在日常工作中，经常听到“系统集成”这样的字眼，如某公司是搞系统集成的公司。实际上，准确地说这里的系统集成应该叫“网络系统集成”，也就是说该公司是做网络工程的。由于网络是基础设施，应用才是关键。有了应用系统，就需要服务器，有了服务器，就需要安装操作系统以及相关的应用软件，所以网络系统集成实际上包含了 3 个集成：网络集成、主机集成和软件集成。网络系统集成是一项复杂的系统工程，人们平常简称其为计算机网络工程，网络工程是根据用户应用的需要，将硬件设备、网络基础设施、网络设备、网络系统软件、网络基础服务系统和应用软件等组织成能够满足设计目标、具有良好性能价格比的计算机网络系统的过程。具有以下特点。

（1）有明确的网络应用需求、网络业务和网络功能。

（2）工程设计人员要全面了解计算机网络的原理、技术、系统、协议、安全、系统布线的基本知识、发展现状和发展趋势。要掌握网络设备的配置、服务器的安装与配置、虚拟技术的应用、安全防御技术以及综合布线技术。

（3）总体设计人员要熟练掌握网络规划与设计的步骤、要点、流程、案例、技术设备选型等环节。

（4）工程主管人员要懂得网络工程的组织实施过程，能把握网络工程的评审、监理、验收等环节。

（5）工程竣工之后，网络管理人员能够使用网管工具对网络实施有效的管理和维护，使建成的计算机网络能够发挥应有的效益。

（6）简单地说，计算机网络工程就是组建计算机网络的工作，凡是与组建计算机网络有关的事情都可以归纳在计算机网络工程中。

系统集成绝不是对各种硬件和软件的堆积，它是一种在系统整合、系统再生产过程中为满足客户需求的增值服务业务，是一种价值再创造的过程。不仅涉及各个局部的技术服务，一个优秀的系统集成商更是注重整体系统的、全方位的无缝整合与规划。

### 2．网络系统集成的主要设备

（1）交换机

交换机是网络中最重要的集线设备，是计算机网络工程和方案设计的核心。交换机工作在 OSI 模型的第二层即数据链路层，它可以根据数据链路层信息做出帧转发决策，同时构造自己的转发表、可以访问 MAC 地址，并将帧转发至该地址。图 1-1 所示为模块化核心交换机、图 1-2 所示为固定端口的接入层交换机。

图 1-1　模块化核心交换机

图 1-2　固定端口交换机

（2）路由器

路由器是一种连接多个网络或网段的网络设备，它能将不同网络或网段之间的数据信息进行“翻译”，以使它们能够相互“读懂”对方的数据，从而构成一个更大的网络。它与交换机不同，它不是应用于同一网段的设备，而是应用于不同网段或不同网络之间的设备，属于网际设备。路由器之所以能在不同网络之间起到“翻译”的作用，是因为它不再是一个纯硬件设备，而是具有相当丰富路由协议的软、硬件设备，如 RIP 协议、OSPF 协议、EIGRP、IPv6 协议等。这些路由协议就是用来实现不同网段或网络之间的相互“理解”。图 1-3 所示为华为 R2620 路由器。

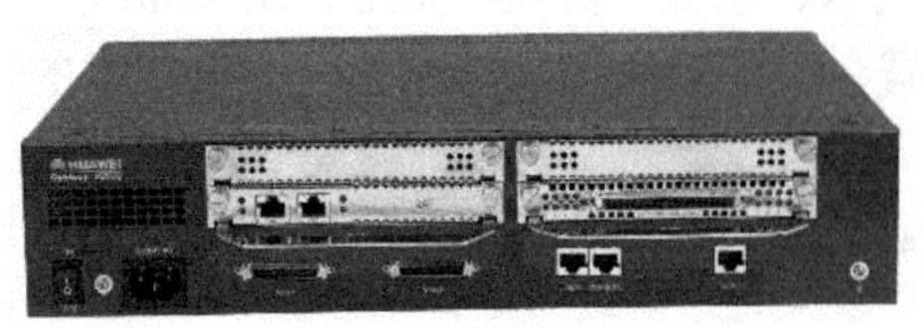

图 1-3　路由器

（3）防火墙

防火墙（Firewall）原指修建于房屋之间可以防止火灾发生时火势蔓延到其他房屋的墙壁。网络上的防火墙是指隔离在本地网络与外界网络之间的一道防御系统，通过分析进出网络的通信流量来防止非授权访问，保护本地网络安全。防火墙能根据用户制定的安全策略控制（允许、拒绝、监测、记录）出入网络的信息流，防火墙本身具有较强的抗攻击能力，是提供信息安全服务，实现网络和信息安全的基础设施。

在物理上，防火墙是一组软硬件设备，也可以是软件实现的防火墙。在逻辑上，防火墙是一个隔离器，也是一个分析器，它分析进出于两个网络之间的数据，保证内部网络的安全。

防火墙负责管理内、外网络之间的通信，当没有防火墙时，内部网络是完全暴露在外部网络上，给入侵者提供了方便。当存在防火墙时，作为安装在内外网络之间的一道“栅栏”，使得外部网络和内部网络的用户必须要通过这道“栅栏”才能实现通信，以此来防止非法用户进入内部网络，同时也防止内部不安全的服务走出网络。图 1-4 所示为硬件防火墙。

图 1-4　硬件防火墙

### 3. 计算机网络拓扑结构与拓扑图

计算机网络拓扑结构是指网络中各个结点相互连接的方法与形式。通俗地说就是指网络上的计算机、电缆、集线设备及其他网络设备集合在一起的方法和形式。所以也有人将网络拓扑结构称为网络设计模型或网络图解。

网络拓扑结构反映了网络连接关系的本质，不仅可以反映出网络结点在结构中的位置，而且还排除了一些没有反映网络本质特性的细节，如网络连接所使用的线缆类型和网络主机使用的操作系统等。

在对网络结构进行设计时，必须依靠网络拓扑图反映主机在网络中所处的位置和连接关系，从而指导硬件设备实施和网络布线工程，从某种意义上说网络拓扑图就是网络建设的蓝图。图 1-5 所示为双核心的校园网络拓扑结构图。

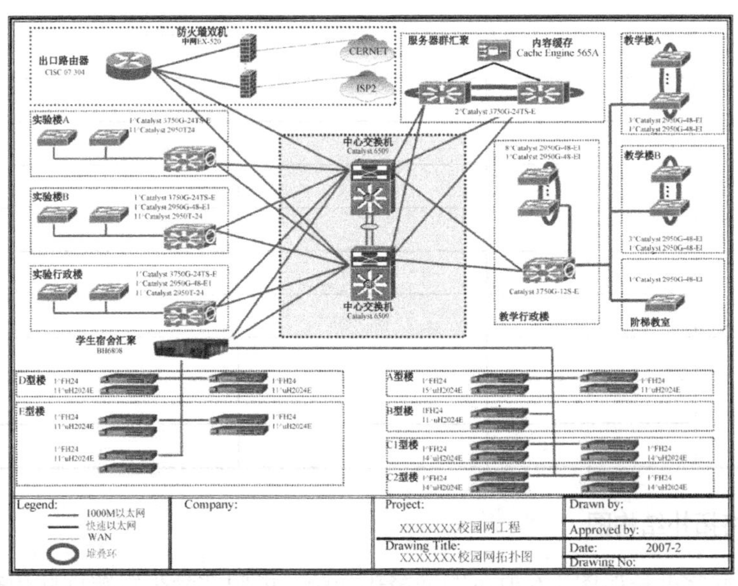


图 1-5　双核心的校园网络拓扑结构图

## 小试牛刀

### 1．参观网络工程

在学校实训部的协助下，选择有代表性的、完成的或正在建设中的网络工程作为参观对象，参观过程中教师或工程施工单位的人员对整个工程的情况进行介绍，使学生对网络工程形成一个直观上的印象。

由于一个班级的学生人数可能比较多，在参观前可以将学生分成若干个小组，每个小组有5～6 学生组成，以方便参观时的管理，并要求每个小组成员都要按表 1-1 做好参观记录。参观结束后，每个小组完成一篇参观小结，谈一谈对网络工程的认识。

表 1-1　×××计算机网络工程参观记录表

<table>
<tr><td colspan="2">参观人</td><td colspan="2"></td><td colspan="2">时间</td><td colspan="2"></td></tr>
<tr><td colspan="8">工程概况</td></tr>
<tr><td>工程名称</td><td colspan="2"></td><td>工程造价</td><td></td><td colspan="2">建设时间</td><td></td></tr>
<tr><td>覆盖范围</td><td colspan="2"></td><td>信息点</td><td></td><td colspan="2">主干速率</td><td></td></tr>
<tr><td>桌面速率</td><td colspan="2"></td><td>VLAN 数量</td><td></td><td colspan="2">运行情况</td><td></td></tr>
<tr><td colspan="8">主要网络设备</td></tr>
<tr><td>设备名</td><td colspan="2">品牌型号</td><td>数量</td><td colspan="4">主要作用</td></tr>
<tr><td rowspan="5">交换机</td><td colspan="2"></td><td></td><td colspan="4"></td></tr>
<tr><td colspan="2"></td><td></td><td colspan="4"></td></tr>
<tr><td colspan="2"></td><td></td><td colspan="4"></td></tr>
<tr><td colspan="2"></td><td></td><td colspan="4"></td></tr>
<tr><td colspan="2"></td><td></td><td colspan="4"></td></tr>
<tr><td rowspan="5">路由器</td><td colspan="2"></td><td></td><td colspan="4"></td></tr>
<tr><td colspan="2"></td><td></td><td colspan="4"></td></tr>
<tr><td colspan="2"></td><td></td><td colspan="4"></td></tr>
<tr><td colspan="2"></td><td></td><td colspan="4"></td></tr>
<tr><td colspan="2"></td><td></td><td colspan="4"></td></tr>
<tr><td rowspan="3">无线 AP</td><td colspan="2"></td><td></td><td colspan="4"></td></tr>
<tr><td colspan="2"></td><td></td><td colspan="4"></td></tr>
<tr><td colspan="2"></td><td></td><td colspan="4"></td></tr>
<tr><td rowspan="3">光缆</td><td colspan="2"></td><td></td><td colspan="4"></td></tr>
<tr><td colspan="2"></td><td></td><td colspan="4"></td></tr>
<tr><td colspan="2"></td><td></td><td colspan="4"></td></tr>
</table>

### 2．阅读网络拓扑结构图

教师给每位同学准备如图 1-6 所示的网络拓扑图，请同学分小组解读此拓扑图，根据要求在图中进行正确的标注。

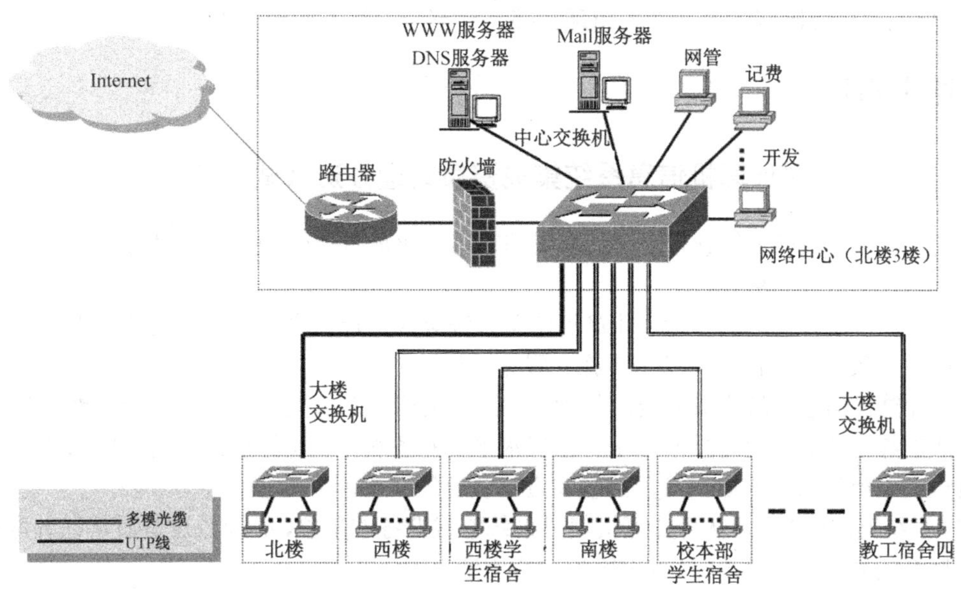


图 1-6　网络拓扑图

### 3. 绘制网络拓扑结构图

根据网络工程参观情况使用相关软件绘制所参观网络的拓扑结构图，主要图标如表 1-2 所示，绘制软件建议使用 Visio 2007。

表 1-2　网络拓扑结构图主要图标

| 设 备 名 称 | 对 应 图 标 | 设 备 名 称 | 对 应 图 标 |
|---|---|---|---|
| 普通交换机 | | 路由器 | |
| 核心交换机 | | 防火墙 | |
| 服务器 | | 客户机 | |

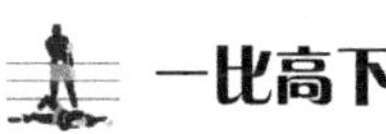

## 一比高下

1. 教师根据每个小组学生所写的参观小结，选择有代表性的学生在班级交流。

2. 教师根据班级情况，请每组选派学生代表在班级解读图 1-6 所示布线系统示意图。为保证公平，可以请每组学生事前做好准备，以准备的材料为评比材料，材料可以是 Word 文档，也可以是 PPT。

## 开动脑筋

1. 通过本工作任务的学习与参观，你对网络工程有哪些了解？

2. 你可以绘制一个网络机房的拓扑图吗？试试看！

3．你们学校校园网的什么设备出现故障，使整个网络不能使用？

## 课外阅读

### 《计算机信息系统集成资质管理办法（试行）》

信息产业部于 1999 年颁布了《计算机信息系统集成资质管理办法（试行）》，其主要内容如下。

（1）计算机系统集成的概念。计算机信息系统集成是指从事计算机应用系统工程和网络系统工程的总体策划、设计、开发、实施、服务及保障。

（2）计算机信息系统集成的资质的含义。计算机信息系统集成的资质是指从事计算机信息系统集成的综合能力，包括技术水平、管理水平、服务水平、质量保证能力、技术装备、系统建设质量、人员构成与素质、经营业绩和资产状况等要素。

（3）系统集成资格。凡从事计算机信息系统集成业务的单位，必须经过资质认证并取得《计算机信息系统集成资质证书》（以下简称《资质证书》）。

（4）系统集成资质分级。计算机信息系统集成资质等级分一、二、三、四级。一、二级资质向信息产业部申请，三、四级资质向省信息产业厅申请。

（5）各等级所对应的承担工程的能力。

① 一级。具有独立承担国家级、省（部）级、行业级、地（市）级（及其以下）、大、中、小型企业级等各类计算机信息系统建设的能力。

② 二级。具有独立承担省（部）级、行业级、地（市）级（及其以下）、大、中、小型企业级或合作承担国家级的计算机信息系统建设的能力。

③ 三级。具有独立承担中、小型企业级或合作承担大型企业级（或相当规模）的计算机信息系统建设的能力。

④ 四级。具有独立承担小型企业级或合作承担中型企业级（或相当规模）的计算机信息系统建设的能力。

（6）申请资质认证的条件。

① 具有独立法人地位。

② 独立或合作从事计算机信息系统集成业务两年以上（含两年）。

③ 具有从事计算机信息系统集成的能力，并完成过三个以上（含三个）计算机信息系统集成项目。

④ 具有胜任计算机信息系统集成的专职人员队伍和组织管理体系。

⑤ 具有固定的工作场所和先进的信息系统开发、集成的设备环境。

### 《计算机信息系统集成资质等级评定条件》

信息产业部《计算机信息系统集成资质等级评定条件》中将计算机系统集成资质分为四个级别，从一级到四级，一级资质要求最高，四级资质要求最低。

#### 1．一级资质

1）综合条件

（1）企业是在中华人民共和国境内注册的企业法人，变革发展历程清晰、产权关系明确，取得计算机信息系统集成企业二级资质的时间不少于两年。

（2）企业不拥有信息系统工程监理单位资质。

（3）企业主业是计算机信息系统集成（以下称系统集成），近三年的系统集成收入总额占营业收入总额的比例不低于70%。

（4）企业注册资本和实收资本均不少于5000万元。

2）财务状况

（1）企业近三年的系统集成收入总额不少于5亿元（或不少于4亿元且近三年完成的系统集成项目总额中软件和信息技术服务费总额所占比例不低于 80%），财务数据真实可信，须经在中华人民共和国境内登记的会计师事务所审计。

（2）企业财务状况良好，近三年度没有出现亏损。

（3）企业拥有与从事系统集成业务相适应的固定资产和无形资产。

3）信誉

（1）企业有良好的资信和公众形象，近三年无触犯国家法律法规的行为。

（2）企业有良好的知识产权保护意识，近三年完成的系统集成项目中无销售或提供非正版软件的行为。

（3）企业有良好的履约能力，近三年没有因企业原因造成验收未通过的项目或应由企业承担责任的用户重大投诉。

（4）企业近三年无不正当竞争行为。

（5）企业遵守计算机信息系统集成企业资质管理相关规定，在资质申报和资质证书使用过程中诚实守信，近三年无不良行为。

4）业绩

（1）近三年完成的不少于200万元的系统集成项目及不少于100万元的纯软件和信息技术服务项目总额不少于4亿元（或不少于3.5亿元且近三年完成的系统集成项目总额中软件和信息技术服务费总额所占比例不低于80%)。这些项目至少涉及三个省（自治区、直辖市），并已通过验收。

（2）近三年至少完成4个合同额不少于1500万元的系统集成项目，或所完成合同额不少于1000万元的系统集成项目总额不少于6000万元，或所完成合同额不少于500万元的纯软件和信息技术服务项目总额不少于 3000 万元，这些项目中至少有部分项目应用了自主开发的软件产品。

（3）近三年完成的系统集成项目总额中软件和信息技术服务费总额所占比例不低于30%，或软件和信息技术服务费总额不少于1.2亿元，或软件开发费总额不少于6500万元。

5）管理能力

（1）已建立完备的质量管理体系，通过国家认可的第三方认证机构认证，且连续有效运行时间不少于一年。

（2）已建立完备的项目管理体系，使用管理工具进行项目管理，并能有效实施。

（3）已建立完备的客户服务体系，能及时、有效地为客户提供优质服务。

（4）已建立完善的企业管理信息系统并能有效运行。

（5）企业的主要负责人从事信息技术领域企业管理的经历不少于5年，主要技术负责人应具有计算机信息系统集成高级项目经理资质或电子信息类高级技术职称、且从事系统集成技术工作的经历不少于5年，财务负责人应具有财务系列高级职称。

6）技术实力

（1）主要业务领域中典型项目技术居国内同行业领先水平。

（2）对主要业务领域的业务流程有深入研究，有自主知识产权的基础业务软件平台或其他先进的开发平台。经过登记的自主开发的软件产品不少于 20 个，其中近三年登记的软件产品不少于 10 个，且部分软件产品在近三年已完成的项目中得到了应用。

（3）有专门从事软件或系统集成技术开发的技术带头人，已建立完备的软件开发与测试体系，研发及办公场地面积不少于 1500 平方米。

（4）具有研发管理制度。

7）人才实力

（1）从事软件开发与系统集成相关工作的人员不少于 220 人，其中大学本科及以上学历人员所占比例不低于 80%。

（2）具有计算机信息系统集成项目管理人员资质的人数不少于 30 名，其中高级项目经理人数不少于 10 名。

（3）已建立完备的人力资源管理体系并能有效实施。

### 2．其他级别

其他级别也按上述各个方面进行评定，但是各级别的具体要求不同。各级别的主要评定要求如表 1-3 所示。

表 1-3　计算机信息系统集成企业资质等级条件

| 等级 | 注册资本（万元） | 近 3 年系统集成累计完成（万元） | 技术人员 | | 技术负责人 | | 可独立承担的系统集成项目 |
|---|---|---|---|---|---|---|---|
| | | | 人数 | 本科以上 | 职称 | 系统集成经验 | |
| 1 | 5000 | 50000 | 220 | 80% | 高级 | 5 年 | 国家级 |
| 2 | 2000 | 25000 | 150 | 80% | 高级 | 4 年 | 省级 |
| 3 | 200 | 5000 | 50 | 60% | 中级 | 3 年 | 中小企业 |
| 4 | 30 | 无要求 | 15 | 60% | 中级 | 2 年 | 小企业 |

## 工作任务 2　了解网络工程的招标

### 1．网络工程招投标的基本程序

一般情况下，网络工程涉及的设备比较多，项目金额比较大，技术含量也比较高，一般的网络公司由于其自身的资金与技术力量的原因，很难承担这样的项目。通过政府招标，可以了解网络公司的资金情况与技术实力，更多地收集有益的建议与方案，有利于减少网络工程的设计缺陷，杜绝一些人情因素和暗箱操作等不良行为，所以招标、投标是网络工程建设中必不可少的程序。

（1）招标。在招标阶段，采购单位主要完成如下的一些工作：确定采购机构和采购需求，编制招标文件，确定标底，发布采购公告或发出投标邀请，进行投标资格预审，通知投标商参加投标并向其出售标书，组织召开标前会议等。

（2）投标。在投标阶段，投标商所进行的工作主要有申请投标资格、购买标书、考察现场、办理投标保函、算标、编制和投送标书等。

（3）开标。在开标阶段，采购官员要按照有关要求，逐一揭开每份标书的封套，开标结束后，还应由开标组织者编写一份开标会纪要。

（4）评标。在评标阶段，采购员要进行的工作主要有：审查标书是否符合招标文件的要求和有关规定，组织人员对所有的标书按照一定方法进行比较和评审，就初评阶段被选出的几份标书中存在的某种问题要求投标人加以澄清，最终评定并写出评标报告等。

（5）决标。决标是采购机构的单独行为，但需由使用机构或其他人一起进行裁决。在这一阶段，采购机构所要进行的工作有：决定中标人，通知中标人其投标已经被接受，向中标人发出授标意向书，通知所有未中标的投标，并向他们退还投标保函等。

（6）授予合同。在此阶段，通常双方对标书中的内容进行确认，并依据标书签订正式合同。为保证合同履行，签订合同后，中标的供应商或承包商还应向采购人或业主提交一定形式的担保书或担保金。

### 2. 招标公告

招标公告是公开招标活动中通过媒介向公众公开发布的一种公告信息，这种信息通常是通过当地的报纸、当地招标中心网站向公众发布。在招标公告中一般要对以下项目进行必要的说明：招标项目、投标人资格要求、标书发放时间及地点、资格审查材料、招标费用、投标时间等加以明确的说明。下面是招标公告的基本体例（本教材所选用招标案例均选自南京市教育技术装备办公室招标所用案例）。

**××学校弱电智能化系统公开招标采购公告**

××市招标中心受采购人委托就以下项目进行采购，欢迎符合相关条件的供应商参与竞争。

**一、项目编号：[JYZB-2014-603]**

**二、项目名称：××学校弱电智能化系统公开招标**

**三、项目类别：详见标书**

**四、项目简要说明：详见招标文件**

**五、供应商资格要求：**

1. 具有独立承担民事责任的能力；
2. 具有良好的商业信誉和健全的财务会计制度；
3. 具有履行合同所必需的设备和专业技术能力；
4. 有依法缴纳税收和社会保障资金的良好记录；
5. 参加政府采购活动前三年内，在经营活动中没有重大违法记录；
6. 采购人根据项目特殊性对供应商特别资质要求（详见招标文件）。

**六、投标文件接收信息：**

投标文件开始接收时间：2014-12-23　08:30

投标文件接收截止时间：2014-12-23　09:00

标书工本费：300 元

投标保证金：20000 元

**七、开标相关信息：**

开标时间：2014-12-23　09:30

采购联系人代表：××

联系方法：××××××××

**八、本次采购联系事项**

招标文件编制：××

联系电话：025-×××××××× 传真：025-××××××××

招标文件及样品接收：××

联系电话：025-××××××××

地　址：南京市××××18号

邮政编码：××××××

保证金汇款单位：××××××招标中心

保证金汇款银行：××××××银行

保证金汇款账号：××××××××

**九、文件下载：采购文件免费下载"文件下载"**

注：递交投标文件前，请查看本网有无变更公告

**十、样品递交：详见标书**

### 3．现场勘测确认函

在网络工程项目中要求投标方进行现场勘测是现在招标工作的一个基本要求，目的是保护采购人的利益，避免一些不规范的公司采用冲低价的方式投标，而中标后其并不具备履约能力或是在工程中采用偷工减料的方式组织施工，造成采购人时间和金钱上的损失，影响正常工作的开展。一般情况下，现场勘测的同时，采购方会对投标的资质进行初步的审查。现场勘测确认函的基本格式如下：

**集中采购勘察现场确认函**

采购单位盖章：

<table>
<tr><td>项目编号</td><td colspan="3"></td></tr>
<tr><td>项目名称</td><td colspan="3"></td></tr>
<tr><td>勘察现场时间</td><td colspan="3"></td></tr>
<tr><td colspan="4">勘察现场投标人情况记录</td></tr>
<tr><td>序</td><td>勘察企业名称</td><td>联系人</td><td>联系电话</td></tr>
<tr><td>1</td><td></td><td></td><td></td></tr>
<tr><td>2</td><td></td><td></td><td></td></tr>
<tr><td>3</td><td></td><td></td><td></td></tr>
<tr><td>4</td><td></td><td></td><td></td></tr>
<tr><td>5</td><td></td><td></td><td></td></tr>
<tr><td>6</td><td></td><td></td><td></td></tr>
<tr><td>7</td><td></td><td></td><td></td></tr>
<tr><td>8</td><td></td><td></td><td></td></tr>
<tr><td colspan="2">备　注</td><td colspan="2"></td></tr>
</table>

### 4. 资格审查

资格审查是对投标方的资质进行初步的审验，只有符合招标公告中投标人资格要求的单位才能够参与投标与竞标。资格审查主要审查投标单位资质情况、法人委托书等。

投标单位的资质情况的查验需要查验国家有关部门授予的资质证书，查验原件并保留复印件。法人委托书是企业法人授予代表公司的投标人的授权书，其基本格式如下：

**法定代表人授权书**

××××××（单位）：

____________________（投标人全称）法定代表人____________________授权____________________（全权代表姓名）为全权代表，参加贵单位组织的__________________________________项目（招标编号）招标活动，全权处理招标活动中的一切事宜。

法定代表人签字：

投标人全称（公章）：

日期：

附：

全权代表姓名：

职　　　务：

详细通信地址：

邮 政 编 码：

传　　　真：

电　　　话：

## 小试牛刀

### 1. 了解本地的招投标信息

走访本地的招标中心或访问本地招标中心网站，了解本地网络工程招标程序，并收集正在发布的招标公告等信息，完成表 1-4 和表 1-5 的填写。

表 1-4　信息收集表

| 项 目 名 | 项 目 内 容 |
|---|---|
| 招标中心网址 | |
| 基本招标程序 | |
| 公开招标项目 | |
| | |
| | |
| 竞争性谈判项目 | |
| | |
| | |

表 1-5　招标公告信息摘录

| 招标项目名称 | |
|---|---|
| 投标人资质要求 | |
| | |
| | |
| | |
| 投标费用 | |
| | |
| | |
| 查验资料项目 | |

### 2．编写招标公告

从以下三个项目中选择一个编写招标公告。

（1）××××职业教育中心需要改造校园网络，将原有的校园网络改造成千兆网络。

（2）××××学校实训大楼完工，建设实训楼的网络工程。

（3）××××培训中心将要新建两个网络机房。

### 3．编写法定代表人授权书

鹏宇网络科技公司将参与南方市计算机学校校园网络工程项目招标，由于公司业务繁忙，公司总经理李明宇先生委托大客户部经理刘方明全权代表他参加南方市计算机学校校园网络工程项目投标工作，请你为李明宇先生撰写授权书。

## 一比高下

1．各小组成员在小组内介绍自己收集到的招标信息，并对招标信息进行分析，介绍自己从招标文件中获得的有效信息。每个小组综合本组成员的资料，整理一份在班级交流。

2．各小组在组内交流本小组成员撰写的招标公告，选出一份有代表性的（可以是最好的或是最差的）招标公告进行组内点评。

## 开动脑筋

1．小王与同学合作想投资建设一个网吧，需要购买 100 台高配置台式计算机，你觉得他是否需要委托招标中心进行招标吗？

2．一家计算机产品零售商，注册资金 1000 万元，它可以参与计算机网络工程的投标吗？

3．某职业教育中心构建学校的校园网，学校领导从培养学校教师实际组网经验考虑，决定此校园网由学校教师自行完成构建工作，你认为校领导的决定是正确的吗？

## 课外阅读

### 《中华人民共和国招标投标法》

《中华人民共和国招标投标法》1999 年 8 月 30 日第九届全国人民代表大会常务委员会第

十一次会议通过，2000 年 1 月 1 日起施行，其主要内容如下。

（1）必须招标的项目。在我国境内进行下列工程建设项目，包括项目的勘察、设计、施工、监理以及与工程建设有关的重要设备、材料等的采购，必须进行招标，任何单位和个人不得将依法必须进行招标的项目化整为零或者以其他任何方式逃避招标。

① 大型基础设施、公用事业等关系社会公共利益、公众安全的项目。

② 全部或者部分使用国有资金投资或者国家融资的项目。

③ 使用国际组织或者外国政府贷款、援助资金的项目。

（2）招标原则。招标、投标活动应当遵循公开、公平、公正和诚实信用的原则。

（3）招标方式。招标分为公开招标和邀请招标。公开招标，是指招标人以招标公告的方式邀请不特定的法人或者其他组织投标。邀请招标，是指招标人以投标邀请书的方式邀请特定的法人或者其他组织投标。

招标人采用公开招标方式的，应当发布招标公告。依法必须进行招标项目的招标公告，应当通过国家指定的报刊、信息网络或者其他媒介发布。招标公告应当载明招标人的名称和地址、招标项目的性质、数量、实施地点和时间以及获取招标文件的办法等事项。

招标人采用邀请招标方式的，应当向三个以上具备承担招标项目能力的、资信良好的特定的法人或者其他组织发出投标邀请书。

招标人可以根据招标项目本身的要求，在招标公告或者投标邀请书中，要求潜在投标人提供有关资质证明业绩情况，并对潜在投标人进行资格审查（根据国家对投标人的资格条件相关规定）。

（4）招标文件。招标人应当根据招标项目的特点和需要编制招标文件。招标文件主要包括招标项目的技术要求、对投标人资格审查的标准、投标报价要求和评标标准等所有实质性要求和条件以及准备签订合同的主要条款。

国家对招标项目的技术、标准有规定的，招标人应当按照其规定在招标文件中提出相应要求。招标项目需要划分标段、确定工期的，招标人应当合理划分标段、确定工期，并在招标文件中说明。招标文件不得要求或者标明特定的生产供应者以及含有倾向或者排斥潜在投标人的其他内容。

（5）保密内容。招标人不得向他人透露已获取招标文件的潜在投标人的名称、数量以及可能影响公平竞争的有关招标投标的其他情况。招标人设有标底的，标底必须保密。

（6）投标。投标人应当按照招标文件的要求编制投标文件。投标文件应当对招标文件提出的实质性要求和条件做出响应。招标项目属于建设施工的，投标文件的内容应当包括拟派出的项目负责人与主要技术人员的简历、业绩和拟用于完成招标项目的机械设备等。投标人不得以低于成本的报价竞标，也不得以他人名义投标或者以其他方式弄虚作假，骗取中标。投标人应当在要求提交投标文件的截止时间前，将投标文件送达投标地点。

（7）评标。评标由招标人依法组建的评标委员会负责。评标委员会应当按照招标文件确定的评标标准和方法，对投标文件进行评审和比较；设有标底的，应当参考标底。评标委员会完成评标后，应当向招标人提出书面评标报告，并推荐合格的中标候选人。招标人根据评标委员会提出的书面评标报告和推荐的中标候选人确定中标人。招标人也可以授权评标委员会直接确定中标人。

（8）签订合同。招标人和中标人应当按照招标文件和中标人的投标文件订立书面合同。招标人和中标人不得再行订立背离合同实质性内容的其他协议。

# 工作任务 3　了解网络工程的投标

## 1．投标文件的编写

计算机网络工程，是根据用户需要，按照国际标准，将各种相关硬件、软件组合成为有实用价值的、具有良好性能价格比的计算机网络系统的全过程。它能够最大限度地提高系统的有机构成、系统的效率、系统的完整性、系统的灵活性等，简化系统的复杂性，并最终为用户提供一套切实可行的完整的解决方案。在编写计算机网络工程投标书时要重点体现所选方案的先进性、成熟性和可靠性，同时，要为用户考虑将来的扩展和升级。

网络工程标书一般由商务文件、技术文件、服务文件及证明文件几个部分组成，具体的组成部分由当地招标中心提出相应的要求。

（1）商务文件

商务文件一般由投标响应文件、投标报价文件、商务条款偏离表、技术条款偏离表及交货清单组成。

投标响应文件一般由投标函（谈判申请及声明）、中小企业声明函及项目勘察表组成。投标函的格式如下：

**投标函（谈判申请及声明）**

**谈判申请及声明**

致：××××××招标中心：

根据贵方 JYZB-2014-×××号谈判文件，正式授权下述签字人×× 工程师(姓名和职务)代表申报人×××××××××有限公司（谈判供应商名称），提交响应性文件正本一式壹份，副本一式肆份。

据此函，签字人兹宣布同意如下：

1. 总报价为（大写）×××××××××××人民币。其中，中小型和微型企业产品___元人民币。

2. 我们的报价产品中 无 （有或无）进口产品。

3. 我们已详细审核全部竞争性谈判文件及其有效补充文件，我们放弃对竞争性谈判文件任何误解的权利，提交谈判响应文件后，不对竞争性谈判文件本身提出质疑。

4. 一旦我方成交，我方将根据谈判文件的规定，严格履行合同，保证于承诺的时间内完成货物的启动、调试等服务，并交付采购人验收、使用。

5. 我方决不提供虚假材料谋取成交、决不采取不正当手段诋毁、排挤其他供应商、决不与采购人、其他供应商或者市装备办恶意串通、决不向采购人、市装备办工作人员和评委进行商业贿赂、决不拒绝有关部门监督检查或提供虚假情况，如有违反，无条件接受贵方及相关管理部门的处罚。

6. 与本申报有关的正式通信地址为：

地　址：南京市×××××××××B 座 1711 室

电　话：025-×××××××××

传　真：025-×××××××××

7. 与本申报正式开户银行和账号为：
开户银行：××××××××南京分行城中支行
账 号：××××××××
供应商授权代表姓名（签字）：
供应商名称（章）：×××××××××有限公司
日 期：××××年××月××日

中小企业声明函格式如下：

## 中小企业声明函

本公司郑重声明，根据《政府采购促进中小企业发展暂行办法》（财库〔2011〕181 号）的规定，本公司为 ×× （请填写：中型、小型、微型）企业。即本公司同时满足以下条件：

1. 根据《工业和信息化部、国家统计局、国家发展和改革委员会、财政部关于印发中小企业划型标准规定的通知》（工信部联企业〔2011〕300 号）规定的划分标准，本公司为 ××（请填写：中型、小型、微型）企业。

2. 本公司参加××××××××××单位的××××××××项目采购活动提供本企业制造的货物，由本企业承担工程、提供服务，或者提供其他 × × （请填写：中型、小型、微型）企业制造的货物。本条所称货物不包括使用大型企业注册商标的货物。

本公司对上述声明的真实性负责。如有虚假，将依法承担相应责任。

企业名称（盖章）：××××××××
日　　期：××××年××月××日

投标报价文件一般由报价表和分项报价表组成。报价表是整个工程项目的整体报价，分项报价表是工程项目的逐项报价，包括设备价格、软件价格以及施工价格等，逐项报价是工程实施过程中如果出现项目增补的价格依据，此项报价应当合理规范，如果某项价格偏低或低于成本报价，当用户方提出增补时，中标企业必须以标书价格为用户提供设备或服务，中标方会带来经济上的损失。报价表格式如下：

**报价表**

项目名称：　　　　　　　　　　项目编号：

| 分 包 号 | 名　称 | 报　价（元） | 其中，中小型和微型企业产品（元） |
|---|---|---|---|
| | | | |
| | | | |
| 总价（人民币，大写） | | | |
| 供应商是否属于中小微型企业 | 是　　　否 | | |

**说明：**

在“供应商是否属于中小微企业”栏后“是”或“否”上打“√”

供应商名称：________________（盖章）

分项报价表通常是由投标方根据招标文件中所采购的设备情况，结合自己投标提供的设备进行逐项报价，分项报价各项的总价就是投标方的整体报价。分项表格式如下：

**分项报价表**

项目名称：　　　　　　　　　　　　　　　　项目编号：

| 序号 | 名称 | 品牌 | 产品型号 | 规格 | 数量 | 单位 | 单价（元） | 小计（元） | 是否属于中小型和微型企业产品 |
|---|---|---|---|---|---|---|---|---|---|
| | | | | | | | | | |
| | | | | | | | | | |
| | | | | | | | | | |
| | | | | | | | | | |

商务条款偏离表是招标文件中对投标方的相关资质、服务承诺以及投标方认为需要提供的其他资格证明文件的表述表，其主要内容及格式如下：

**商务条款偏离表**

项目名称：　　　　　　　　　　　　　　　　项目编号：

| 序号 | 采购文件条目号 | 采购文件要求的商务条款 | 谈判响应 | 偏离 |
|---|---|---|---|---|
| 1 | 二、4.1 | 供应商资格条件 | 1．我方具有独立承担民事责任的能力；<br>2．我方具有良好的商业信誉和健全的财务会议制度；<br>3．我方具有履行合同所必需的设备和专业技术能力；<br>4．我方具有依法缴纳税收和社会保障资金的良好记录；<br>5. 我方参加政府采购活动前三年内，在经营活动中没有重大违法记录；<br>6．我方满足法律、行政法规规定的其他条件 | 满足 |
| 2 | 二、9.3.1 | 谈判申请及声明 | 提交投标响应文件 | 满足 |
| 3 | 二、9.3.2 | 法定代表人授权委托书 | 提交法定代表人授权委托书 | 满足 |
| 4 | 二、9.3.3 | 谈判保证金 | 提交谈判保证金 | 满足 |
| 5 | 二、9.3.4 | 《企业法人营业执照》或法人证明文件 | 提交《企业法人营业执照》 | 满足 |
| 6 | 二、9.3.5 | 《商务条款偏离表》 | 提交《商务条款偏离表》 | 满足 |
| 7 | 二、9.3.7 | 服务承诺 | 我方承诺，按合同提供的全部设备和系统集成服务自验收合格之日起提供 3 年的质量保证期，综合布线 10 年质量保证。弱电系统设备在质保期内发生故障，我公司在接到报修电话后，2 小时内予以响应并派出人员到现场维修，24 小时内解决问题。质保期内在每半年到用户单位对所提供的设备进行免费维护。为用户单位免费提供设备的使用和维护提供培训，培训内容包括设备和软件的安装、使用以及软硬件基本维护知识 | 满足 |
| … | … | … | … | 满足 |

技术条款偏离表是对招标方提出的设备参数给予响应的表格，通常情况下，采购方均不接受负偏离，即投标方提供设备的参数指标弱于招标方的要求，如果投标方出现技术指标负偏离的现象，此份标书通常作为作废的标书处理，如果主要设备的技术参数有正偏离，在综合评分时，评委将会根据情况加分。技术条款偏离表格式如下：

技术条款偏离表

项目名称：　　　　　　　　　　　　　　　　项目编号：

| 序号 | 采购文件条目号 | 采购要求规格参数 | 谈判响应 | 偏离 |
|---|---|---|---|---|
| 1 | 六类非屏蔽模块 | 180 度卡接式 RJ-45 模块 | 180 度卡接式 RJ-45 模块 | 无偏离 |
| 2 | 电话模块 | 四芯电话模块，四芯卡接式 RJ11 模块 | 四芯电话模块，四芯卡接式 RJ11 模块 | 无偏离 |
| 3 | 单孔面板 | 弧形单口 86 面板，弧形 86×86mm | 弧形单口 86 面板，弧形 86×86mm | 无偏离 |
| 4 | 六类非屏蔽成品跳线 | RJ-45-RJ-45，六类非屏蔽 RJ-45 路线（3 米） | RJ-45-RJ-45，六类非屏蔽 RJ-45 路线（3 米） | 无偏离 |
| 5 | 六类 24 口配线架 | 六类 24 位非屏蔽 RJ-45 配线架，一体式 RJ-45 配线架，含后置扎线架 | 六类 24 位非屏蔽 RJ-45 配线架，一体式 RJ-45 配线架，含后置扎线架 | 无偏离 |
| 6 | 100 对机架式 110 配线架 | 100 对机架式 110 配线架，19 寸机架式设备，含连接块 | 100 对机架式 110 配线架，19 寸机架式设备，含连接块 | 无偏离 |
| 7 | 12/24 口光纤配线架 | 24 芯机架式光纤配线架，不含耦合器 | 24 芯机架式光纤配线架，含耦合器 | 正偏离 |
| … | … | … | … | 无偏离 |

交货清单是根据招标文件的要求，投标方提供的一份各种网络工程中使用到的设备、线缆以及施工辅材等的一份清单，原则上与招标文件相同即可。

（2）技术文件

技术文件通常是由网络工程中的主要产品设备介绍和网络工程项目设计方案组成的，重点内容为项目设计方案。

项目设计方案由以下几个方面内容组成：项目概述、需求分析、网络设计分析、方案设计、布线系统设计、技术支持与服务等。

项目概述主要介绍应标公司的基本情况，重点介绍公司的规模、技术力量、社会信誉以及示范网络工程项目等内容，并简要说明对招标方网络工程的基本设想。

需求分析主要针对用户的要求，对网络的建设目标、建设规划、网络布局、网络技术需求、网络安全需求、网络管理需求等方面进行介绍。

网络设计分析主要是招标方网络工程项目使用技术情况的分析，主要有主干网的设计、虚拟网的划分、网络可扩充性等内容。

方案设计主要介绍网络结构设计、网络拓扑结构、设备选型考虑以及设备配置的描述等内容。

布线系统设计主要有综合布线系统的设计思想、综合布线的依据、骨干光缆工程以及楼宇内的布线系统等。

技术支持与服务主要是网络工程公司对工程项目质量的承诺、提供的技术服务以及为招标方提供的技术培训安排等。

## ××××校园网络工程设计方案

### 一、概述

××××网络系统工程有限公司非常荣幸能有机会参与××××网络工程的方案设计与建设，并感谢××××学校给予我们参与的机会。衷心希望我们的系统设计能够满足××××

网络工程建设的需求，与××××学校一起将这些先进宽带网技术综合并付诸实现，并确保项目成功。

××××网络工程系统有限公司是本市大型的系统集成与应用开发的计算机公司，是国家的三级系统集成商，业务涉及教育、工商、税务、电力、政府机构等领域。在教育领域，××××公司凭借自身的强大技术优势，承建了多个省市教育科研网、教育城域网以及近百所的大中学、科研院所的网络系统集成工程，在教育行业具有很高的知名度。

在长期的工程建设中，××××公司与众多的国际知名的计算机公司以及网络产品供应商建立了长期的友好合作关系。作为在教育界具有一定影响的公司，××××公司愿意将我们多年的网络集成经验应用于××××校园网络工程的建设中，我们将充分利用我们的优势，结合××××网络工程的具体要求，设计出先进的解决方案，并在方案实施过程中吸收××××学校网络管理人员与教师参与网络工程的建设，以帮助××××学校教师积累实际系统集成经验。

××××校园网络以千兆主干网络为基础平台，以应用为主线，以实现广泛的教育资源共享、提高教育教学的现代化水平为目的，满足学校的办公自动化、教育管理、图书馆管理、多媒体教学等系统一网解决的需求，为建设信息化学校提供一个完整的解决方案。

校园 Internet 应用的信息资源通过高性能的网络设备相互连接起来，形成校园内部的 Intranet 系统。在构建××××校园网络时，重点考虑目前及未来发展的校园 Internet 应用等关键因素，不仅能满足目前对高速互联网出口访问的要求，同时充分考虑不断发展的校园 Internet 应用的需要。在当今知识经济时代，社会已经进入信息社会，信息技术又为发展教育、培养专门人才和提高劳动力素质提供了机遇，终身教育将成为必然，所谓“活到老，学到老”，网络使得“随时学，随处学”成为现实。

根据与××××学校的交流，××××学校校园网络工程遵循整体规划、分步实施的原则，校园网的总体要求是：千兆以太网技术、百兆到桌面。构建完成后的校园网要能够实现远程教学、内部网络化管理、虚拟校园网（WWW、E-mail、FTP 等功能）、多媒体网络教学系统、电子阅读、Internet 漫游等功能。

本期工程目标及具体要求：

（1）千兆网络控制中心：留有 Internet 接口。

（2）校园网的主干线路的敷设。

（3）电子阅览室网络构建：全部百兆到桌面。

（4）两个网络实验室：百兆到桌面。

（5）教学楼信息点：60 个。

（6）办公楼的信息点：200 个。

我们在设计网络方案时充分考虑应用的需要，从语音、图像、数据等方面综合考虑，网络架构分为核心层、分布层、接入层三个层次来设计，充分考虑网络的稳定性以及采用设备和链路的冗余。其中，在××××学校校园网络工程的网络中心，配置一台华为 Quidway S6503 中心交换机，作为整个网络中心的核心交换平台。Quidway S6503 千兆骨干网络交换机能够无阻碍地为第 2/3/4 层交换提供集成式弹性，因而能进一步加强对融合网络的控制。可用性高的融合语音/视频/数据网络能够为正在部署基于互联网企业应用的企业和城域以太网客户提供业务弹性。同时分布层与接入层的 Quidway S3050C-48 千兆网络交换机连接，结合 VLAN 技术实现网络安全。

## 二、需求分析

××××学校校园网络，要求接入办公楼、实验楼、东教学楼、西教学楼、图书馆、宿舍楼一、宿舍楼二及培训部校区，整个校园网络全部共计有近 1 000 个信息点，以 LAN 方式接入，网络控制中心设在办公楼内。拟提供下列业务：Internet 接入、网上图书馆、VLAN、网上备课与管理系统和虚拟校园网（WWW、E-mail、FTP 等功能）等。校园内考虑采用单模光缆敷设到各楼。

### 1. 校园网建设总体目标

××××学校校园网的建设总体目标是运用先进的网络技术，建设高效实用的校园网络信息系统。具体地说就是以校园网综合布线系统为基础，建立高速、实用的校园网络平台，为学校的教学研究、课件制作、教学演示、电子图书、学生的自主学习、信息获取、信息交流等提供良好的网络环境。

### 2. 信息点分布情况

××××学校校园网信息点分布情况如表 1-6 所示。

表 1-6 ××××学校校园网信息点分布表

| 建筑物 | 信息点数 | 主要应用 |
|---|---|---|
| 东教学楼 | 30 | 教学、Internet 服务 |
| 西教学楼 | 30 | 教学、Internet 服务 |
| 实验楼 | 40 | 网络教室、课件制作、Internet 服务、网上阅读 |
| 办公楼 | 200 | 网管中心、网上备课、Internet 服务 |
| 图书馆 | 60 | 电子阅读、图书检索、Internet 服务、资料查询 |
| 宿舍（每间 2 点） | 200 | Internet 服务、网上阅读、网上学习 |

### 3. 本期校园网建设目标

将先进的多媒体计算机技术运用于教学第一线，充分利用学校现有的设施，并对其进行改造及优化。本期校园网建设内容主要包括几个方面。

（1）完成千兆网络控制中心的构建，并留有 Internet 接口。

（2）完成校园网的主干线路的敷设，以及到培训部的网络布线。

（3）完成电子阅览室网络构建：全部百兆到桌面。

（4）完成两个网络实验室：百兆到桌面。

（5）完成教学楼的综合布线与信息点的设置。

（6）完成办公楼的综合布线与信息点的设置。

（7）完成网上备课系统的构建。

（8）完成网上图书馆的构建。

## 三、网络系统设计要求

由于计算机与网络技术的特殊性，网络建设需要考虑以下一些因素：系统的先进性、系统的稳定性、系统的可扩展性、系统的可维护性、应用系统与网络系统的配合度、与外界互联网络的连通性、建设成本的可接受程度等。根据本公司在网络集成方面的经验，我们对××××学校校园网络建设方面提供以下一些建议。

### 1．选择高带宽的网络设计

校园网络应用的具体要求决定了网络必须采取高带宽网络。多媒体教学课件包含了大量的声音、图像和动画等信息，需要高带宽的网络通信能力的支持。现在主流的计算机系统是基于迅驰技术，CPU 强大的数据处理能力如果受到网络传输速率的约束，将不能够发挥出应有的功能。在校园网构建时，不能由于网络传输速率的不足，而影响整个网络的整体性能，使传输速率成为网络传输的瓶颈。所以校园网尽可能地采用最新的高带宽网络技术。对于桌面计算机采用 10/100M 自适应网卡，而对于校园网络的服务器最好采用 1 000M 的网络连接。

### 2．选择可扩充的网络架构

校园网络的用户数量或服务功能是逐步提高的，网络技术也是日新月异，新技术新产品不断地涌现。一般情况下，校园网络的建设资金用量非常大，对于学校来说，办学资金是比较紧张的，所以在校园网构建时，宜采用当时最新的网络技术，结合学校的财力，实行分步实施，循序渐进。这就要求在网络构建时要选择具有良好可扩充性能的网络互联设备，以有效地保护现有的投资。

### 3．充分共享网络资源

组建计算机网络的主要目的是实现资源共享，这个资源包括硬件资源、软件资源。网络用户通过网络不仅可以实现文件共享、数据共享，还可以通过网络实现网络设备的共享，如打印机共享、存储设备的共享等。

### 4．网络可管理性，降低网络运行及维护成本

降低网络运营成本和维护成本是网络设计过程中必须考虑的一个环节。只有在网络设计时选用支持网络管理功能的网络设备，才能为将来降低网络运行及维护成本打下坚实的基础。

### 5．网络系统与应用系统的整合

校园网络构建了校园内部通畅的数据流通路，为应用系统发挥更大的作用打下了基础。网络系统与应用系统要能够很好地融合，才能发挥校园网的效率与优势，构建校园网的目的并不是只为了人们浏览 Internet 的方便。校园网平台要能够为学校的图书资料管理、学籍管理、网络考试、课件制作、教师档案管理、校长办公系统、多媒体教学、电子备课系统等提供技术的支持与帮助。应用系统应能够在网络平台上，与硬件平台很好地结合，发挥出网络的优势。

### 6．建设成本

考虑到目前我国实际情况，有相当多的网络工程，特别是校园网工程在建设方面都希望成本较低，整个网络系统有较高的性价比，为此，××××公司会利用本公司与产品供应商之间良好的合作关系，为××××学校的校园网络在设备选型等方面选用性价比高的网络产品，并在系统集成等方面减收相应的费用，为校园网提供三年的免费维护服务，三年后适量收费，我公司会根据学校的需求定制多种方案供选择。

### 7. 高可靠性

网络要求具有高可靠性、高稳定性和足够设备冗余和备份，以防止局部故障引起整个网络系统的瘫痪，避免网络出现单点失效的情况。在网络干线上要提供备份链路。在网络设备上要提供适当的冗余配置，设备在发生故障时能以热插拔的方式在最短的时间内进行恢复，把故障对网络系统的影响减少到最小。

网络主干交换机等网络结点关键设备必须具备一定的容错能力。关键结点设备在运行中出现故障后，能够有效、及时地进行恢复，结点设备的恢复过程必须在短时间内迅速完成。

## 四、网络技术分析

网络性能的高低与使用的网络技术是密切相关的。在校园网络工程中的网络核心技术主要有综合布线系统和主干网技术。

### 1. 综合布线系统

综合布线是信息网络的基础，它主要是针对建筑的计算机与通信的需求而设计，具体是指在建筑物内和在各个建筑物之间布设的物理介质传输网络。通过这个网络实现不同类型的信息传输。国际电子工业协会/电信工业协会及我国标准化组织制定规范化的布线标准。所有符合这些标准的布线系统，应对所有应用系统开放，不仅完全满足当时的信息通信需要，而且对未来的发展有着极强的灵活性和可扩展性。

××××学校校园网所涉及的网络布线系统包括：骨干光缆系统、楼宇内布线系统和其他线路部分。

（1）综合布线系统的设计思想。为了适应计算机学校的未来发展，满足计算机学校校园网的需要，××××学校的综合布线系统要求是一个具有如下特征的系统。

① 传输信息类型的完备性。具有传输语音、数据、图像和视频信号等多种功能。

② 传输速率的高效性。具有满足千兆以太网和 100M 快速以太网的数据吞吐能力，并且有一定的设计冗余。

③ 系统的独立性和开放性。能够满足不同厂商设备的接入要求，能提供一个开放的和兼容性强的系统环境。

④ 系统的灵活性和可扩展性。系统采用模块化设计，各个子系统之间均为模块式连接，能够方便快速地实现系统扩展和应用变更。

⑤ 系统的可靠性和经济性。结构化的整体设计保证系统在一定的投资规模下具有非常高的利用率，使先进性、实用性、经济性等得到统一。同时，完全执行国际和国家标准设计和安装，为系统的质量提供了可靠的保障。

（2）综合布线设计依据。

①《TIA/EIA-568 标准》。

②《TIA/EIA-569 标准》。

③《CECS 72：97 建筑与建筑群综合布线系统工程设计规范》。

④《CECS 89：97 建筑与建筑群综合布线系统工程施工及验收规范》。

⑤《电信网光纤数字传输系统工程实施及验收暂行技术规定》。

（3）骨干光缆工程。需要设计并敷设从办公楼（网络中心位置）到校园内其他楼宇的骨干光缆系统，要求光缆的数量、类型能够满足目前网络设计的要求，还要能够兼顾到未来可能的发展趋势，留出适当合理的余量。

由于网络技术路线决定采用千兆以太网，根据千兆以太网的规范对骨干光缆工程的材料选择提出了要求：目前千兆以太网都采用光纤连接，这种光纤主要有两种类型，分别是 SX 和 LX。SX 采用 62.5μm 内径的多模光纤，最大传输距离 275m；LX 采用 62.5μm 内径的单模光纤，最大传输距离为 3km，如果各楼宇到网络中心的距离超过 275m，则必须采用单模光纤。××××学校校园面积虽然较大，但主教学区各楼宇间的距离较近，建议采用多模光纤，同时为提高网络的可靠性和性能并兼顾今后的发展，光缆芯数均采用 8 芯。

另外，由于××××学校没有地下管孔，为了保障网络的安全及长久的发展，××××学校的校园网骨干光缆工程还包括了架空走线的建设。

（4）楼宇内布线系统。参照国际布线标准，××××学校楼宇内布线系统采用星状拓扑结构，即每个工作站点通过传输媒介分别直接连入各个区域的管理子系统的配线间，这样可以保证当一个站点出现故障时，不影响整个系统的运行。

① 楼内垂直干线系统。结合网络设计方案的要求，主要考虑网络系统高速的速率传输，以及工作站点到交换机之间的实际路由距离及信息点数量，××××学校大多数建筑物可以采用一个配线间，这样就可以省去了楼内垂直系统。

② 水平布线系统。为满足 100M 到桌面的传输速率的要求和未来多种应用系统的需要，水平布线全部采用超 5 类非屏蔽双绞线。信息插座和接插件选用正规厂家的产品，水平干线采用电缆桥架敷设在走廊顶部，走廊部分均采用镀锌金属线槽，进入房间的支线设计采用 PVC 线槽，管槽安装符合电信安装标准。

③ 工作区子系统。工作区由终端设备连接到信息插座的连线和信息插座所组成。本项目中信息出口采用拆装灵活的（CAT5）模块式 8Pin 信息插座，鉴于网络的布局，建议采用墙上式信息插座；终端设备到信息插座的连线为了保证质量，建议采用成品线，如果为了节约费用，本公司可以为××××学校根据实际的情况制作相应的连线。

### 2．主干网技术

1 000Base-X 千兆以太网技术继承了传统以太网的技术特性，除了传输速率有了明显提高外，服务的优先级、多媒体支持能力等也都有了相应的标准，各个厂商的千兆以太网产品逐步形成了许多大型的用户群。

千兆以太网在技术上与传统以太网相似，与 IP 技术能够很好地融合，在 IP 为主的网络中以太网的劣势几乎变得微不足道，其优势却非常突出，如容易管理和配置、支持 VLAN、支持 QoS、支持多媒体传输等。另外在三层交换技术的支持下，能够保持很高的效率，目前是公认的局域网骨干的主要技术。

虽然，局域网主干技术有多种，依出现的先后，局域网主干技术依次经历了共享以太网（令牌环网）、FDDI、交换以太网、快速以太网、ATM 和千兆以太网。根据网络的发展趋势和不同类型网络的特点，并结合××××学校对网络整体性能的要求及特点，建议学校校园主干采用千兆以太网技术。

××××学校校园网采用两层结构，即只有接入层，没有分布层。我们设计计算机学校二级网络为快速以太网+交换以太网的结构，各二级网络通过千兆以太网连接骨干核心交换机，向下通过 100Mbps 线路连接到各个信息点。

### 3. 网络设备选型

设备选型是根据××××学校校园网的具体情况及要求确定的，主要是交换机的选择。

（1）选型考虑因素。

① 尽量选择同一厂家的设备，这样在设备具有互连性，在技术支持、价格等方面也具有一定的优势。

② 在网络的层次结构中，主干设备选择留有一定的能力，以便于将来的网络扩展，接入层设备，由于设备更新很快，应遵循够用即可的原则，但××××学校在近几年的办学中，特色明显，办学效益良好，学校又处于上升期，所以接入层设备中也考虑学校的发展，留有一定的空间扩展能力。

③ 选择行业内知名的厂商产品，以获得性能价格比更优的设备以及更好的售后服务。

（2）网络设备选择。遵循××××学校的要求，网络采用千兆以太网技术组建。目前，千兆以太网的生产制造企业很多，例如，华为、3COM 等。华为公司的产品是国内网络集成商的首选，这是因为华为技术先进、产品质量可靠。所以××××学校的校园网的核心交换机我们建议选用华为 Quidway S6503，接入层交换机建议选用华为 Quidway S3050C-48 千兆网络交换机。

### 4. 网络拓扑图

××××学校网络拓扑结构如图 1-7 所示。

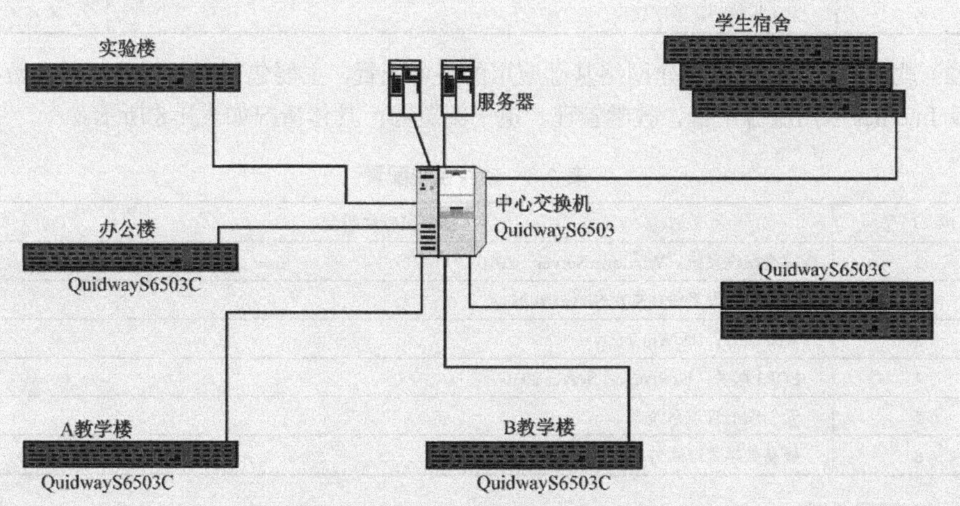


图 1-7　××××学校网络拓扑结构图

### 5. 网络方案描述

××××学校校园网网络方案由骨干网方案和各楼的网络方案组成。

（1）星状结构骨干网。经反复论证并参考兄弟学校校园网网络方案，××××学校校园网骨干结构设计为星状结构。星状骨干网配置一台华为 Quidway S6503 交换机组成。各楼接入层交换机华为 Quidway S3050C-48 千兆网络交换机则至少有一个光纤接口，分别连接到核心交换机的光纤接口上。核心交换机除连接各个楼的接入层交换机外，剩余的光纤接口，可以用于将来扩充网络，也可以供安装千兆网卡的服务器使用。

（2）楼宇内的接入网络。××××学校校园网中各个楼宇均是使用光纤与核心交换机连接。

各个楼内根据信息点的数量采用相应规格的华为 Quidway S3050C-48 交换机，其中东、西教学楼、实验楼使用一套 48 口交换机，图书馆使用两套 48 口交换机，办公楼使用一套 48 口交换机，再配置一定数量的 24 口交换机，根据办公室人员情况，需要时采用两两级联技术，宿舍楼配置 5 个 48 口交换机，采用级联技术，直接与中心交换机光纤连接，每个 S3050C 提供 48 个 100Mbps 的端口到桌面。

### 6．网络应用平台

××××学校的校园网是以服务教学为核心、以开放式网络互联的应用方式构建，并采用 TCP/IP 协议来规划和分割网络，所有的应用软件和管理软件建立在统一的 Intranet 平台基础上。

（1）硬件服务器的选择与配置。××××学校的校园网络资源暂不考虑对外开放，主要构建学校内部的管理系统与网络服务，有网上备课系统、教务管理系统、图书管理系统、WWW 服务、E-mail 服务、信息资源共享、文件服务（FTP）、电子阅览室以及今后的 VOD 服务等。基于上述的要求，本公司推荐使用浪潮系列服务器，具体配置如表 1-7 所示。

**表 1-7　硬件服务器配置**

| 序　号 | 服务器用途 | 配　置 |
|---|---|---|
| 1 | DB、Web、E-mail、FTP… | ×××× |
| 2 | 图书管理系统、电子阅览 | ×××× |
| 3 | 校园管理系统 | ×××× |
| 4 | 学生机管理、教学软件 | ×××× |

（2）软件配置。软件是搭建网络基础应用的必备配置，主要包括网络操作系统、数据库系统以及 Internet 应用服务平台、教学管理、电子阅览等，具体情况如表 1-8 所示。

**表 1-8　软件系统配置**

| 序　号 | 服务器软件平台 |
|---|---|
| 1 | 网络操作系统：Windows Server　2010 |
| 2 | 数据库管理系统：SQL Server 2008 |
| 3 | Web 服务：IIS Win 7 |
| 4 | POP3 服务：Exchange　Server 2010 |
| 5 | 天创图书管理系统 |
| 6 | 极易教学管理软件 |

### 7．工程进度表

在整个网络工程中，要将整个工程划分出若干个子项目，每个项目之间时间衔接要设计合理，避免前一个项目完成后，下一个项目的材料还没有备齐，造成整个工期的延误。此外，外部环境是否会影响施工过程，影响工期的各个方面因素都要全面考虑，以制定出可行的工程进度，如表 1-9 所示。

**表 1-9　项目进度表**

| 阶　段 | 工 作 内 容 | 时　间 |
|---|---|---|
| 初步调研 | 用户调查、项目调研、系统规划 | 3 个工作日 |
| 需求分析 | 现状分析、功能要求、成本分析、需求报告 | 4 个工作日 |

续表

| 阶　段 | 工 作 内 容 | 时　间 |
|---|---|---|
| 初步设计 | 确定网络规模、建立网络模型、初步方案 | 7个工作日 |
| 详细调研 | 用户详细情况调查、系统分析、用户需求 | 7个工作日 |
| 系统集成设计 | 计算机系统设计、系统软件选择、应用软件的选择、网络方案确定、设备选型、系统集成方案确定 | 10个工作日 |
| 应用系统设计 | 设备订货、软件订货、设备验收、设备安装、软件安装、系统调试、系统验收 | 4周 |
| 系统维护与服务 | 系统培训、网络培训、应用系统培训、工程移交 | 2周 |

（3）服务文件

服务文件通常是由项目服务及培训承诺文件组成的，主要内容为技术支持与售后服务体系以及售后服务承诺。

技术支持与售后服务体系如下：

## 技术支持与服务体系

本公司负责为××××学校网络系统提供全面的技术服务和技术培训，对系统竣工后的质量保证提供完善的售后服务体系。

（1）质量保证。

① 综合布线系统。对于××××学校的综合布线系统提供十年的免费保修和设备质量保证。在设备验收合格后三年内，因设备质量问题发生故障，我公司负责免费更换；因用户使用或管理不当造成设备损坏，乙方有偿提供设备备件并给予有偿维修，备件价格以市场价为准。

② 网络设备。本公司对所提供的网络设备进行免费保修和有偿维修两部分。有偿维修指免费保修期过后，根据××××学校的要求而制定的条款，以及因为误操作等非正常因素造成的设备故障的维修。系统中的华为公司的网络产品硬件三年质量保证，如果硬件平台允许，华为网络产品的软件三年内免费升级，其他网络产品本公司按照原厂商提供的质保进行质量保证。质保期从设备开箱验收合格后算起。对质保期后的设备维修，本公司将根据原厂商的条款，为××××学校提供服务，设备更换的费用以当时的市场价为收费依据，本公司根据情况收取一定的维修费用。

③ 软件系统。保证提供半年的正常运行维护，半年后，本公司协助××××学校解决软件方面出现的故障，如不能解决，本公司负责请软件设计方提供服务，相关费用由××××学校与软件设计方协商解决。

（2）技术培训。为了使××××学校校园网络管理人员能够更好地、更方便地管理网络系统，更好地发挥网络系统的作用，提高工作效率，本公司将为××××学校培训网络管理人员。培训主要包括如下几个内容。

① 计算机局域网的基本原理。

② 计算机多媒体教学软件。

③ 计算机网络日常管理与维护。

④ Windows Server 2010 操作系统。

⑤ Internet 信息服务管理。

⑥ 网络安全技术。

⑦ 网站建设与管理。

为了保证本项目的顺利实施，以及在项目建设结束后能使网络系统充分发挥作用，需要对以下人员进行培训。

对××××学校的有关领导进行培训，以使他们对计算机网络技术发展的最新水平以及网络系统中所涉及的新技术有所了解，并能利用该网络系统提供的先进手段更有效地掌握有关信息、处理有关问题。

对××××学校一些部门的专业技术人员以及所有的计算机专业教师进行有关该网络系统中各软、硬件系统的技术培训。培训结束后，这些人员可以独立完成该网络系统的日常维护操作，所有的计算机专业教师能够从该项目建设过程中了解实际工作与理论的差距，积累一定的实际工作经验，提升教学能力。

对相关人员提供应用系统的培训，确保他们能正确地使用所需要的应用软件。

培训地点初步定在××××学校，由学校提供培训场地，本公司将派富有网络工程经验和培训经验的工程师对学校的相关人员进行培训。培训时间与学校商定，应尽早安排，培训方式主要采用课堂教学与现场操作指导相结合为主。

**售后服务承诺：**

我方承诺，按合同提供的全部设备和系统集成服务自验收合格之日起提供 3 年的质量保证期。综合布线系统 10 年质量保证。弱电系统设备在质保期内发生故障的，我公司在接到报修电话后，2 小时予以响应并派人员到现场维修，24 小时内解决故障。

我方承诺，为本项目弱电系统工程项目建立专门的定期巡访制度。

我方承诺。质保期内在每学期结束后，到用户单位对所提供的设备进行免费维护。

在系统质保期结束后，我公司与用户签订维护合同，按要求对设备进行维护。

我方承诺完全响应招标书合同样本的相关条款的规定。

（4）证明文件

资格证明文件主要由招标方企业资质文件和成功案例组成。资质文件主要有营业执照、产品授权及质保承诺以及系统集成资质、企业资信资质等。成功案例以签订的合同复印件为主，提供的相关案例要与本项目相仿，如项目投资为 300 万元，投标方如果提供的案例为 50 万元的项目，原则上该案例不能作为证明文件；如项目为系统集成，投标方提供的案例为设备销售合同，同样该案例也不能作为证明文件。

### 2．评标

除价格条件外，技术质量、工程进度或交货期，以及所提供的服务等各方面的条件都将影响投标的优劣。招标人必须对投标进行审核、比较，然后择优确定中标人选。

（1）审查投标文件。其内容是否符合招标文件的要求，计算是否正确，技术是否可行等。

（2）比较投标人的交易条件，可逐项打分或集体评议或投票表决，以确定中标人选。初步确定的中标人选，可以是一个或若干个替补人选。

（3）对中标人选进行资格复审。如果第一中标人经复审合格，即成为该次招标的中标人。否则依次复审替补中标人选。

凡出现下列情况之一者，招标人可宣布招标失败，重新组织第二轮招标：参加投标人太少，缺乏竞争性；所有投标书和招标要求不符；投标价格均明显超过国际市场平均价格。

评分标准基本上是统一的标准，如信息类的都使用同一个标准，木器类的使用一个标准。采购方也可以制定特定的标准，但此标准需要公开，与招标文件同时发布。评分标准的项目比较多，网络工程类的参考标准如表 1-10 所示。

表 1-10 网络工程类的参考标准

| 序号 | 评分因素 | 评审标准 | 分值 |
|---|---|---|---|
| 1 | 价格 | 采用低价优先法计算，即满足招标文件要求且投标价格最低的投标报价为评标基准价，其价格分为满分。其他投标人的价格分按照下列公式计算（小数点保留一位）。投标报价得分=（评标基准价/投标报价）×50 | 50 |
| 2 | 技术配置 | 在阅读投标文件技术参数和分析厂商提供的样品基础上酌情评分，所有实质性要求不得负偏离；<br>系统配置优于招标文件要求（正偏离）的在 15～25 分之间酌情评分；<br>系统配置符合招标文件要求的得 15 分；<br>系统配置低于招标文件要求（非实质性负偏离）的在 15 分以下酌情评分，每项扣 1～3 分，扣完为止 | 25 |
| 3.1 | 质量保证 | 投标人通过相关机构的质量管理体系认证及环境认证各 1 分，共 2 分 | 2 |
| 3.2 | | 投标设备具备各级质检机构检测报告及相关质量认证书，最高得 2 分 | 2 |
| 3.3 | | 评委根据所选主要设备品牌的原产地、市场占有率、信用度，以及对该产品品牌质量和服务的了解，按名类对投标产品进行降序排列并赋分，最高不超过 3 分 | 3 |
| 4.1 | 信誉业绩 | 根据投标人上一年度经法定中介机构审计过的财务报告进行打分，未提供或未经审计，本项不得分，最高 2 分 | 2 |
| 4.2 | | 投标人提供信用评估机构或金融机构出具信用评估报告等级为 AA 级以上得 2 分；AA 级以下不得分 | 2 |
| 4.3 | | 依据投标人 2012 年 1 月 1 日之后的类似业绩进行评分 (原件备查)，每个 1 分，最高得 5 分（注：类似业绩应为与本次项目结构类似、造价接近） | 5 |
| 5.1 | 施工售后 | 根据施工组织方案的合理行、可行性、对不可预见因素的预测、组织机构人员配置、管理层素质、协调能力和安装调试、实施步骤、进度安排、质量保证措施酌情评分，最优的得 4 分，其他酌情评分 | 4 |
| 5.2 | | 根据投标人对项目服务要求的响应和承诺酌情打分，完全响应采购文件要求不得分，投标人提供的服务时间和形式均优于采购文件要求可酌情加分，最高不超过 3 分 | 3 |
| 6 | 评委综合 | 根据投标文件制作的完整性等情况，评委进行自主评判，最高 2 分 | 2 |

**说明：**

① 在满足采购基本要求的前提下，对国家认定的节能、环保产品分别给予价格评标总分值 4%、4%的加分（特别说明：节能、环保产品必须纳入“中国政府采购网 http://www.ccgp.gov.cn”等官方网站“节能、环保产品查询系统”，且以提供的证书复印件为准）。

② 对中小型和微型企业产品的价格给予 6%扣除，用扣除后的价格参与评审。

③ 大型企业和其他自然人、法人或者其他组织与中小型、微型企业组成联合体共同参加投标，如果联合协议中约定，中小型、微型企业的协议合同金额占到联合体协议合同总金额 30%以上的，给予联合体 2%的价格扣除。联合体各方均为中小型、微型企业的，联合体视同为中小型、微型企业享受 6%价格扣除，用扣除后的价格参与评审。

④ 所有认证、证明和业绩均以有效的复印件为依据。

### 3．中标

经评标委员会确定网络工程的中标人后，网络工程的招标人会向中标人发出网络工程中标通知书并予以公告，同时将中标结果通知所有未中标的投标人。中标通知书对网络工程的招标人和中标人具有法律效力。中标通知书发出后，网络工程的招标人如果改变中标结果，或者中标人放弃中标的网络工程，都要承担相关法律责任。

为了给用户负责，评标委员会通常会根据投标人提供的方案确定多个中标方案，并确定中标顺序，当第一中标人因某种因素不能履约时，由第二中标人中标，以此类推。弃标人承担自己的法律责任，要给出相应的赔偿。中标公告格式如下：

**××××× 采购结果公示**

××××××受采购人委托就以下项目进行采购，现就本次采购结果公布如下：

一、项目编号：[ ××××××]

二、项目名称：××××××弱电智能化系统

三、成交信息：

成交供应商：××××××科技有限公司

成交金额：××××××.××元

企业联系人：××

移动电话：××××××

办公电话：××××××

**备注：**

1. 请各中标公司在三个工作日后前往××××××领取中标通知书。
2. 各有关当事人对中标结果有异议的，可以在成交公告发布之日起七个工作日内以书面形式（加盖企业公章）向××××××提出质疑，逾期将不再受理。
3. 领取中标通知书后，各公司需登录“××××××采购管理系统”，提交中标项目清单，并在线完成后续的履约手续，具体操作办法详见本网通知。

### 4．签订合同

网络工程的招标人和中标人应当在中标通知书发出之日起的 30 日内，按照网络工程招标文件和中标人的网络工程投标文件订立书面合同。招标人和中标人不能再订立背离合同实质性内容的其他协议。例如，招标文件要求网络工程中标人提交履约保证金，中标人应当提交。

网络工程的中标人应当按照合同约定履行义务，按时保质保量完成中标的网络工程。中标人不能向他人转让中标的网络工程，也不能将网络工程支解后分别向他人转让。中标人按照合同约定或者经招标人同意，可将网络工程中部分非主体、非关键性工作分包给他人完成。接受网络工程分包的人应当具备相应的资格条件，并不得再次分包。网络工程中标人应当就分包项目向网络工程招标人负责，接受分包的人就分包项目承担连带责任。合同的基本格式如下：

# ××××网络工程合同

合同双方当事人：

| 甲方（委托方）： | 乙方（开发方）： |
| --- | --- |
| 法定代表人： | 法定代表人： |
| 委托代理人： | 委托代理人： |
| 地址： | 地址： |
| 联系电话： | 资质名称： |
| 邮编： | 资质证书号： |
| | 联系电话： |
| | 邮编： |

甲、乙双方依据《中华人民共和国合同法》及相关的法律法规之规定，在自愿、平等、互利、互惠、协商一致的基础上达成如下协议：

**一、合同标的**

乙方将依据甲方的需求，并根据甲方业务的描述情况向甲方提供以下计算机网络工程服务：

1．硬件系统

乙方所提供/代购的硬件系统设备为原厂商所生产的产品，产品质量符合国家要求。该硬件设备的技术标准、规格、数量、价格和交付日期等见附件____。

2．软件系统

乙方所提供的软件系统为__________（系统名称）。该软件集成系统的主要功能为____、____、____。该软件系统的名称、功能、等级、规格、版本、价格等相关情况见附件____。

3．××××网络工程安装或实施地点：______________________________。

4．网络工程的目标

乙方为甲方提供的计算机网络系统的整体功能需符合甲方所描述的_________系统要求，并应达到相应的技术指标。该信息系统的技术方案见附件____。

**二、合同工期**

1．开工时间：乙方于______年____月____日开工。

2．验收时间：______年____月____日。

3．工程完成时间：______年____月____日。

4．总日历工期天数：______天。

5．具体工程进度安排见附件____。

**三、价格与付款方式**

1．本合同约定，由乙方提供的信息系统的总价为__________，其中_____________________

设计费用价格为______________；硬件系统价格为______________；软件系统价格为___________；

系统集成服务价格为____________________。

以上各部分价格组成分别见附件_____、_____。除非另有书面约定，付款方式见附件_____。

2．项目增减价格

在本项目进展过程中，甲方/乙方依据本合同第_____条对项目作出任何变更或经双方同意的设备、系统功能变化或软件模块的增减等，一方或双方将依据上述所规定的价格标准商定变更后的具体价格。

四、系统验收

1．系统开发、安装及调试完成后，甲方应及时进行系统验收。乙方应当以书面形式向甲方递交验收通知书，甲方在收到验收通知书后的______个工作日内，确定具体日期，由双方按照本合同的规定完成系统验收。甲方有权委托第三方检测机构进行验收，对此乙方应当配合。

2．具体验收方式和验收标准见附件______。

五、保密与非竞争

（略）

六、项目培训与服务

乙方应根据项目实施的计划、进度和需要与客户的合理要求，及时安排对甲方的相关人员进行培训。培训目标为使受训者能够独立、熟练地完成操作，实现依据本合同所规定的信息系统的目标和功能。

七、工程保证和维护

（略）

八、违约与赔偿责任

1．交付违约

如果乙方未在本合同所规定的时间内完成交付本合同所规定的项目，除依照约定支付违约金外，甲方有权要求乙方补偿（具体补偿由甲乙双方可采取合同附件形式另行约定）和采取补救措施，并继续履行本合同所规定的义务。违约金的具体确定方式为：

（1）每延期_____天，乙方应向甲方支付合同总价的________%的违约金，但违约金的总数不超过合同总价的________%；

（2）如果延期时间超过______天，甲方有权解除合同，除前款所约定的违约金外，乙方应当支付相当于合同总价_______%的金额作为对甲方的赔偿。

2．付款违约

（1）如果甲方未能按照合同规定的期限付款，每延期______天，甲方应向乙方支付合同总价的______%作为违约金，但是违约金的总额不得超过合同总价的______%；

（2）如果延期时间超过______天，乙方有权解除合同，除前款所约定的违约金外，乙方还可要求甲方支付合同总价的______%对乙方进行赔偿；

（3）如果合同继续履行，甲方除支付上述违约金外，仍应当按照合同规定的金额付款，乙方履行本合同的日期应相应顺延；

（4） 如果乙方选择解除合同，甲方应当按照已交付的硬件和已完成工程价格向乙方付款。甲方付款后，乙方应当向甲方交付已付款的硬件和软件。甲方如要在以后使用所接受的硬件和软件，则仍应按照本合同的规定使用。

3．如果发生违约事件，履约方要求违约方支付违约金时，应当以书面方式通知违约方，内容包括违约事件、违约金、支付时间和方式等。违约方在收到上述通知后，应当于______天内答复对方，并支付违约金。如果双方不能就此达成一致意见，可以按照本合同所规定的争议解决条款解决双方的纠纷，但任何一方不得采取非法手段或以损害本项目的方式实现违约金。

九、不可抗力

（略）

十、争议解决

1．如果合同双方在履行本合同过程中发生争议，双方首先应当采取友好协商的方式解决该争议，如果协商不成的，双方选择以下方式解决：

（1）向__________仲裁委员会提起仲裁；

（2）向__________人民法院提起诉讼。

2．对任何争议进行仲裁或向人民法院提起诉讼，除争议事项或争议事项所涉及的条款外，双方应继续履行本合同项下的其他义务。

**十一、合同的生效、变更与解除**

1．本合同经双方各自指定的代表签署和盖章后生效。

2．本合同签署后，甲、乙双方可友好协商就部分合同条款进行合理变更，双方同意后签署补充协议。

3．本合同于双方各自履行了合同的全部义务，包括本工程的保修期结束和甲方付清全部合同款后终止。

4．本合同一经签署，未经双方同意，任何一方不得随意更改本合同。本合同所列的附件及需求说明书、系统设计书、检测标准等文件，经双方签字后为本合同的组成部分。其他任何口头或未包含在本合同内的或未依据本合同制定的书面文件均不对双方发生拘束力。

5．本合同一式______份，双方各执______份，具有同等法律效力。

甲方：　　　　　　　　　　　　乙方：

签署人：　　　　　　　　　　　签署人：

开户行：　　　　　　　　　　　开户行：

账　号：　　　　　　　　　　　账　号：

签约时间：　　年　　月　　日

签约地点：

补充条款：

1．……

## 小试牛刀

### 1．收集工程标书

分小组完成各种类型标书的收集，并整理分类。分类方法可以以行业分类，如建筑工程标书、装饰工程标书、信息类工程标书等。收集的渠道可以是与学校有合作关系的公司、亲朋好友介绍的公司和互联网。

### 2．收集不同招标类型的评分标准

分小组完成不同招标类型的评分标准的收集，仔细分析不同招标类型评分标准的主要区别，如木器类招标、电子设备招标、系统集成招标的评分标准的主要区别。

### 3．模拟评标

选择系统集成类的投标文件，每位小组成员根据评分标准对投标文件进行评分，各小组自己根据评分标准设计评分表格。

## 一比高下

教师准备一套同一个标的的投标文件，并依据该标的的评分标准，请各小组根据评分标准给各投标文件评分，每个小组请一位同学解释本组的评分依据，并说明中标公司的中标理由。

## 开动脑筋

1．企、事业单位在设备采购等活动中进行公开的招投标的目的是什么？

2．某学校进行办公设备的公开招标，学校领导在学校专业教师中选择了 5 位教师加上 3 位校长组成了评标小组，这样的做法对吗？为什么？

3．某单位需要采购了一批办公设备，进行了公开招标，招标结束后，中标人不能履行投标文件所做的承诺。此时，该单位需要再进行一次公开招标吗？中标单位需要进行赔偿吗？

## 课外阅读

### 《中华人民共和国合同法》

《中华人民共和国合同法》于 1999 年 3 月 15 日第九届全国人民代表大会第二次会议通过，自 1999 年 10 月 1 日起施行。下面介绍其中部分内容。

（1）一般规定。合同当事人的法律地位平等，一方不得将自己的意志强加给另一方；当事人依法享有自愿订立合同的权利；当事人应当遵循公平原则确定各方的权利和义务；当事人行使权利、履行义务应当遵循诚实守信原则；当事人订立、履行合同，应当遵守法律、行政法规，尊重社会公德，不得扰乱社会经济秩序，损害社会公共利益；依法成立的合同，对当事人具有法律约束力；当事人应当按照约定履行自己的义务，不得擅自变更或者解除合同；依法成立的合同，受法律保护。

（2）合同订立。当事人订立合同，应当具有相应的民事权利能力和民事行为能力。合同的内容由当事人约定，一般包括：当事人的名称或者姓名和住所；标的；数量；质量；价款或者报酬；履行期限、地点和方式；违约责任；解决争议的方法。

（3）合同的履行。当事人应当按照约定全面履行自己的义务。当事人应当遵循诚实守信原则，根据合同的性质、目的和交易习惯履行通知、协助、保密等义务。

（4）违约责任。当事人一方不履行合同义务或者履行合同义务不符合约定的，应当承担继续履行、采取补救措施或者赔偿损失等违约责任。

（5）建设工程合同。建设工程合同是承包人进行工程建设，发包人支付价款的合同。建设工程合同包括工程勘察、设计、施工合同。

① 施工合同的内容包括工程范围、建设工期、中间交工工程的开工和竣工时间、工程质量、工程造价、技术资料交付时间、材料和设备供应责任、拨款和结算、竣工验收、质量保修范围和质量保证期、双方相互协作等条款。

② 建设工程竣工后，发包人应当根据施工图纸及说明书、国家颁发的施工验收规范和质量检验标准及时进行验收。验收合格的，发包人应当按照约定支付价款，并接收该建设工程。建设工程竣工经验收合格后，方可交付使用；未经验收或者验收不合格的，不得交付使用。

③ 因施工人的原因致使建设工程质量不符合约定的，发包人有权要求施工人在合理期限内无偿修理或者返工、改建。经过修理或者返工、改建后，造成逾期交付的，施工人应当承担违约责任。

### 《中华人民共和国政府采购法》

《中华人民共和国政府采购法》2002 年 6 月 29 日第九届全国人民代表大会常务委员会第二十八次会议通过，2003 年 1 月 1 日起施行。下面介绍其中部分内容。

（1）政府采购。政府采购是指各级国家机关、事业单位和团体组织，使用财政性资金采购依法制定的集中采购目录以内的或者采购限额标准以上的货物、工程和服务的行为。

（2）政府采购限制。政府采购应当采购本国货物、工程和服务。但有下列情形之一的除外。

① 需要采购的货物、工程或者服务在中国境内无法获取或者无法以合理的商业条件获取的；

② 为在中国境外使用而进行采购的；

③ 其他法律、行政法规另有规定的。前款所称本国货物、工程和服务的界定，依照国务院有关规定执行。

（3）政府采购方式。

① 公开招标；② 邀请招标；③ 竞争性谈判；④ 单一来源采购；⑤ 询价；⑥ 国务院政府采购监督管理部门认定的其他采购方式。

一般情况下，公开招标作为政府采购的主要采购方式。

（4）政府采购的原则。政府采购原则是贯穿在政府采购计划中为实现政府采购目标而设立的一般性原则。我国政府采购的原则是不盈利、不经营，其意义在于实施宏观调控，优化配置资源。

① 公开性原则。政府采购的公开性原则是指有关采购的法律、政策、程序和采购活动都要公开，增加政府采购的透明度，坚决反对搞“暗箱操作”。

② 公平性原则。政府采购应以市场方式进行，所有参加竞争的投标商机会均等，并受到同等待遇。允许所有有兴趣参加投标的供应商、承包商、服务提供者参加竞争，资格预审和报标评价对所有的投标人都使用同一标准；采购机构向所有投标人提供的信息都应一致；不应对国内或国外投标商进行歧视等。

③ 效率性原则。效率性原则要求政府在采购的过程中，能大幅度地节约开支，强化预算约束，有效提高资金使用效率。政府采购部门通过公平竞争、货比三家，好中选优，使有限的财政资金可以购买到更多的物美价廉的商品，或得到高效、优质的服务，实现货币价值的最大化，实现市场机制与财政改革的最佳结合。

④ 适度集权的原则。国际上通行的做法是由财政部门归口管理政府采购，而我国政府采购目前需要由许多部门协调配合进行。因此，在政府采购管理体制的集中、统一过程中，要注意发挥部门、地方的积极性，在对主要商品和劳务进行集中采购的前提下，小型采购可由各部门在财政监督下来完成。

## 本项目小结

本项目用三个工作任务介绍了网络工程的基本知识以及网络工程中招、投标的一些基本知识。通过网络工程项目的参观活动，使学生对网络工程有一个初步的认识，能够正确地识读网络拓扑结构图；通过招投标资料的收集与整理活动，使学生能够了解招投标的文档的编写以及招投标的基本程序以及评标的基本的要求，为今后走上工作岗位打下基础。

## 思考与练习

1．怎样认识网络工程？

2．计算机网络拓扑结构指什么？

3．三级系统集成资质的企业的主要要求是什么？

4．图 1-8 所示为一所大学的网络拓扑图，请仔细阅读并在图中标注出网络出口、核心交换机、服务器群的位置。

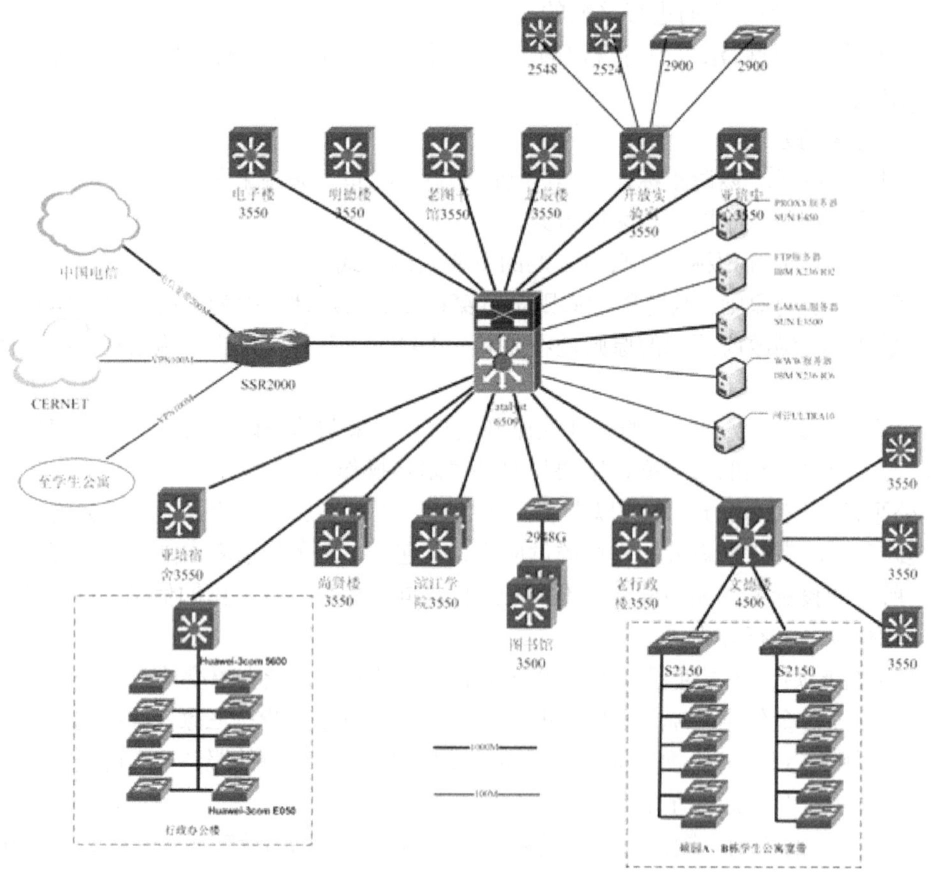


图 1-8　某大学网络拓扑图

5．公开招标和竞争性谈判招标标书公示期是多长时间？

6．网络工程招投标的基本程序是怎样的？

7．投标人如果对评标结果有异议，他应该怎么办？

8．投标人中标，由于特殊原因，不能履约，他可以放弃吗？如果放弃，他会受到处罚吗？

9．政府采购方式的主要方式有哪些？

10．政府采购的原则是什么？

# 项目 2　认识网络工程布线材料

## 项目描述

网络工程的主干是由不同类型网络传输线缆、传输线缆的连接器件以及工程布线的辅助管材等构成，这些材料中起着网络互联互通作用的是网络传输线缆。在计算机网络发展过程中，人们使用过多种线缆作为网络传输介质，随着以太网技术的成熟，现在人们使用的传输线缆主要是双绞线与光缆。

## 项目分解

工作任务 1　认识网络传输线缆——双绞线
工作任务 2　认识网络传输线缆——光缆
工作任务 3　认识布线管材及连接器件
工作任务 4　认识网络工程施工工具

## 工作任务 1　认识网络传输线缆——双绞线

### 1．双绞线缆

双绞线是现在网络工程中最常用的网络通信线缆，被广泛应用于电话通信网络和数据通信网络。双绞线的核心是相互绝缘并缠绕在一起的细芯铜导线对，通常由两对或更多对这样缠绕在一起的导线组成，依靠相互缠绕（双绞）作用，来消除或减少电磁干扰（EMI）和射频干扰（RFI）。常见的双绞线如图 2-1 所示。

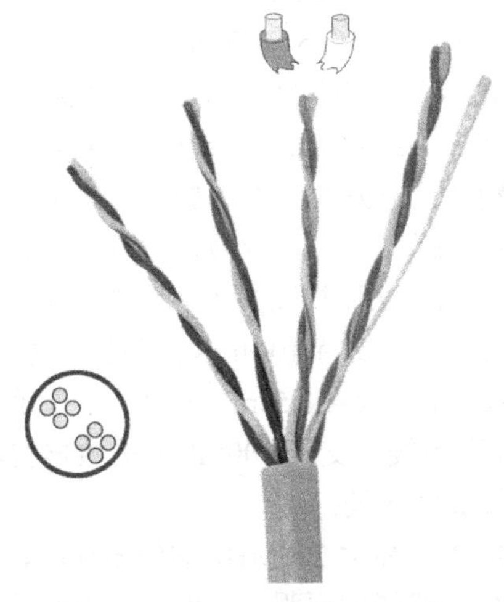

图 2-1　双绞线

常见的双绞线中导线的颜色分别为白绿、绿、白橙、橙、白蓝、蓝、白棕、棕。在双绞线缆内，除了有导线外，一般还有一根尼龙绳（抗拉纤维），用于增加双绞线电缆的抗拉强度，在双绞线线缆的最外层，有一层塑料护套，用于保护内部的导线。双绞线是一种柔性的通信电缆，因此非常适合于墙内、转角等位置布线。双绞线与适合的网络设备相连，可以实现 100Mpbs 或者更快速度的网络通信。在大多数应用下，双绞线缆的最大布线长度为 100m，但是按正常的工程经验，考虑到网络设备中和配线架要额外布线，所以双绞线的布线长度最好限制在 90m 以内。

日常的工程中使用的双绞线缆均为非屏蔽线缆，在电磁干扰比较强的环境中，需要使用屏蔽双绞线。所以根据双绞线是否有屏蔽层，可以将其分为屏蔽型双绞线（STP）和非屏蔽型双绞线（UTP），如图 2-2 和图 2-3 所示，网络工程中使用的主要是非屏蔽双绞线，人们平时所说的双绞线通常是指非屏蔽双绞线。

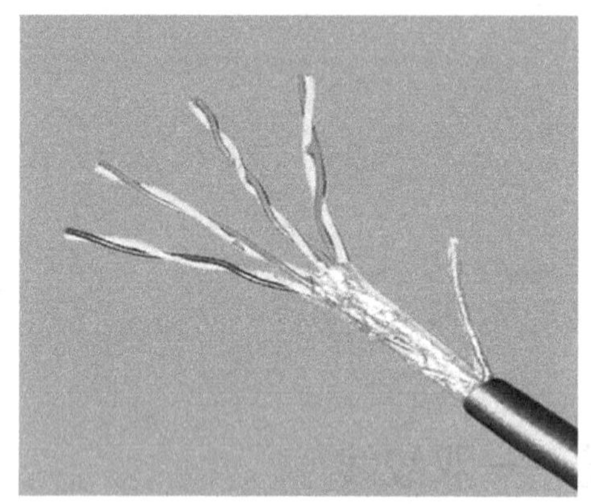
图 2-2　屏蔽双绞线

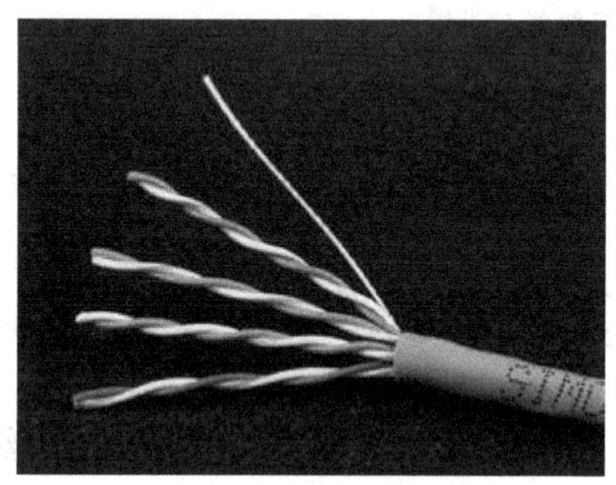
图 2-3　非屏蔽双绞线

### 2．非屏蔽双绞线

非屏蔽双绞线（Unshielded Twisted-Pair，UTP），也就是人们平时所用的网线，由于其价格相对便宜且易于安装，是局域网组网布线中使用最多的传输电缆。

1991 年，电子工业协会/电信工业协会（EIA/TIA）联合发布了一个标准 EIA/TIA-568，它的名称是“商用建筑物电信布线标准”。该标准规定了非屏蔽双绞线工业标准。随着局域网上数据传送速率的不断提高，EIA/TIA 在 1995 年将布线标准更新为 EIA/TIA-568A，此标准规定了 5 个种类的非屏蔽双绞线标准（从 1 类线到 5 类线）。在数据传输网络，当前最常用的 UTP 是 3 类线（Category 3，CAT3）和 5 类线（Category 5, CAT5）与超 5 类线（Category 5e, CAT E5）。5 类线与 3 类线的最主要的区别就是一方面大大增加了每单位长度的绞合次数，另一方面，在线对间的绞合度和线对内两根导线的绞合度都经过了精心的设计，并在生产中加以严格的控制，使干扰在一定程度上得以抵消，从而提高整个线路的传输特性。

3 类线：10M 以太网的标准用线，支持 10Mbps 的数据传输率，带宽为 10～16Mbps，包含 4 对双绞线，绞合程度为每英尺（1 英尺=30.5cm）3 绞，主要用于 10 BASE-T 网络。

5 类线：100M 以太网的标准用线，支持 100Mbps 的数据传输率，是高速数据线，带宽≤100Mbps，绞线的绞合程度为每英寸 3 绞。

超 5 类线：超 5 类双绞线能支持高达 200MHz 的信号速率，与 5 类双绞线相比，超 5 类双绞线在传输信号时衰减更小，抗干扰能力更强。使用超 5 类双绞线时，设备的受干扰程度只有使用普通 5 类线的 1/4，并且只有该类双绞线的全部 4 对线都能实现全双工通信，目前此类双绞线主要用于千兆以太网（1000Base-T）。

6 类线：电缆的传输频率为 1MHz～250MHz，六类布线系统在 200MHz 时综合衰减串扰比（PS-ACR）有较大的余量，它提供 2 倍于超 5 类的带宽。其传输性能远远高于超 5 类标准，最适用于传输速率高于 1Gbps 的应用。6 类标准中取消了基本链路模型，布线标准采用星形的拓扑结构，要求的布线距离为：永久链路的长度不能超过 90m，信道长度不能超过 100m。6 类双绞线在外形上和结构上与 5 类或超 5 类双绞线都有一定的差别，增加了绝缘的十字骨架，将双绞线的四对线分别置于十字骨架的四个凹槽内，如图 2-4 所示，电缆的直径也更粗。

图 2-4　6 类非屏蔽双绞线

超 6 类线：超 6 类线是 6 类线的改进版，同样是 ANSI/EIA/TIA-568B.2 和 ISO 6 类/E 级标准中规定的一种非屏蔽双绞线电缆，主要应用于千兆位网络中。在传输频率方面与 6 类线一样，也是 200～250 MHz，最大传输速度也可达到 1 000 Mbps，只是在串扰、衰减和信噪比等方面有较大改善。

7 类线：该线是 ISO 7 类/F 级标准中最新的一种双绞线，它主要为了适应万兆位以太网技术的应用和发展。但它不再是一种非屏蔽双绞线了，而是一种屏蔽双绞线，所以它的传输频率至少可达 500MHz，是 6 类线和超 6 类线的 2 倍以上，传输速率可达 10 Gbps。

### 3. 双绞线缆的制作材料与工具

将双绞线两端连接上 RJ-45 接口，就成为一条网络连接电缆。制作网络连接电缆是我们连接网络最基本的工作之一。要制作线缆，我们需要先了解一下制作网络连接电缆所需要的材料和工具。

（1）线缆

制作网络连接电缆，首先要准备 UTP 线材，使用较多的是 5 类或超 5 类的双绞线。现在市场上销售的普通线材大都采用硬质纸盒包装（工程用线也有无包装的散装线材），盒上标识着线材的品牌、型号、阻抗、线芯直径等技术参数。通常，一箱线材的长度为 1000 英尺，约合 305m。应该养成每次取用线材后在盒上预留表格中记录取用长度的习惯，以便对盒中线材长度心中有数，也能了解线材长度是否符合标称。

在线材上，每隔两英尺，会有一段文字标识，描述线材的一些技术参数，不同生产商的产品标识可能略有不同，但一般应包括以下一些信息：双绞线的生产商和产品编码、双绞线类型、NEC/UL 防火测试和级别、CSA 防火测试、长度标志、生产日期等。以下用一个实例来介绍双绞线上的标识。

TCL *PC101004* TYPE CAT 5e　24AWG/4PRS UTP 75℃　292M 2009.12.03

其中：TCL 为线缆生产厂商标识，此例生产商为 TCL 公司；

PC101004 为电缆产品型号；

CAT 5e 表示该双绞线超 5 类双绞线；

24AWG/4PRS 说明双绞线是由 4 线对的 24 AWG 直径的线芯构成的，铜电缆的直径通常用 AWG（American Wire Gauge）单位来衡量，通常 AWG 数值越小，电线直径越大，常见的有

22/24/26 等；

UTP 表示非屏蔽双绞线；

292M 表示当前位置，以米为单位；

2009.12.03 为生产日期。

（2）RJ-45 接口

RJ 这个名称代表已注册的插孔（Registered Jack），是来源于贝尔系统的 USOC（Universal Service Ordering Codes，通用服务分类代码）代码，USOC 是一系列已注册的插孔及其接线方式，由著名的贝尔公司开发的，用于将用户的设备连接到公共网络。

RJ-45 是当前在局域网连接中使用最常见的网络接口，如图 2-5 所示。以与线材接压简单、连接可靠著称。常见的应用场合有：以太网接口、ATM 接口以及一些网络设备（如交换机、路由器）的控制（Console）口等。

RJ-45 接口采用透明塑料材料制作，由于其外观晶莹透亮，常被称为“水晶头”。RJ-45 接口具有 8 个铜制引脚，在没有完成压制前，引脚凸出于接口，引脚的下方是悬空的，有两到三个尖锐的突起，如图 2-6 所示。在压制线材时，引脚向下移动，尖锐部分直接穿透双绞线铜芯外的绝缘塑料层与线芯接触，很方便地实现接口与线材的连通。需要特别加以注意的问题是，由于没有压制的 RJ-45 接口，引脚与插座接触部分还处于凸出的状态，因此严禁将没有制作的 RJ-45 接口插入 RJ-45 插座中，否则会造成接口损坏。

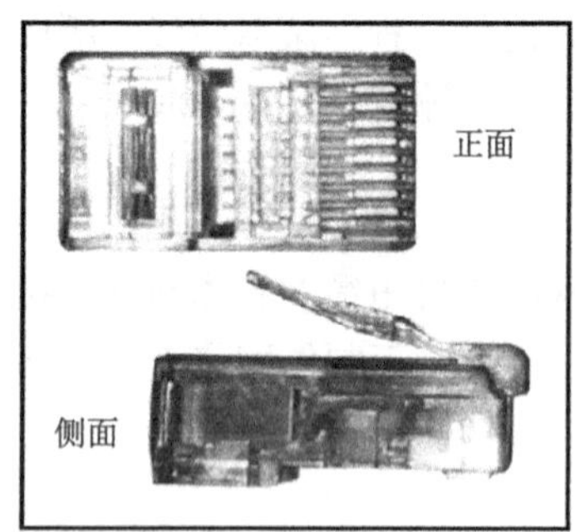


图 2-5　RJ-45 接口

图 2-6　RJ-45 接口引脚

（3）压线钳

压线钳规格型号很多，分别适用于不同类型接口与电缆的连接，通常用 XPYC 的方式来表示（其中 X、Y 为数字），P 表示接口的槽位（Position）数量，常见的有 8P、4P 和 6P，分别表示接口有 8 个、4 个和 6 个引脚凹槽；C 表示接口引脚连接铜片（Contact）的数量。如常用的标准网线接口为 8P8C，表示有 8 个凹槽和 8 个引脚，如图 2-5 所示。常用的电话通信电缆接口为 4P2C，表示有 4 个凹槽和 2 个引脚。在制作电缆前要根据实际情况选择具有合适接口的压线钳，图 2-7 所示为制作网线最常用的压线钳实物图。其主要功能是将 RJ-45 接头和双绞线咬合夹紧，其主要部分包括剥线口，切线口和压线模块。可以完成剥线、切线和压接 RJ-45 接头的功能。

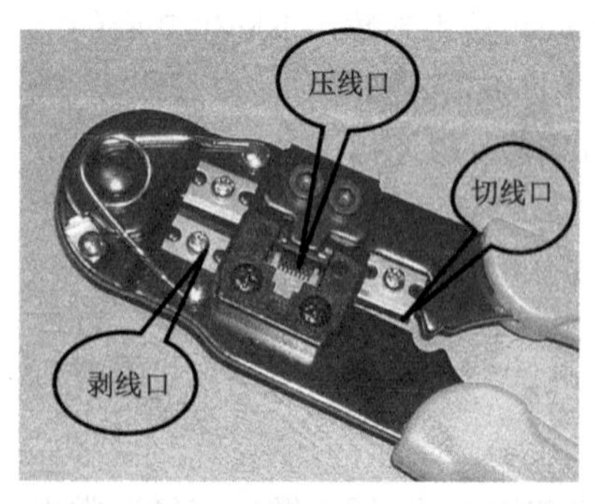


图 2-7　压线钳

在网线工程中使用的网络连接电缆主要有直通缆和

交叉缆，这两种类型电缆分别适用于不同设备接口之间的连接。双绞线在生产时，8 根铜芯的绝缘塑料层分别涂有不同的颜色，分别是：白绿、绿、白橙、橙、白蓝、蓝、白棕、棕。我们在制作直通缆时，两端都应遵循 EIA/TIA（电子工业协会/电讯工业协会）制定的 568B 标准，EIA/TIA568B 标准线序由 PIN1 至 PIN8 依次为白橙、橙、白绿、蓝、白蓝、绿、白棕、棕。如果要制作交叉缆，那么应该一端采用 EIA/TIA568B，另一端采用 EIA/TIA568A 标准线序由 PIN1 至 PIN8 依次为白绿、绿、白橙、蓝、白蓝、橙、白棕、棕。不同网络电缆的适用场合如表 2-1 所示。

**表 2-1　网络连接电缆适用环境**

| 电 缆 类 别 | 标准接口线序 | 适 用 环 境 |
|---|---|---|
| 直通缆 | T568B－T568B、T568A－T568A | 计算机－集线器、计算机－交换机、<br>路由器－集线器、路由器－交换机、<br>集线器/交换机（Uplink 级联口）－集线器/交换机 |
| 交叉缆 | T568A－T568B | 计算机－计算机、路由器－路由器、<br>集线器－集线器、交换机－交换机、<br>集线器－交换机 |

为了记忆简单，我们可以认为计算机与路由器是一类设备，集线器与交换机是一类设备，同类设备相连使用交叉缆，不同设备之间相连使用直通缆，而级联口则是为了连接设备方便，在接口电路内部已经进行了转换，因此。级联口与普通接口相连，即使是同类设备也使用直通缆。

### 4．双绞线的制作与测试

双绞线是网络布线中最常使用的传输介质，对于网络工程技术人员来说，双绞线的制作技术是最基本的技术。

（1）剥线

取双绞线一头，用卡线钳剪线刀口将双绞线端头剪齐，再将双绞线端头伸入剥线刀口，使线头触及前挡板，然后适度握紧卡线钳，同时慢慢旋转双绞线，让刀口划开双绞线的保护胶皮，剥出保护胶皮。

握卡线钳的力度不能过大，否则会剪断芯线；剥线的长度为 20mm，不宜太长或太短。太长，线缆容易折断；太短，绞线不容易插到水晶头的底部，容易造成接触不良，如图 2-8 所示。

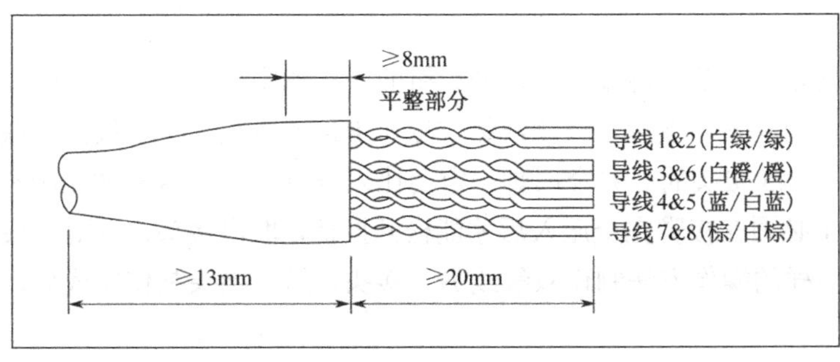


图 2-8　剥线示意图

（2）理线

将 4 对线对分离，可看到每个线对都由一根花线和一根彩线缠绕而成，彩线可分为橙、绿、蓝、棕四色，对应的花线则分别为白橙、白绿、白蓝和白棕，依次解开缠绕的线对，并按标准的线序排序，自左到右依次为白橙、橙、白绿、蓝、白蓝、绿、白棕、棕，如图 2-9 所示。

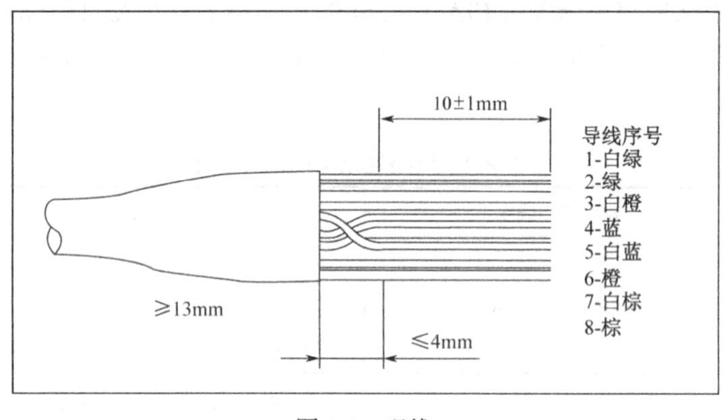


图 2-9　理线

（3）插线

将 8 条线并拢后用卡线钳剪齐，并留下约 12mm 的长度。一只手捏住水晶头，将水晶头有卡榫的一侧向下，另一只手捏平双绞线，稍稍用力将排好的线平等插入水晶头内的线槽中，8 条导线顶端应插入线槽顶端。双绞线的外皮必须有一小部分伸入接头，同时内部的每一根导线都要顶到 RJ-45 接头的顶端，如图 2-10 所示。

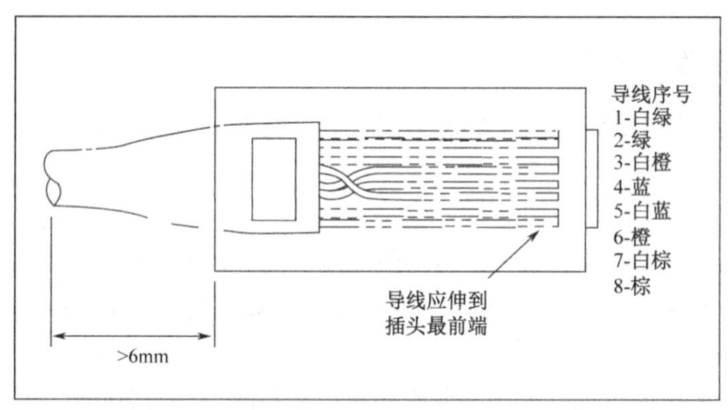


图 2-10　插线

（4）压线

确认所有导线都到位后，将接头放入卡线钳的压接槽中，通过线缆将接头压接槽的顶端并顶住；用力将压线钳夹紧，然后松开压线钳并取出 RJ-45 接头，双绞线的一端 RJ-45 接头就压接完成。压过的 RJ-45 接头的 8 只金属脚一定会比未压过的低，这样才能顺利地嵌入芯线中。优质的卡线钳甚至必须在接脚完全压入后才能松开握柄，取出接头，否则接头会卡的压线槽中取不出来。采用同样的操作方法制作双绞线另一接头，另一接头制作完成后，一条网络跳线就制作完成了。

（5）测试

对于专门从事网络布线的公司来说，一般有专用的网络测试仪。使用网络测试仪可以方便地测试出双绞线导通性。但专用的设备价格较高，普通用户可以使用简易线缆测试仪来测试双绞线的导通性。简易线缆测试仪通常都有两个 RJ-45 的接口（有些测试仪上还包括同轴电缆的接口）。其面板上有若干指示灯，用来显示导线的连通情况，线缆测试仪的实物图如图 2-11 所示。

将双绞线的两个接头插入测试仪的两个 RJ-45 接口中。打开测试仪开关，此时应能看到一个红灯在闪烁，表示测试仪已经工作；观察测试仪面板上表示线对连接的绿灯，如绿灯顺序亮起，则表示该线缆制作成功，如果有某个绿灯不亮，则表示某一线缆没有导通，根据情况可能需要重做 RJ-45 接头。

图 2-11　简易线缆测试仪

## 小试牛刀

### 1. 根据所学内容，填写下列的表格

（1）将双绞线的线序标准填入下表。

| 线 序 标 准 | 1 | 2 | 3 | 4 | 5 | 6 | 7 | 8 |
|---|---|---|---|---|---|---|---|---|
| EIA/TIA 568A | | | | | | | | |
| EIA/TIA 568B | | | | | | | | |

（2）在下表中填入双绞线的制作标准，并说明一般用于什么设备之间的连接。

| 制 作 标 准 | 直 通 线 | | 交 叉 线 | |
|---|---|---|---|---|
| 左接头 | □ EIA/TIA 568A | □ EIA/TIA 568B | □ EIA/TIA 568A | □ EIA/TIA 568B |
| 右接头 | □ EIA/TIA 568A | □ EIA/TIA 568B | □ EIA/TIA 568A | □ EIA/TIA 568B |
| 所连接设备 | □ 同型设备 | □ 异型设备 | □ 同型设备 | □ 异型设备 |

### 2. 双绞线制作工具的使用（教师为每组准备一根制作完成的直通线和交叉线）

每个小组（4 人为宜）准备两把压线钳、一台简易线缆测试仪、一根可以连通网络的双绞线、一段旧的双绞线、水晶头若干。完成以下练习：

（1）观察压线钳、水晶头、线缆测试仪；

（2）使用压线钳的剥线刀口将双绞线剥去一段 10cm 左右的外皮，观察双绞线的线缆颜色、绞合情况；

（3）使用简易线缆测试仪测试双绞线，观察指示灯的发光情况；

（4）将水晶头卡入压线口，慢慢合拢压线钳，观察压线口与水晶头的吻合情况；压下压线钳，将水晶头的铜片全部压入塑料中，观察铜片压入的情况，体会水晶头是怎样与双绞线进行连接。

### 3. 制作双绞线缆

每个小组准备两把压线钳、一台简易线缆测试仪、非屏蔽 5 类或超 5 类双绞线若干、水晶头若干。完成以下练习：

（1）每位同学制作 2 根 20cm 长的直通线缆（1 根按照 568B 标准、1 根按照 568A 标准），并使用简易线缆测试仪进行测试其连通性，观察各指示灯发光的顺序并填写下表。

| 指示灯发光顺序 | 1 | 2 | 3 | 4 | 5 | 6 | 7 | 8 |
| --- | --- | --- | --- | --- | --- | --- | --- | --- |
| 左端指示灯 | 1 | 2 | 3 | 4 | 5 | 6 | 7 | 8 |
| 右端指示灯 | | | | | | | | |

（2）每位同学制作 2 根 20cm 长的交叉线缆，并使用简易线缆测试仪进行测试其连通性，观察各指示灯发光的顺序，填写下表，并与直通线缆进行比较。

| 指示灯发光顺序 | 1 | 2 | 3 | 4 | 5 | 6 | 7 | 8 |
| --- | --- | --- | --- | --- | --- | --- | --- | --- |
| 左端指示灯 | 1 | 2 | 3 | 4 | 5 | 6 | 7 | 8 |
| 右端指示灯 | | | | | | | | |

## 一比高下

1. 每个小组选派一名代表，分别制作 2 根双绞线（一根直通线缆、一根交叉线缆）。
2. 每个小组选派一名代表，谈一谈网络跳线制作中需要注意的问题。

## 开动脑筋

1. 在双绞线上压制 RJ-45 接头时应注意哪些问题？
2. 在实际工程应用中，可不可以采用非标准的线序，为什么？
3. 如果双绞线缆从中间被剪断，可不可以按照线缆的颜色剥去外皮对应直接铜线连接，再用胶布包裹起来使用？

## 课外阅读

### 1. 屏蔽双绞线

屏蔽双绞线是指在线缆的外层有一层屏蔽层的双绞线，屏蔽层的材料通常是铝箔，整个线缆由铝箔包裹，以减少辐射，但并不能完全消除辐射。由于屏蔽双绞线价格相对较高，安装时要比非屏蔽双绞线电缆困难，因此在工程布线系统中使用的范围不广，通常只是在特定的环境下才会使用。使用屏蔽双绞线的网络有较高的传输速率，100m 内可达到 155Mbps。根据屏蔽方式的不同，屏蔽双绞线又分为两类，即 STP 和 FTP。

STP 是指每条线都有各自屏蔽层的屏蔽双绞线，如图 2-12 所示。而 FTP 则是采用整体屏蔽的屏蔽双绞线，如图 2-13 所示。屏蔽双绞线必须配有支持屏蔽功能的特殊连接器和相应的安装技术，屏蔽只在整个电缆均有屏蔽装置，并且两端正确接地的情况下才起作用。所以，要求整个系统全部是屏蔽器件，包括电缆、插座、水晶头和配线架等，同时建筑物需要有良好的地线系统。

图 2-12　STP 双绞线

图 2-13　FTP 双绞线

### 2．同轴电缆

同轴电缆是计算机网络布线早期使用的一种传输介质，如图 2-14 所示，随着以双绞线和光缆为主的标准化布线的推行，目前基本上已经不在计算机网络中使用了。早期在计算机网络使用的同轴电缆根据应用的需要一般分为细同轴电缆（简称细缆）和粗同轴电缆（简称粗缆）。

粗缆是以太网初期最流行的网络传输介质，其直径为 1.27cm，最大传输距离达到 500m。由于直径相当粗，因此它的弹性较差，不适合在室内狭窄的环境内架设，而且粗缆使用的 RG-11 连接头的制作方式也相对要复杂许多，并不能直接与计算机连接，它需要通过一个转接器转成 AUI 接头，然后再接到计算机上。由于粗缆的强度较强，最大传输距离也比细缆长，因此粗缆的主要用途是扮演网络主干的角色，用来连接数个由细缆所结成的网络，其阻抗是 75Ω。

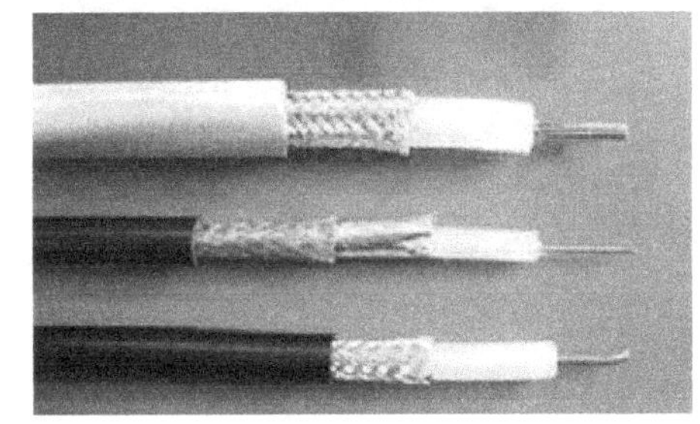

图 2-14　同轴电缆

细缆的直径为 0.26cm，最大传输距离 185m，使用时与 50Ω 终端电阻、T 形连接器、BNC 接头与网卡相连，线材价格和连接头成本都比较便宜，而且不需要购置集线器等设备，十分适合架设终端设备较为集中的小型以太网络。缆线总长不要超过 185m，否则信号将严重衰减，细缆的阻抗是 50Ω。

## 工作任务 2　认识网络传输线缆——光缆

### 1．光纤

光纤是光导纤维的简称，是一种细小、柔韧并能传输光信号的介质，如图 2-15 所示。其结构上由纤芯、包层和涂覆层组成，如图 2-16 所示。纤芯是由细如发丝的玻璃纤维组成的，位于光纤的中心部位，是高度透明的材料；包层的折射率略低于纤芯，从而可以使光电磁波束缚在纤芯内并可长途传输。包层外涂覆一层很薄的环氧树脂或硅橡胶，其作用是保护光纤不受水汽侵蚀，免受机械擦伤，增加柔韧性。

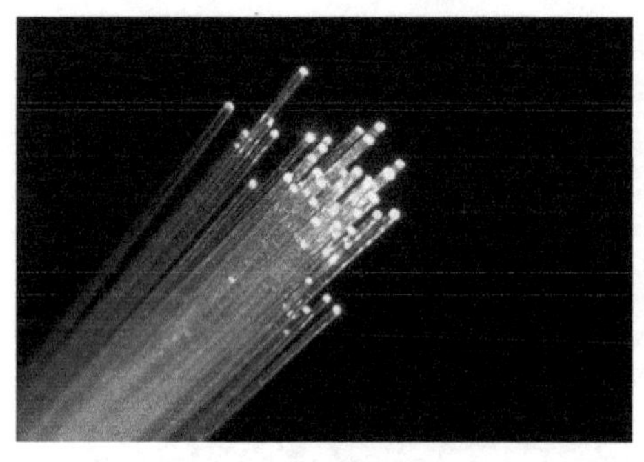
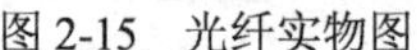

图 2-15　光纤实物图

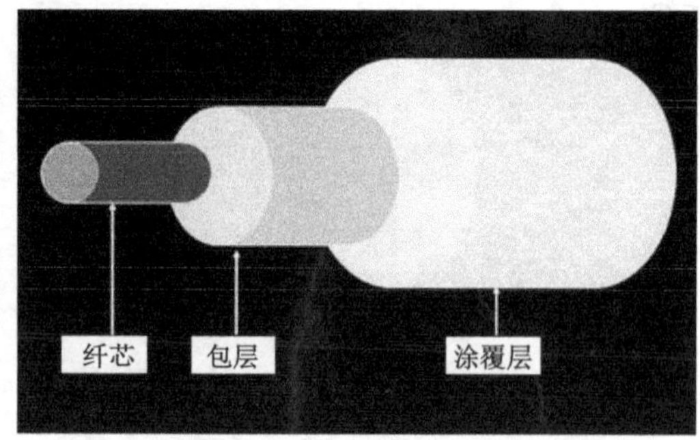


图 2-16　光纤结构示意图

根据光在光纤中的传播方式，光纤有两种类型：多模光纤和单模光纤。如果光纤导芯的直径小到只有一个光的波长，光纤就成了一种波导管，光线就不必经过多次反射式的传播，而是一直向前传播，这种光纤称为单模光纤。单模光纤的芯径为 8～10μm，包括包层直径为 125μm。只要到达光纤表面的光线入射角大于临界角，便产生全反射，因此可以由多条入射角度不同的光线同时在一条光纤中传播，这种光纤称为多模光纤。多模光纤在给定的工作波长上，能够以多个模式同时传输。多模光纤的纤芯直径一般为 50～200μm，而包层直径的变化范围为 125～230μm，计算机网络使用的纤芯直径为 62.5μm，包层为 125μm，就是通常所说的 62.5μm 光纤。与单模光纤相比，多模光纤的传输性能要差些。

图 2-17　光电转换器

为使用光纤传输信号，光纤两端必须配有光收发器，如图 2-17 所示。光纤收发器又称为光电转换器，是将光信号转换成电信号，通过双绞线接入终端，或将电信号转换成光信号进行远距离传输。实现电光转换的通常是发光二极管或注入式激光二极管；实现光电转换的是光电二极管或光电三极管。

### 2．光纤跳线

光纤跳线又称光纤连接器，是在光纤两端都装上连接器，用来实现光路的连接与延续，而只有一端装有连接器的则称为尾纤。光纤跳线（Optical Fiber Patch Cord/Cable）中心是光传播的玻璃芯。在多模光纤中，芯的直径是 50～65μm，大致与人的头发的粗细相当。而单模光纤芯的直径为 8～10μm。

光纤跳线按连接头结构形式可分为：FC 跳线、SC 跳线、ST 跳线、LC 跳线等各种形式，且相互之间不可以互用，SFP 模块接 LC 光纤连接器，而 GBIC 模块接的是 SC 光纤连接器。网络工程中常用的光纤连接器有以下几种：

① FC 型光纤连接器：是单模网络中最常见的连接设备之一，它使用 2.5mm 的卡套，外部加强方式是采用金属套，紧固方式为螺丝扣，如图 2-18 所示。

② SC 型光纤连接器：同样具有 2.5mm 卡套，它是一种插拔式的设备，因为性能优异而

被广泛使用。它是 TIA-568-A 标准化的连接器，它的外壳呈矩形，紧固方式是采用插拔销闩式，不须旋转，如图 2-19 所示。

图 2-18　FC 型光纤接头

图 2-19　SC 型光纤接头

③ ST 型光纤连接器：是多模网络（大部分建筑物内或园区网络内）中最常见的连接接头。它具有一个卡口固定架，和一个 2.5mm 长圆柱体的陶瓷（常见）或者聚合物卡套以容载整条光纤。ST 的英文全称有时记做“Stab & Twist”，很形象地描述，首先插入，然后拧紧。如图 2-20 所示。

④ LC 型光纤连接器：LC 型连接器是著名 Bell（贝尔）研究所研究开发出来的，采用操作方便的模块化插孔（RJ）闩锁机理制成。其所采用的插针和套筒的尺寸是普通 SC、FC 等所用尺寸的一半，为 1.25mm，如图 2-21 所示。

图 2-20　ST 型光纤接头

图 2-21　LC 光纤接头

⑤ MT-RJ 型光纤连接器：收发一体的方形光纤连接器，带有与 RJ-45 型 LAN 电连接器相同的闩锁机构，通过安装于小型套管两侧的导向销对准光纤，为便于与光收发信机相连，连接器端面光纤为双芯（间隔 0.75mm）排列设计，如图 2-22 所示。

对应不同的光纤接口，光纤跳线的类型也不同，比较常见的光纤跳线也可以分为 FC-FC、FC-SC、FC-LC、FC-ST、SC-SC、SC-ST 等。如图 2-23 所示为 SC-LC 光纤跳线。

图 2-22　MT-RJ 型光纤接头

图 2-23　光纤跳线

单模光纤（Single-mode Fiber）：一般光纤跳线用黄色表示，接头和保护套为蓝色；传输距离较长。

多模光纤（Multi-mode Fiber）：一般光纤跳线用橙色表示，也有的用灰色表示，接头和保护套用米色或者黑色；传输距离较短。

### 2. 光缆

光缆是光导纤维电缆的简称，通常是由相当数量的光导纤维电缆组成的，其基本结构一般是由缆芯、加强钢丝、填充物和护套等几部分组成的，另外根据需要还由防水层、缓冲层、绝缘金属导线等构成。

从应用场合上来看，可以将光缆分为室内光缆和室外光缆两种。从光芯的数目上可以分为单芯，双芯和多芯。

室内光缆一般分为单元式光缆和分布式光缆，前者主要是用于室内，多为单芯和双芯；后者主要用于建筑物内的主干布线，多为 4 芯、6 芯、8 芯和 12 芯。

室外光缆主要用于园区的楼宇间连接、长距离网络、主干线系统等场合。根据材料分为铠装型和全绝缘型，如图 2-24、图 2-25 所示，根据芯数有 4～12 芯和 24～144 芯等不同的种类。

光缆的最外层护套上通常会有光缆型号的标识，如图 2-26 所示，它由形式代号和规格代号两部分构成，中间用一短横线分开。

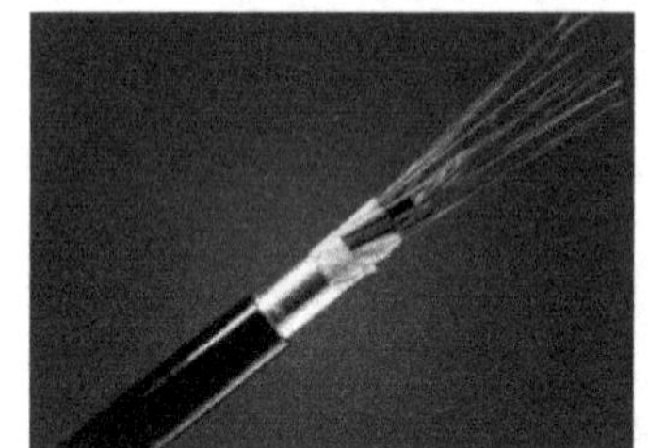

图 2-24　铠装型光缆

图 2-25　全绝缘型光缆

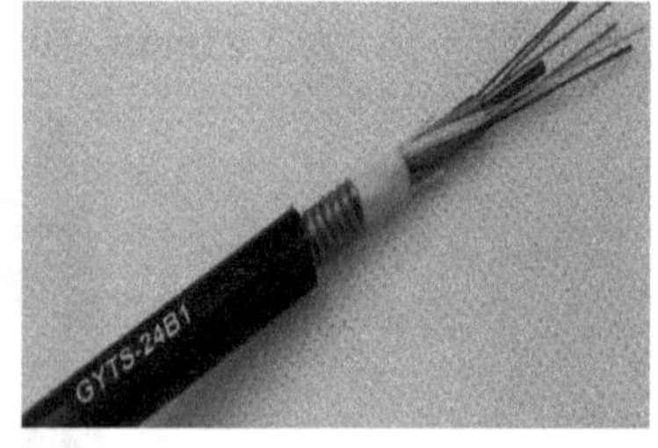


图 2-26 光缆的标识

光缆型号由六个部分组成，如图 2-27 所示。

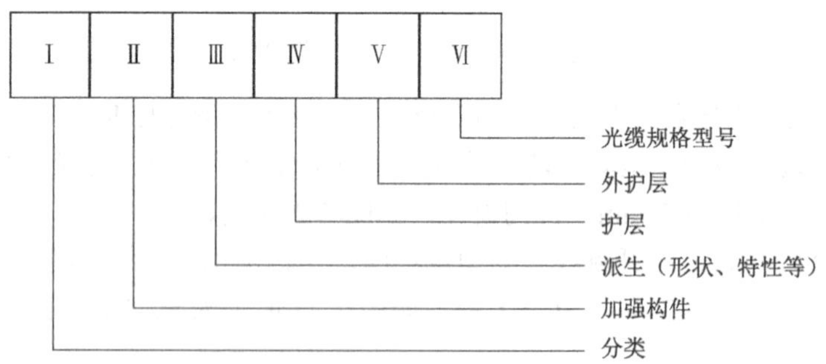


图 2-27　光缆标识含义

第一部分为分类代号，代号含义如表 2-2 所示。

**表 2-2 光缆分类的代号**

| GY | 通信用室（野）外光缆 | GS | 通信用设备内光缆 |
|---|---|---|---|
| GH | 通信用海底光缆 | GT | 通信用特殊光缆 |

续表

| GJ | 通信用室（局）内光缆 | GW | 通信用无金属光缆 |
|---|---|---|---|
| GR | 通信用软光缆 | GM | 通信用移动式光缆 |

第二部分为加强构件代号，代号含义如表 2-3 所示。

表 2-3 加强构件代号

| 无符号 | 金属加强构件 | F | 非金属加强构件 |
|---|---|---|---|
| G | 金属重型加强构件 | H | 非金属重型加强构件 |

第三部分为缆芯和光缆内填充结构特征的代号，代号含义如表 2-4 所示。光缆的结构特征应表示出缆芯的主要类型和光缆的派生结构，当光缆形式有几个结构特征需要注明时，可用组合代号表示。

表 2-4　形状特性代号

| B | 扁平形状 | C | 自承式结构 |
|---|---|---|---|
| D | 光纤带结构 | E | 椭圆形状 |
| G | 骨架槽结构 | J | 光纤紧套涂覆结构 |
| T | 油膏填充式结构 | R | 充气式结构 |
| X | 缆束管式（涂覆）结构 | Z | 阻燃 |

第四部分为护套的代号，代号含义如表 2-5 所示。

表 2-5　护套代号

| A | 铝-聚乙烯黏结护套 | G | 钢护套 |
|---|---|---|---|
| L | 铝护套 | Q | 铅护套 |
| S | 钢-聚乙烯黏结护磁 | U | 聚氨脂护套 |
| V | 聚氯乙烯护套 | Y | 聚乙烯护套 |
| W | 夹带平行钢丝的钢-聚乙烯黏结护套 | | |

第五部分为外护层代号，其代号用两组数字表示，第一组表示铠装层，可以是一位或两位数字；第二组表示涂覆层，是一位数字。铠装层代号如表 2-6 所示，涂覆层代号如表 2-7 所示。

表 2-6　铠装层代号

| 代　号 | 铠　装　层 |
|---|---|
| 5 | 皱纹钢带 |
| 44 | 双粗圆钢丝 |
| 4 | 单粗圆钢丝 |
| 33 | 双细圆钢丝 |
| 3 | 单细圆钢丝 |
| 2 | 绕包双钢带 |
| 0 | 无铠装层 |

表 2-7　涂覆层代号

| 代　　号 | 涂覆层或外套代号 |
|---|---|
| 1 | 纤维外套 |
| 2 | 聚乙烯保护管 |
| 3 | 聚乙烯套 |
| 4 | 聚乙烯套加覆尼龙套 |
| 5 | 聚氯乙烯套 |

第六部分为光缆规格型号，A 为多模光纤，B 为单模光纤，表 2-8 所示为常用单模光纤的规格型号。

表 2-8　常用单模光纤的规格型号

| | | |
|---|---|---|
| B1.1（B1） | 非色散位移型光纤 | G652 |
| B1.2 | 截止波长位移型光纤 | G654 |
| B2 | 色散位移型光缆 | G653 |
| B4 | 非零色散位移光纤 | G655 |

## 小试牛刀

1．图 2-28 所示的几种光纤接头类型是什么？

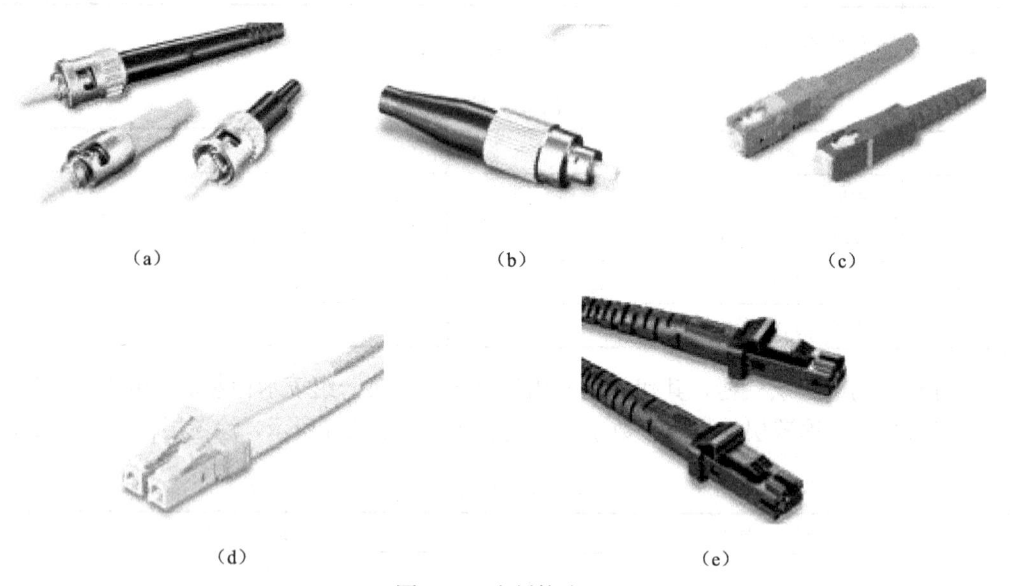

（a）　（b）　（c）

（d）　（e）

图 2-28　光纤接头

2．以下几种光缆标识的含义是什么？

（1）GYXTZW33-6A1B　（2）GYTA-12B1　（3）GYTA53-8B1　（4）GYFTY04-24B1

3．查看光缆的结构

教师为每个小组准备一根 1m 左右的不同类型的光缆，请各小组同学仔细观察光缆的结构，每组成员至少观察两根以上的光缆，根据观察情况填写表 2-9。

表 2-9　光缆结构观察表

| 品　　牌 | | |
|---|---|---|
| 光缆类别（单模/多模） | | |
| 缆芯数量 | | |
| 防护层（有/无） | | |
| 室内/室外光缆 | | |
| 光缆截面描述 | | |

## 一比高下

1．每个小组选派一名代表，介绍本组所观察的光缆的情况。

2．每个小组选派一名代表谈一谈对光纤与光缆的认识。

## 开动脑筋

1．光电转换器通常为什么留两个光纤接口？

2．通常情况下，单模光纤与多模光纤在工程上怎么区分？

3．室内光缆能在室外布线中使用吗？室外光缆能在室内布线中使用吗？

## 课外阅读

### 无线传输介质

在计算机网络中，无线传输可以突破有线网的限制，利用空间电磁波实现站点之间的通信，可以为广大用户提供移动通信。最常用的无线传输介质有无线电波、微波和红外线。

#### 1．无线电波

无线电波的频率为 $10^4$～$10^8$Hz，含低频、中频、高频、甚高频和特高频，属于管制频段和非管制频段。它很容易产生，传播是全方向的，能从源向任意方向进行传播，很容易穿过建筑物，被广泛地应用于现代通信中。由于它的传输是全方向的，所以发射和接收装置不必在物理上很准确地对准。

无线电波的特性与频率有关。在较低频率上，无线电波能轻易地通过障碍物，但是能量随着与信号源距离的增大而急剧减小；在高频上，无线电波趋于直线传播并受障碍物的阻挡，还会被雨水吸收。在所有的频率上，无线电波最易受发动机和其他电子设备的干扰，所以，它不是一种好的传输介质，不具备无线联网的基本要求。

#### 2．微波传输

微波系统作为通信手段在我国使用已经有几十年的历史了。在通信卫星使用前，我国的电视网就是依靠大约每 50km 一个微波站来一站一站传送的，这样的微波站属于地面微波系统。在通信卫星使用后，电视信号先传送给同步卫星，再由卫星向地面上转发，覆盖极大的区域，这种系统属于星载微波系统。

微波系统一般工作在较低的兆赫兹频段，地面系统通常为 4～6GHz 或 21～23GHz，星载系统通常为 11～14GHz，以微波作为计算机网络的通信信道使用的频段主要是 S 频段（2.4GHz～2.4835GHz）。微波是沿着直线传播，可以集中于一点，不能很好地穿过建筑物。微波通过抛物状天线将所有的能量集中于一小束，这样可以获得极高的信噪比，发射天线和接收天线必须精确地对准。由于微波是沿着直线传播，所以每隔一段距离就需要建一个中继站。中继站的微波塔越高，传输的距离就越远，中继站之间的距离大致与塔高的平方成正比。

### 3．红外传输

红外传输是以小于 1μm 波长的红外线作为传输载体的一种通信方式。它以红外二极管或红外激光管作为发射源，以光电二极管作为接收设备，类似于在光纤中传输红外线的方式。

红外线传输主要用于短距离通信，如电视遥控、室内两台计算机之间的通信。红外线类似于光线，有直线传播的性质，不能绕过不透明的物体，但可以通过红外线射到墙壁再反射的方法加以解决。红外线的传输方式中，按照红外线是否有方向性可以分为两类：点到点方式和广播方式。

在点到点方式中，红外发光管发出的红外线要经过透镜的作用聚集成一根很细的光束，具有很强的方向性，接收设备必须在此光束中并与之对正才能接收到正确的信号，我们日常使用的一些红外遥控设备就是采用的点到点的红外传输方式。在广播方式中，红外线不经聚集即向四面八方发出，没有方向性，接收设备只要与发射机足够近，在有效的接收范围内就可以接收到信号。受太阳光的影响，红外线通信一般不能在室外使用。

无线网络的发展经历了两个阶段：IEEE802.11 标准出台以前的群雄争霸、互不兼容阶段和 IEEE802.11 标准问世后的 WLAN 产品规范化阶段。

## 工作任务 3　认识布线管材及连接器件

### 1．金属槽和塑料槽

金属槽由槽底和槽盖组成，每根槽一般的长度为 2m，槽与槽连接时使用相应尺寸的铁板和螺丝固定，槽的外形如图 2-29 所示。

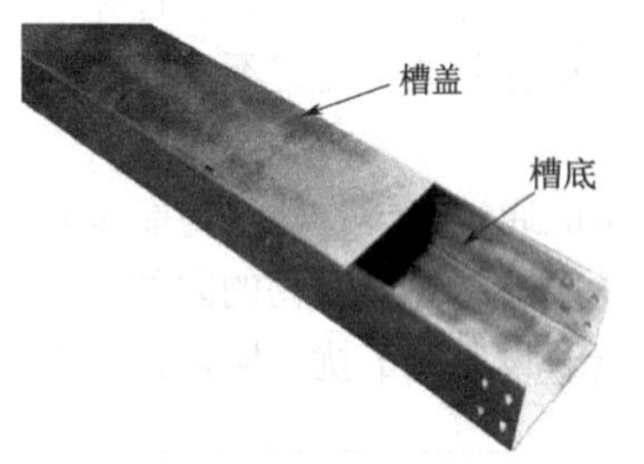

图 2-29　金属线槽

在网络工程的布线系统中使用的金属槽的规格主要有：50mm×100mm、100mm×100mm、100mm×200mm、100mm×300mm、200mm×400mm 等多种规格。

塑料槽的外形与图 2-29 所示的类似，只不过材质选用为 PVC 材料，但它的品种规格更多，从型号上讲有 PVC-20 系列、PVC-25 系列、PVC-25F 系列、PVC-30 系列、PVC-40 系列、PVC-40Q 系列等。从规格上讲有 20×12、25×12.5、25×25、30×15、40×20 等。

与 PVC 槽配套的附件有阳角、阴角、直转角、平三通、左三通、右三通、连接头等，表 2-10 列出了一些常用线槽配件的名称和外形。

阳角主要用于成直角连接的建筑的外立面，连接两侧墙壁上的 PVC 线槽；阴角主要用于成直角连接的建筑的内立面，连接两侧墙壁上的 PVC 线槽；直转角用于同一墙面上布线方向需要直角拐弯之处；平三通用于同一墙面上布线有部分线缆需要改变方向、部分线缆不改变布线方向之处；左三通用于两面墙相交时，左侧墙面上布线有线缆改变方向、右侧墙面不改变方向布线之处；右三通用于两面墙相交时，右侧墙面上布线有线缆改变方向、左侧墙面不改变方向布线之处。

**表 2-10　常用线槽配件名称外形**

| 类型名称 | 外　形 | 类型名称 | 外　形 | 类型名称 | 外　形 |
|---|---|---|---|---|---|
| 阳角 | | 平三通 | | 连接头 | |
| 阴角 | | 顶三通 | | 终端头 | |
| 直转角 | | 左三通 | | 接线盒插口 | |
| | | 右三通 | | | |

## 2. 金属管和塑料管

金属管是用于分支结构或暗埋的线路，它有很多种规格，以外径 mm 为单位。工程施工中常用的金属管有 D16、D20、D25、D32、D50、D63、D110 等规格。

在金属管内穿线比线槽布线难度更大一些，在选择金属管时要注意管径选择大一点，一般管内填充物占 30%左右，以便于穿线。金属管还有一种是软管（俗称蛇皮管），如图 2-30 所示，供弯曲的地方使用。

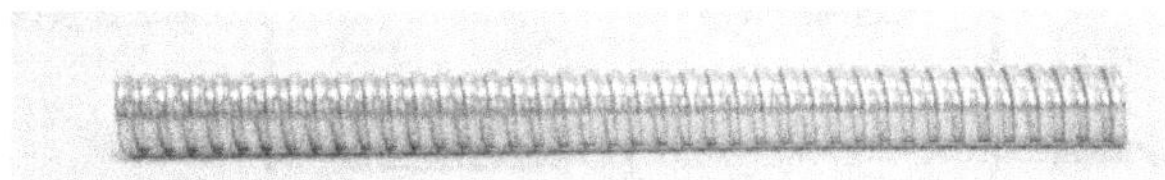

图 2-30　金属蛇皮管

塑料管产品分为两大类，即 PE 阻燃导管和 PVE 阻燃导管。

PE 阻燃导管是一种塑制半硬导管，如图 2-31 所示，按外径有 D16、D20、D25、D32 共 4 种规格。外观为白色，具有强度高、耐腐蚀、挠性好、内壁光滑等优点，明、暗装穿线兼用，它还以盘为单位，每盘质量为 25kg。

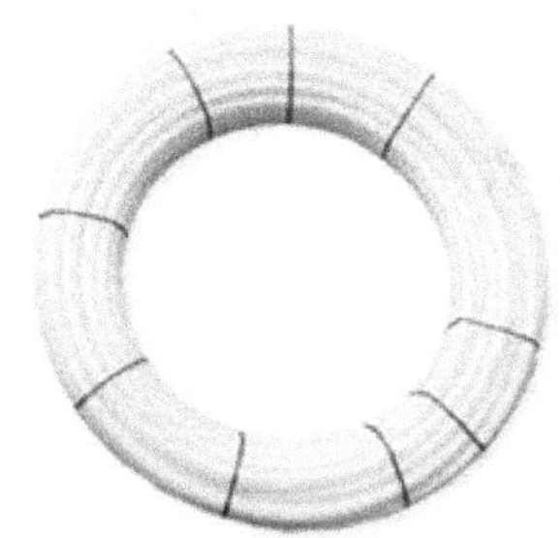

图 2-31　PE 阻燃导管

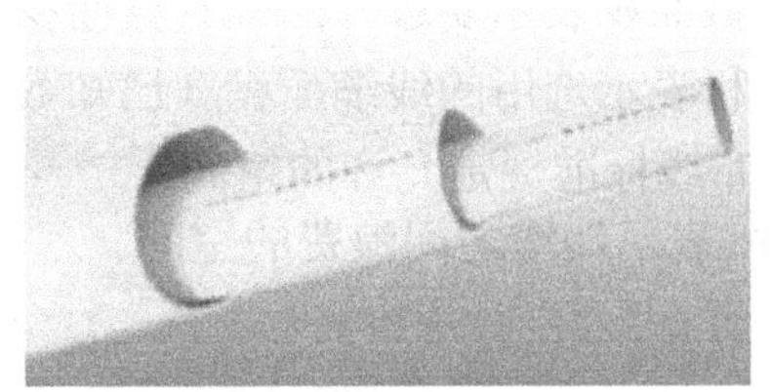

图 2-32　PVC 阻燃导管

PVC 阻燃导管是以聚氯乙烯树脂为主要原料，加入适量的助剂，经加工设备挤压成型的刚性导管，如图 2-32 所示。小管径 PVC 阻燃导管可在常温下进行弯曲，便于用户使用。按外径有 D16、D20、D25、D32、D40、D45、D63、D110 等规格。

与 PVC 管安装配套的附件有接头、螺圈、弯头、弯管弹簧、一道接线盒、二通接线盒、三通接线盒、四通接线盒、开口管卡、专用截管器、PVC 黏合剂等。表 2-11 列出了一些常用 PVC 管配件的名称和外形

表 2-11 常用 PVC 管配件名称实物对照表

| 类型名称 | 图例 | 类型名称 | 图例 | 类型名称 | 图例 |
|---|---|---|---|---|---|
| 管卡 1 | | 管卡 2 | | 管卡 3 | |
| T 型三通 | | 有盖直角弯头 | | 有盖 T 型三通 | |
| 管接头 | | 盒接头 | | 变径接头 | |
| 四通圆接线盒 | | 三通圆接线盒 | | 曲通圆接线盒 | |

### 3．管槽的选择

不论选择线管还是线槽布线，每个管槽中布放的线缆都不能布放得很满，这样会给网络工程的后期维护带来一定的困难。在实际的工程中，槽管大小选择通常是按下面的公式进行计算的：

$$N=\frac{\text{管（槽）截面积}}{\text{线缆截面积}}\times 70\%\times(40\%\sim 50\%)$$

式中，$N$ 表示用户所要安装多少条线缆（已知数）；

槽（管）截面积表示要选择的槽管截面积（未知数）；

线缆截面积表示选用的线缆面积（已知数）；

70%表示布线标准规定允许的空间；

40%～50%表示线缆之间浪费的空间。

### 4．桥架

桥架是布线行业的一个术语，是建筑物内布线不可缺少的一个部分，主要用于网络工程布

线系统的配线子系统或干线子系统。桥架分为普通型桥架、重型桥架、槽式桥架。在普通桥架中还可分为普通型桥架、直边普通型桥架。桥架的实际应用如图2-33所示。

图2-33　桥架外形

桥架施工需要很多配件，表2-12列出了一些常用桥架配件的名称和外形。

**表2-12　常用桥架配件名称实物对照表**

| 类型名称 | 图　例 | 类型名称 | 图　例 |
|---|---|---|---|
| 桥架连接片 |  | 桥架立柱 |  |
| 右上弯 | 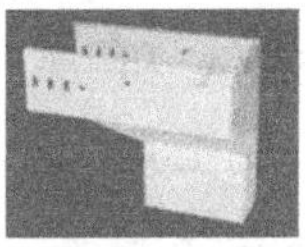 | 垂直下弯 |  |
| 垂直上弯 |  | 右下弯 | 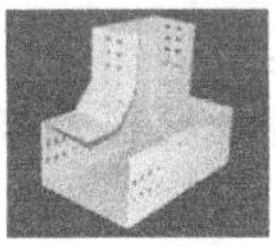 |
| 上垂直三通 | 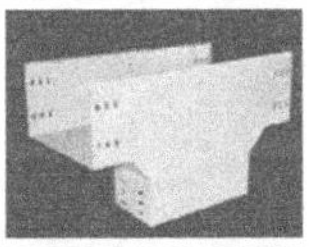 | 水平弯 |  |
| 吊架 |  | 封头 |  |

## 5．配线架

配线架是网络工程管理子系统中最重要的组件，是实现干线子系统和配线子系统两个子系统交叉连接的枢纽，一般放置在管理区和设备间的机柜中。配线架通常安装在机柜内。通过安装附件，配线架可以全线满足UTP、STP、同轴电缆、光纤、音视频的需要。

在网络工程中常用的配线架有网络配线架和光纤配线架，如图2-34和图2-35所示。

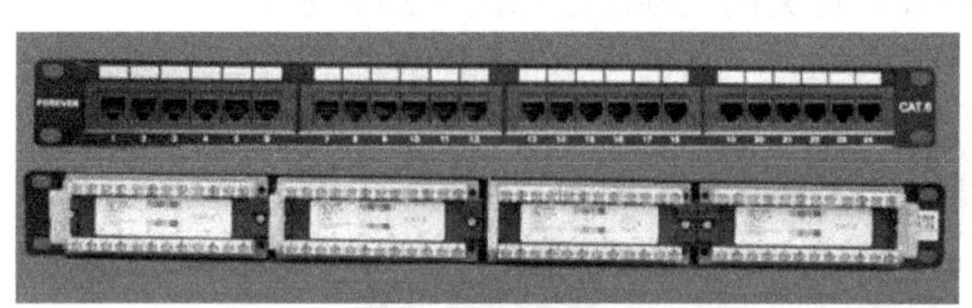
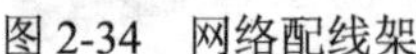

图 2-34　网络配线架

图 2-35　光纤配线架

网络配线架的作用是在管理子系统中将双绞线进行交叉连接，用在主配线间和各分配线间。网络配线架的型号很多，每个厂商都有自己的产品系列，并且对应 3 类、5 类、超 5 类、6 类和 7 类线缆分别有不同的规格和型号，在具体项目中，应参阅产品手册，根据实际情况进行配置。

光纤配线架的作用是在管理子系统中将光缆进行连接，通常在主配线间和各分配线间进行。

### 6．信息模块

信息模块一般是固定在信息面板上，两者一起被安装在墙壁、桌面或者地面的安装盒中，如图 2-36 所示。信息模块的主要作用是把从集线设备中出来的网线与接好水晶头到工作站端的网线相连，线序连接有两个标准 T568A 和 T568B，两者没有本质的区别，只是线序颜色的不同，本质上就是要保证 1 和 2、3 和 6、4 和 5、7 和 8 分别是一个绕对。

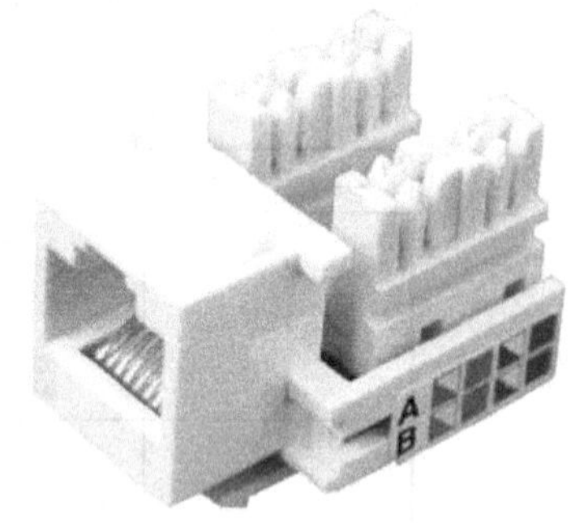


图 2-36　信息模块

信息模块满足 T-568A 超五类传输标准，符合 T568A 和 T568B 线序，适用于设备间与工作区的通信插座连接。免工具型设计，便于准确快速地完成端接，扣锁式端接帽确保导线全部端接并防止滑动。芯针触点材料 50μm 的镀金层，耐用性为 1500 次插拔。

打线柱外壳材料为聚碳酸酯，IDC 打线柱夹子为磷青铜。适用于 22、24 及 26AWG（0.64，0.5 及 0.4mm）线缆，耐用性为 350 次插拔。在 100MHz 下测试传输性能：近端串扰 44.5dB、衰减 0.17dB、回波损耗 30.0dB、平均 46.3dB。

## 小试牛刀

1．测算工程布线线管或线槽的规格

现有 10 根超 5 类双绞线需要布放，如果选择线管，应选择什么型号的线管？如果选择线槽，应选择什么规格？超 5 类双绞线的截面积约为 $0.3\text{cm}^2$。

2．根据你对布线管材配件的认识，在表 2-13 的空白处填写配件名称或画出配件的外形。

表 2-13　配件名称及其外形

| 类型名称 | 外　　形 | 类型名称 | 外　　形 | 类型名称 | 外　　形 |
|---|---|---|---|---|---|
| 平三通 | | | | | |

续表

| 类型名称 | 外　形 | 类型名称 | 外　形 | 类型名称 | 外　形 |
|---|---|---|---|---|---|
| | | 变径接头 | | | |
| 顶三通 | | | | | |
| | | | | | |

## 一比高下

1. 每个小组选派一名代表，展示“测算工程布线线管或线槽的规格”的计算过程。
2. 每个小组选派一名代表谈一谈线管、线槽以及桥架在网络布线中主要应用场合。

## 开动脑筋

1. 建材市场的各种管材是否可以用于网络布线?
2. 网络布线时，一般什么情况下使用线槽，什么情况下使用线管?
3. 不同厂家的信息模块在使用时会有功能上的差异吗?
4. 配线架主要用在什么地方?

## 课外阅读

线槽规格型号与容纳的 5 类四对双绞线根数如表 2-14 所示。

表 2-14　线槽规格型号与容纳的 5 类四对双绞线根数

| 槽　类　型 | 槽规格（mm） | 容纳双绞线条数 |
|---|---|---|
| PVC | 20×12 | 2 |
| PVC | 25×12.5 | 4 |
| PVC | 30×16 | 7 |
| PVC、金属 | 50×25 | 18 |
| PVC、金属 | 60×30 | 23 |
| PVC、金属 | 75×50 | 40 |
| PVC、金属 | 80×50 | 50 |
| PVC、金属 | 100×50 | 60 |
| PVC、金属 | 100×80 | 80 |

续表

| 槽　类　型 | 槽规格（mm） | 容纳双绞线条数 |
|---|---|---|
| PVC、金属 | 150×75 | 100 |
| PVC、金属 | 200×100 | 150 |
| PVC、金属 | 250×125 | 230 |
| PVC、金属 | 300×100 | 280 |
| PVC、金属 | 300×150 | 330 |
| PVC、金属 | 400×100 | 380 |

线管规格型号与容纳的 5 类四对双绞线条数如表 2-15 所示。

表 2-15　线管规格型号与容纳的 5 类四对双绞线条数

| 管类型 | 管规格（mm） | 容纳双绞线条数 |
|---|---|---|
| PVC、金属 | 16 | 2 |
| PVC | 20 | 3 |
| PVC、金属 | 25 | 5 |
| PVC 、金属 | 32 | 7 |
| PVC | 40 | 11 |
| PVC、金属 | 50 | 15 |
| PVC、金属 | 63 | 23 |
| PVC | 80 | 30 |
| PVC | 100 | 40 |

线槽容纳其他线缆根数统计表如表 2-16 所示。

表 2-16　线槽容纳其他线缆根数统计表

（单位：根）

| 线槽规格 | 三类 25 对 | 三类 50 对 | 三类 100 对 | 五类 25 对 |
|---|---|---|---|---|
| 25×25 | 1 | 0 | 0 | 0 |
| 25×50 | 3 | 1 | 0 | 2 |
| 75×25 | 5 | 3 | 1 | 3 |
| 50×50 | 7 | 4 | 2 | 5 |
| 50×100 | 16 | 10 | 5 | 12 |
| 100×100 | 33 | 22 | 11 | 25 |
| 75×150 | 38 | 25 | 13 | 28 |
| 100×200 | 68 | 45 | 23 | 52 |
| 150×150 | 77 | 51 | 27 | 58 |

## 工作任务 4　认识网络工程施工工具

### 1. 布线施工工具

网络工程施工的主要项目为工程布线，工程布线主要施工对象为不同的线缆，这些线缆在工程上通常需要专用的剥线工具才能将线缆的外皮或保护层剥去。

（1）双绞线剥线器

新买来的网线外层都有一层用于保护芯线的胶皮，只有将网线头部分的胶皮剥掉，才能制作水晶头和接入模块。此时需要将网线放入剥线刀中，然后握住手柄轻轻旋转一圈就可以将外层胶皮剥下，就可以看到包裹在网线中的芯线了，如图 2-37 所示。实际使用中还有一些多功能的剥线器，刀口比较多，具备剪线、剥线等功能，可以剥不同线径的线缆，如图 2-38 所示。

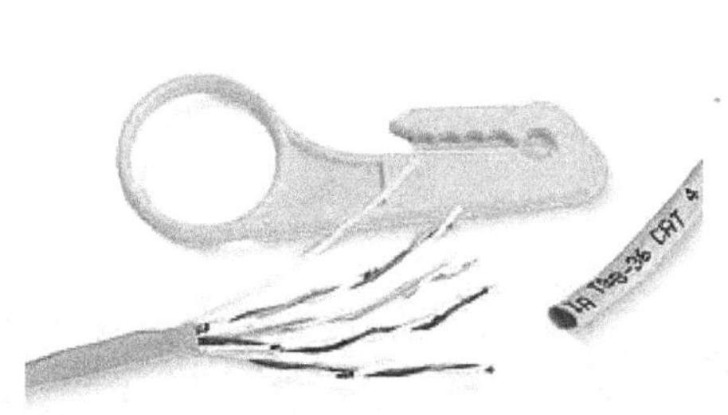

图 2-37　简易剥线器

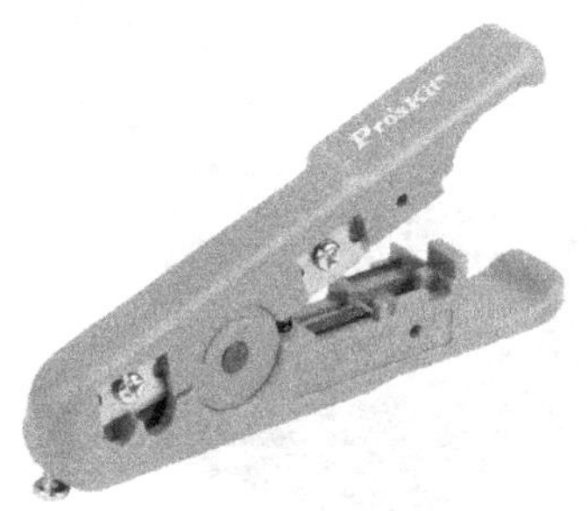

图 2-38　多功能剥线器

除了专用工具以外，日常使用的压线钳也具有剥线功能，只是使用上不方便而已，当有大量线缆需要剥去外皮时，专用工具效率要高很多。

（2）光纤剥线刀

光纤需用专用光纤剪刀和刻刀，并用专用工具剥去光纤涂层，以便于光纤连接器的加工。光纤剥线刀如图 2-39 所示。常用的剪切和剥取工具最好能与光纤的特殊尺寸相匹配，并能完成多种加工操作而不用更换工具。即使使用了最佳调整和校准的剥线工具，操作者仍需具有一定的技巧。剥取缓冲层时要保证压力均匀，光纤就运动流畅，避免折断纤芯。保证剥线工具的刃口干净十分重要，因为即使是细小的灰尘和污垢都有可能使纤芯折断或造成划痕。

（3）光缆剥线刀

光缆在结构上与电缆主要的区别是光缆必须有加强构件去承受外界的机械负荷，以保护光纤免受各种外机械力的影响。一般由缆芯、加强元件和护层三部分组成。

缆芯：由单根或多根光纤芯线组成，有紧套和松套两种结构。紧套光纤有二层和三层结构。

加强元件：用于增强光缆敷设时可承受的负荷。一般是金属丝或非金属纤维。

护层：具有阻燃、防潮、耐压、耐腐蚀等特性，主要是对已成缆的光纤芯线进行保护。数据的传输是通过纤芯进行传输的，在工程上主要操作对象是纤芯，需要将光缆的保护层等去除，必须使用专用工具才能完成。图 2-40 所示为去除光缆外保护层的专用剥线刀。

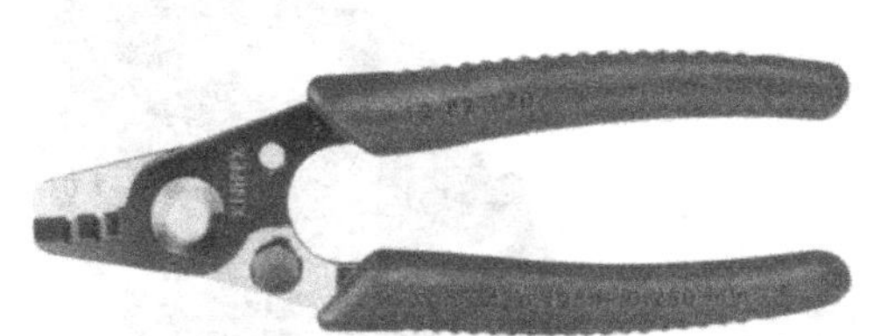

图 2-39　光纤剥线刀

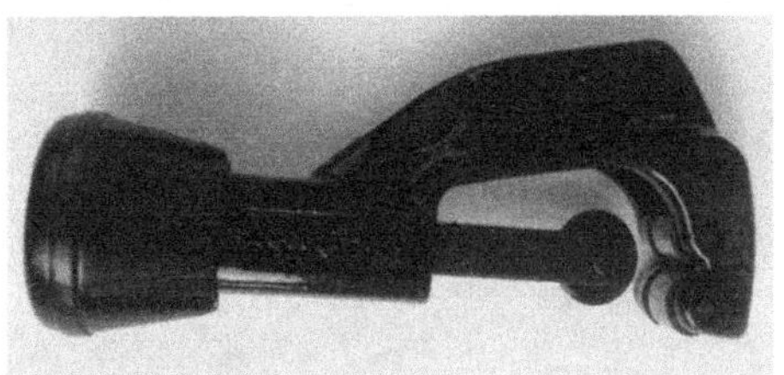

图 2-40　光缆剥线刀

（4）光纤切割刀

光纤切割刀用于切割像头发一样细的石英玻璃光纤，切好光纤经数百倍放大后观察仍是平整的，才可以用于器件封装或放电熔接。图 2-41 所示为打开封盖的光纤切割刀。

（5）单对打线刀

适用于线缆、110 型模块及配线架的连接作业。使用时只需要简单地在手柄上推一下，就能完成将导线卡接在模块中，完成端接过程，如图 2-42 所示。

图 2-41　精密光纤切割刀

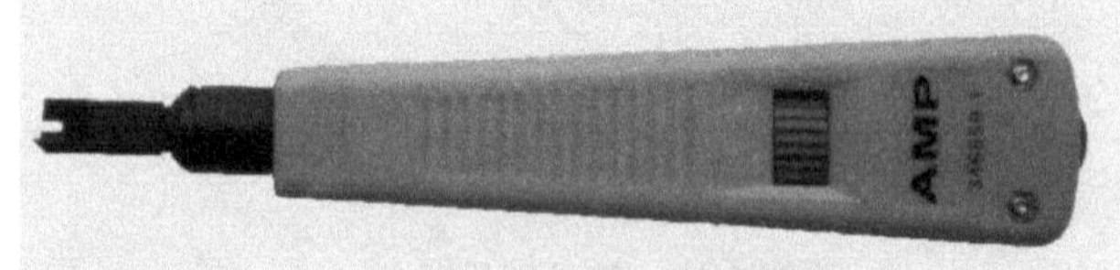


图 2-42　单对打线刀

使用打线工具时，必须注意以下事项：

用手在压线口按照线序把线芯整理好，然后开始压接，压接时必须保证打线刀方向正确，有刀口的一边必须在线端方向，正确压接后，刀口会将多余线芯剪断。否则，会将要用的网线铜芯剪断或者损伤。打线钳必须保证垂直，突然用力向下压，听到“咔嚓”声，配线架中的刀片会划破线芯的外包绝缘外套，与铜线芯接触。如果打接时不突然用力，而是均匀用力时，不容易一次将线压接好，可能出现半接触状态。如果打线刀不垂直时，容易损坏压线口的塑料芽，而且不容易将线压接好。

（6）5 对打线刀

该工具是一种简便快捷的 110 型连接端子打线工具，一次最多可以接 5 对的连接块，操作简单，省时省力。适用于线缆、跳接块及跳线架的连接作业，如图 2-43 所示。

（7）光纤熔接机

光纤熔接机主要用于光通信中光缆的施工和维护，如图 2-44 所示。是利用高压电弧将两光纤断面熔化的同时用高精度运动机构平缓推进让两根光纤融合成一根的原理工作，以实现光纤模场的耦合。

图 2-43　5 对打线刀

图 2-44　光纤熔接机

（8）手持式标签打印机

用于施工现场打印各种标签的工具，可以打印普通标签、布质标签、线缆标签、热缩管标签等，如图2-45所示。

（9）扎带

扎带主要用于捆扎网线，如图2-46所示。使用扎带比使用铁丝等工具捆扎网线更美观，并且不会对网线造成损伤。各种颜色的扎带可助你明辨各类网线，如图2-47所示。

使用要点：用扎带缠绕网线一周，然后将捆线绳头部穿过尾部的方口，接着适当用力拉紧即可。

图2-45 手持式标签打印机

图2-46 扎带捆扎网线

（10）牵引线

施工人员遇到线缆需穿管布放时，多采用钢丝牵拉。由于普通钢丝的韧性和强度不是为布线索引设计的，操作起来极不方便，施工效率低，还可能影响施工质量。现在布线工程中已广泛使用如图2-48所示的“牵引线”，作为数据线缆或动力线缆的布放工具。专用牵引线材料具有优异的柔韧性和高强度，表面为低摩擦系统涂层，便于在PVC管或钢管中穿行，可以提高线缆布放效率、保证线缆的质量不受影响。

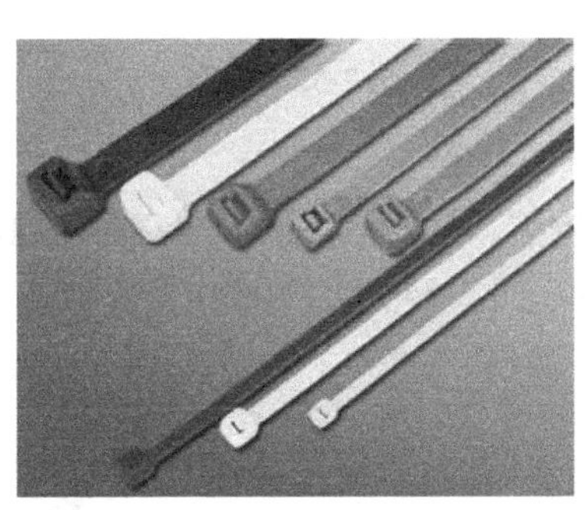

图2-47 不同颜色的扎带

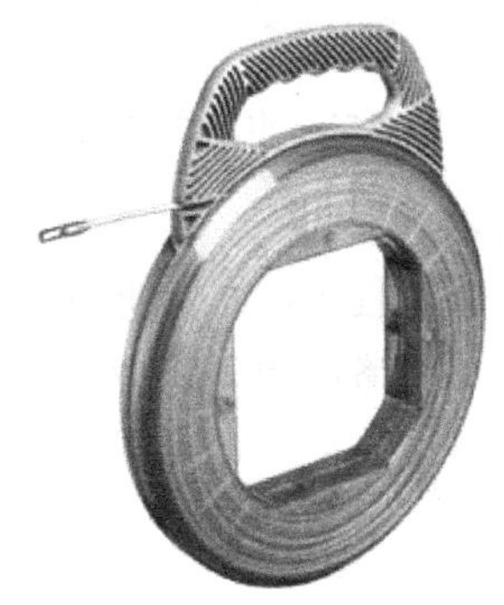

图2-48 牵引线

## 2. 管道施工工具

管道施工工具主要用于综合布线中的线管、线槽的布放与连接。

（1）冲击钻与电钻

该工具主要用于打洞，以便于安放线管或安放膨胀螺钉。使用时将钻头放入冲击钻或手枪钻中，然后插上电源，找到需要打洞的位置，然后按动开关开始钻洞。当钻入深度差不多时就可以停止了。要注意钻头的粗细不能超过膨胀螺钉的粗细，通常来说普通的手枪钻只配有一个钻头。如果粗细不合适就要更换合适的钻头。另外在打孔前需要先将 PVC 管放在墙面上，然后检查是否与地面成 90° 角，接着用笔画出直线，沿着这条直线打孔，这样就可避免孔位偏离。

除了安放膨胀螺钉外，还可用冲击钻打孔，穿越墙体，以便将网线穿墙，减少不必要的走线。冲击钻和电钻的外形分别如图 2-49 和图 2-50 所示。

图 2-49　冲击钻

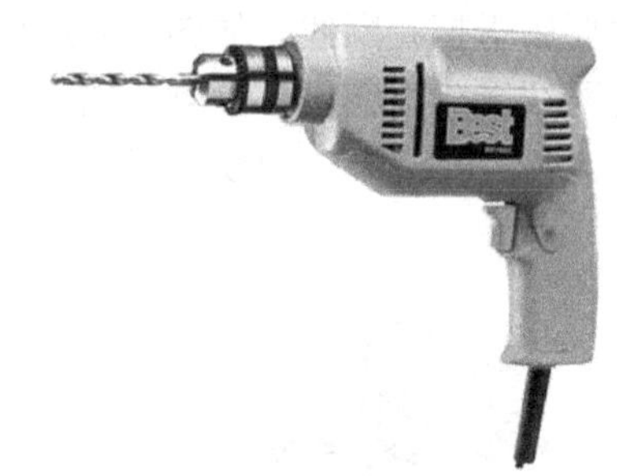

图 2-50　电钻

（2）电动切管机和钢锯

这两种工具均是用于切割布线的管材，主要用于切割金属管、金属槽、PVC 线管、PVC 线槽等，外形如图 2-51 和图 2-52 所示。

图 2-51　电动切管机

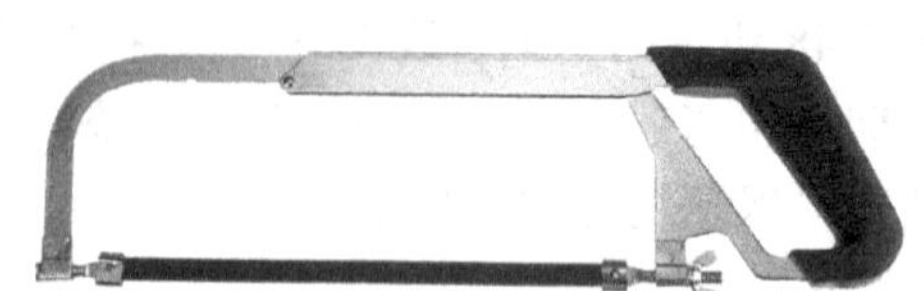

图 2-52　钢锯

（3）弯管器

在网络布线工程中，如果使用钢管进行线缆安装，就要解决钢管的弯曲问题，此时就要使用专用的金属弯管器，图 2-53 所示为手动弯管器，图 2-54 所示为液压弯管器。

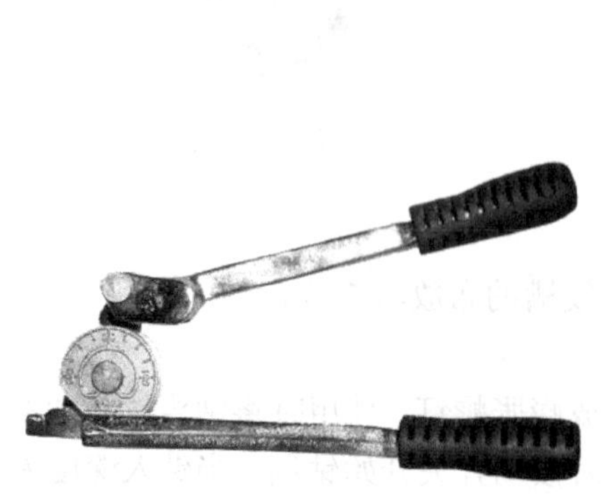

图 2-53　手动弯管器

图 2-54　液压弯管器

如果是 PVC 管，可以使用塑料弯管器，如图 2-55 所示，将弯管器按型号插入到 PVC 线管中，弯曲 PVC 管，使 PVC 管弯曲到需要的角度。

（4）剪管器

剪管器主要用于剪切 PVC 线管，使用剪管器切割时是将 PVC 线管放入刀口中，一直按压手柄，可以将线管切断。如果线管的质量较差，当刀口可以切割到线管时，一边按压手柄，一边转动线管，这种方式切割的线管的切面可能会不平整，需要进行修复。剪管器的外形如图 2-56 所示。

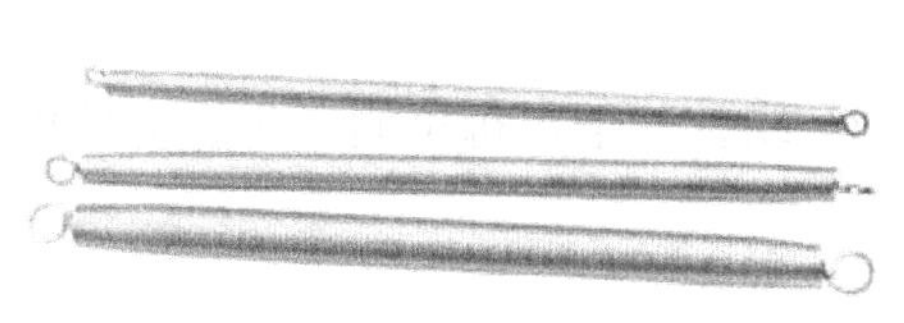

图 2-55　PVC 线管弯管器

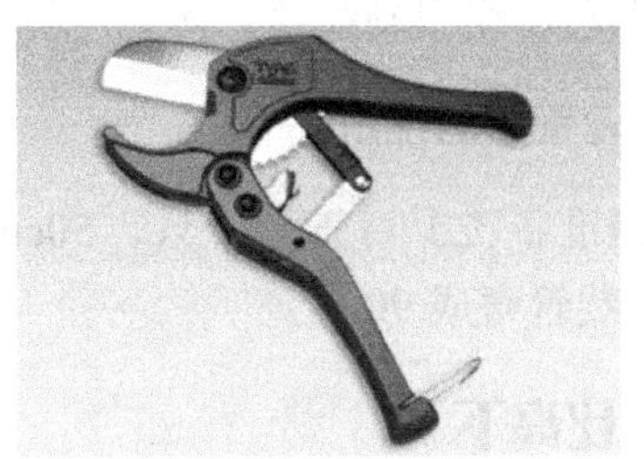

图 2-56　剪管器

### 3．测试工具

（1）简易链路测试仪

使用线缆测试仪可以方便地测试出线缆导通性。但专用的设备价格较高，普通用户可以使用简易线缆测试仪来测试线缆的导通性。简易线缆测试仪通常都有两个 RJ-45 的接口（有些测试仪上还包括同轴电缆的接口）。其面板上有若干指示灯，用来显示导线的连通情况，线缆测试仪的实物图如图 2-57 所示。

将双绞线的两个接头插入测试仪的两个 RJ-45 接口中。打开测试仪开关，此时应能看到一个红灯在闪烁，表示测试仪已经工作；观察测试仪面板上表示线对连接的绿灯，如绿灯顺序亮起，则表示该线缆通畅，如果有某个绿灯不亮，则表示某一线缆没有导通，根据情况可能需要重做 RJ-45 接头。

（2）网络测试仪

网络测试仪主要是针对于网络介质检测，包括线缆长度、串音衰减、信噪比、线路图和线缆规格等参数，常用于综合布线施工中。网络测试仪可以配接不同的接口模块，用于测试不同的链路，现在在工程中广泛使用的 Fluke 测试仪，如图 2-58 所示。

图 2-57　简易链路测试仪

图 2-58　Fluke 测试仪

## 小试牛刀

### 1. 观察不同的工具（在条件许可的情况下）

教师准备不同的工具，请学生分小组观察不同的工具，并了解工具的基本使用方法。

### 2. 剥线练习

为每组学生准备三把剥线刀和两把压线钳，50cm 左右的双绞线若干根。每个学生练习使用剥线器和压线钳剥线缆，体会两种工具的不同之处。

### 3. 弯管器的使用

每组准备$\phi$20 弯管器一只，50cm 的$\phi$20PVC 线管若干，每位同学生练习使用弯管器将$\phi$20PVC 线管弯成 90°。

## 一比高下

1. 教师为每组准备 50cm 长的双绞线 10 根，每小组选派 2 名学生进行剥线比赛，两个学生一人剥一端，看哪一组速度最快。

2. 教师为每组准备 3 根 100cm 的$\phi$20 三根，每小组选派 1 名学生进行弯管比赛，将三根$\phi$20 管弯成 90°、45°和 60°。

## 开动脑筋

1. 本任务介绍的各种工具在网络布线时每次都能用到吗？
2. 可以用剥网线工具来剥光纤吗？
3. 可以用$\phi$20 弯管器来弯$\phi$32 的线管吗？
4. 工程中如果没有捆扎绳，可以使用其他材料替代吗？
5. 冲击钻和电钻主要功能差异在什么地方？

## 课外阅读

### 网络布线施工安全防护用品

#### 1. 安全帽

对人体头部受坠落物及其他特定因素引起的伤害起防护作用的帽子称为安全帽，如图 2-59 所示。由帽壳、帽衬、下颏带及其他附件组成。帽壳由壳体、帽舌、帽沿、顶筋等组成，帽衬是帽壳内部部件的总称，由帽箍、吸汗带、衬带及缓冲装置等组成，下颏带是系在下巴上、起固定作用的带子，由系带和锁紧卡组成。

安全帽的防护作用在于：当作业人员头部受到坠落物的冲击时，利用安全帽帽壳、帽衬在瞬间先将冲击力分解到头盖骨的整个面积上，然后利用安全帽的各个部件：帽壳、帽衬的结构、材料和所设置的缓冲结构（插口、拴绳、缝线、缓冲垫等）的弹性变形、塑性变形和允许的结构破坏将大部分冲击力吸收，使最后作用到人员头部的冲击力降低到 4900N 以下，从而起到保护作业人员的头部不受到伤害或降低伤害作用。

### 2. 防钉鞋

防钉鞋是一种劳保鞋，通常是将鞋用聚氨酯经流水线发泡后连鞋帮一次注射成型，如图 2-60 所示。成型后侧面再线缝加固。鞋底包含有一层防钉层，该防钉层由金属片串接而成，可有效地防止铁钉等利物扎脚。具有防针、绝缘、防静电、耐弱油酸碱的功能。

图 2-59　安全帽

图 2-60　防钉鞋

## 本项目小结

本项目通过 4 个工作任务介绍了网络布线系统中使用的布线线缆、布线管材以及布线工具的知识，线缆主要介绍了双绞线与光缆以及线缆连接器件的使用，管材介绍了金属管材与 PVC 两种管材的情况，布线工具各类较多，有布线施工工具、管道施工工作以及测试工具等。主要要求学生掌握线缆的基本知识与线缆的选用以及线缆的连接，管材的基本知识与管材的选用以及常用施工工具的功能。通过多种教学活动的组织使学生能够对布线线材、布线材料管材以及布线工作有一个清晰的认识，为今后走上工作岗位打下基础。

## 思考与练习

1. 网络布线系统常用的传输介质有哪些？这些传输介质主要应用于什么场合？
2. 双绞线分为屏蔽和非屏蔽双绞线两大类，它们的主要区别是什么？
3. 什么是单模光纤？什么是多模光纤？单模光纤和多模光纤的主要区别是什么？
4. 在综合布线系统中，线槽的主要规格有哪几种？
5. 在综合布线系统中，线管的主要规格有哪几种？
6. 在综合布线系统中，与 PVC 线槽配套使用的附件有哪些？
7. 一般的压线钳有多个刀口，每个刀口的作用是什么？
8. 牵引绳的主要作用是什么？
9. 网络布线时，如果线槽需要拐 90° 的弯，施工中可以采用什么办法？
10. 网络布线时，如果线管需要拐 90° 的弯，施工中可以采用什么办法？

# 项目 3　布线系统的设计

## 项目描述

在信息社会中，一个现代化的大楼内，除了计算机网络线路外，还有电话、传真、空调、消防、电力系统、安防监控等线路。布线系统已经不是单纯的计算机网络布线的问题，而是综合了数据传输、语音传输、监控信号、电力传输等多种强电、弱电、信号传输的一个综合问题，形成了一个综合布线系统。布线系统的对象是建筑物或楼宇内的传输网络，以使得数据通信设备、交换设备和其他信息管理系统彼此相连，并使这些设备与外部通信网络连接。

## 项目分解

工作任务 1　认识综合布线系统
工作任务 2　认识常用的设计绘图工具
工作任务 3　设计工作区子系统
工作任务 4　设计配线子系统
工作任务 5　设计干线子系统
工作任务 6　设计管理间子系统
工作任务 7　设计设备间子系统
工作任务 8　设计进线间与建筑群子系统

## 工作任务 1　认识综合布线系统

### 1．综合布线系统

综合布线系统是指按标准的、统一的和简单的结构化方式编制和布置各种建筑物（或建筑群）内各种系统的通信线路，包括网络系统、电话系统、监控系统、电源系统等在内的综合系统。综合布线系统多采用分层星型拓扑结构，按照 2007 年颁布的国家标准，由 7 个子系统组成：工作区子系统、配线子系统、干线子系统、建筑群子系统、设备间子系统、进线间子系统和管理间子系统，如图 3-1 所示。

### 2．工作区子系统

工作区子系统又称为服务区子系统，是综合布线系统中将用户的终端设备连接到布线系统的子系统，是电话、计算机、电视机等设备的办公室、写字间、技术室等区域和相应设备的统称，如图 3-2 所示。它由水平子系统的信息插座延伸到工作站终端设备处的连接电缆及适配器组成。它包括装配软线、连接器和连接扩展软线，并在终端设备和输入/输出（I/O）之间搭配，起到工作区的终端设备与信息插座插入孔之间的连接匹配作用。

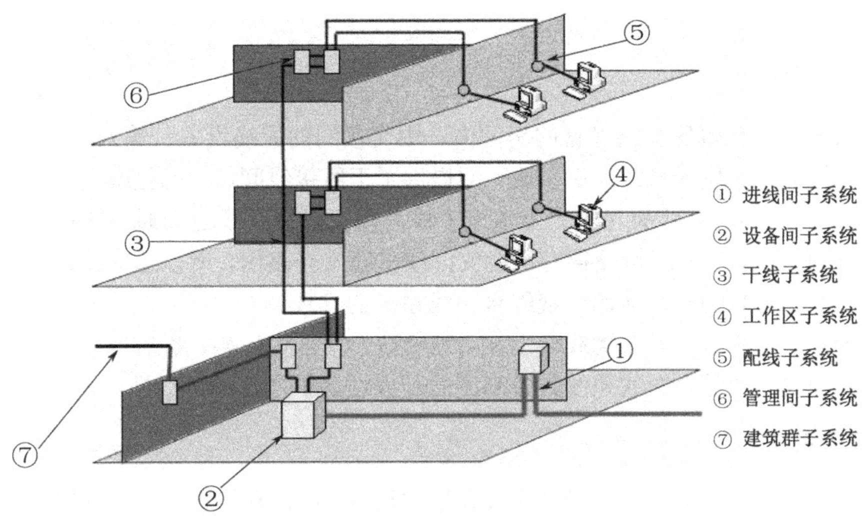


图 3-1　综合布线系统的组成

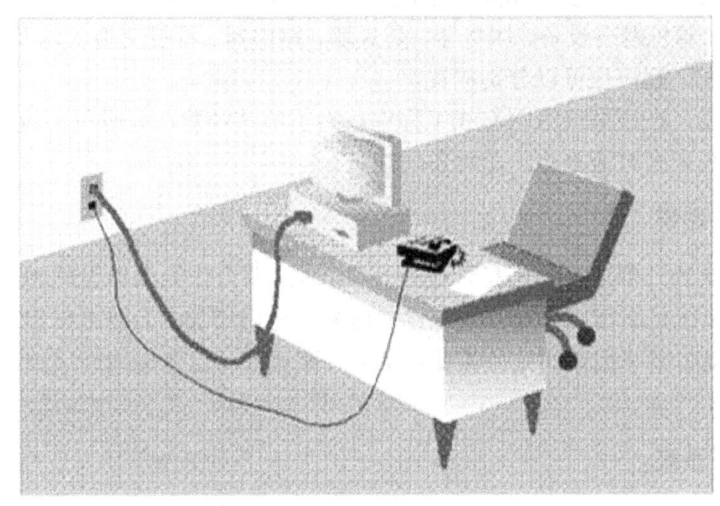

图 3-2　工作区子系统

### 3．配线子系统

配线子系统是由工作区的信息插座模块、信息插座模块至电信间配线设备(FD)的配线电缆和光缆、电信间的配线设备及设备缆线和跳线等组成的。

配线子系统是综合布线系统中连接用户工作区与布线系统主干的子系统，一般处在同一楼层，将干线子系统线路延伸到用户工作区，线缆均沿大楼的地面或吊顶中路由，最大的水平线缆长度应为 90m。如果需要某些宽带应用可采用光缆。

### 4．干线子系统

干线子系统是综合布线系统中连接各管理间、设备间的子系统，是楼层之间垂直干线电缆的通称，由设备间配线设备和跳线以及设备间至各楼层配线间的电缆组成，主要包括主交叉连接、中间交叉连接和楼间主干电缆（或光缆）以及将此干线连接到相关的支撑硬件组合而成。

可以提供设备间总（主）配线架与干线接线架之间的干线路由。主干线缆一般选用光纤或大对数双绞线。

#### 5．管理间子系统

管理间子系统设置在每层配线设备的房间内，由交接间的配线设备、输入/输出（I/O）设备等组成。它提供了与其他子系统连接手段，即提供了干线接线间、中间接线间、主设备间中各个楼层配线架（箱）、总配线架（箱）上水平干线与垂直干线线缆之间通信线路连接通信、线路定位与移位的管理。交叉连接使得有可能安排或重新安排路由，所以通信线路能够延续到连接建筑物内部的各信息插座，从而实现综合布线系统的管理。

通过管理子系统，用户可以在配线架上灵活地更改、增加、转换、扩展线路，而不需要专门工具，正因为如此，使综合布线系统具备高度的开放性、扩展性和灵活性。

#### 6．设备间子系统

设备间子系统是在每幢大楼的适当地点设置进线设备，进行网络管理以及管理人员值班的场所，一般称为网络中心或中心机房。其位置和大小通常根据系统分布、规模以及设备的数量来具体确定，一般由电缆、连接器和相关支撑硬件组成，通过缆线把各种公用系统设备互联起来。主要设备有计算机网络设备、服务器、防火墙、路由器、程控交换机以及楼宇自控设备等，这些设备可以放在一起，也可以分别放置。

需要注意的是，在小型局域网布线工程中，为了节减经费，有时可不设置设备间子系统，但在大型网络系统中有时还不止一个设备间。

#### 7．进线间子系统

进线间是建筑物外部通信和信息管线的入口部位，并可作为入口设施和建筑群配线设备的安装场地。该子系统是新国家标准在系统设置内容中专门增加的，要求在建筑物前期系统设计中要有进线间，满足多家运营商业务需要，避免一家运营商自建进线间后独占该建筑物的各种业务。

#### 8．建筑群子系统

综合布线系统中连接楼群之间的干线电缆或光缆、配线设备、跳线及各种支持设备组成的子系统，又称为户外子系统或楼宇子系统。在建筑群子系统中，会遇到室外敷设电缆的问题，一般有三种情况：架空电缆、地下管道电缆、直埋电缆，或者这三种的任何组合。在一些极为特殊的场合，还可能采用了无线通信技术，如微波、无线电、红外线等手段。

### 小试牛刀

#### 1．参观校园网络的布线系统

在学校实训部的协助下，选择比较复杂的有代表性的校园网络的布线系统作为参观对象，参观过程中教师或网络管理人员对整个布线系统的情况进行介绍，使学生从实际的布线环境中理解计算机网络的布线系统的基本组成。

在参观前将学生分成若干个小组，每个小组有 5～6 学生组成，为方便参观时的管理，并要求每个小组成员都要按表 3-1 做好参观记录。

表 3-1　×××校园网布线系统参观记录表

| 参观人 | | | 时间 | |
|---|---|---|---|---|
| 布线系统概况 | | | | |
| 覆盖范围 | | | 建成时间 | |
| 主要线缆 | | | 信息点数量 | |
| 布线系统详细 | | | | |
| 工作区子系统 | 有/无 | 数量 | 信息点范围 | 终端与信息点距离范围 |
| | | | | |
| 配线子系统 | 有/无 | 走线方式 | 线缆类型 | 配线范围 |
| | | | | |
| 干线子系统 | 有/无 | 走线方式 | 线缆类型 | 干线范围 |
| | | | | |
| 设备间子系统 | 有/无 | 温度 | 设备间面积 | 主要设备 |
| | | | | |
| 建筑群子系统 | 有/无 | 布线方式 | 线缆类型 | 建筑群距离范围 |
| | | | | |
| 管理间子系统 | 有/无 | 数量 | 管理间面积 | 主要设备 |
| | | | | |
| 进线间子系统 | 有/无 | 位置 | 进线类型 | 主要设备 |
| | | | | |
| 备　注 | | | | |

## 2. 读图

图 3-3 所示为楼宇布线示意图，此图包括了布线系统的若干子系统，请写出各标注位置属于哪个子系统？

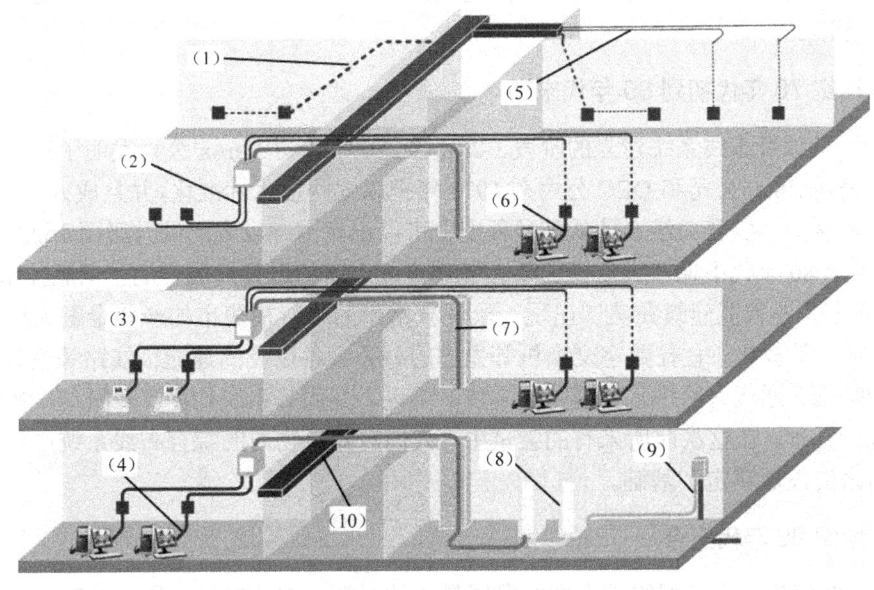


图 3-3　楼宇布线示意图

## 一比高下

1．各小组成员在小组内介绍自己参观校园网络布线系统时了解收集到的信息，并结合比较完整的综合布线系统的情况，对所参观的校园网络布线系统按综合布线的 7 个子系统进行整理归类（归类方式可以参照表 3-2 的形式）。每个小组综合本组成员的整理情况，组合一份比较完整的资料在班级交流。

2．各小组成员在小组内交流读图的结果并形成文字性材料，对每个点属于哪个子系统要给出理由。每个小组综合本小组成员的情况，在班级交流。

## 开动脑筋

1．每一个网络工程的布线系统都会有综合布线系统的 7 个子系统吗？
2．设备间子系统一般要设置在整个布线系统的什么位置？
3．在一个商务大厦中，每一层楼都需要有一个管理间子系统吗？
4．建筑群子系统通常使用什么传输线缆？

## 课外阅读

### 网络综合布线的发展史

网络综合布线是随着信息技术不断发展而逐渐趋于成熟的，尤其是计算机局域网从早期的多种技术共存到以太网技术一统天下，使综合布线系统得到相对稳定的发展。

#### 1．20 世纪 50 年代初到 60 年代末期

在此阶段还没有成形的计算机通信网，但是一些发达国家 20 世纪 50 年代就在高层建筑中采用了电子器件组成控制系统，并通过各种线路把分散的仪器、设备、电力照明系统、电话系统连接起来集中监控和管理，这种用来连接的线路就是综合布线的雏形。但是此时的布线系统没有统一的标准。

#### 2．20 世纪 70 年代初到 80 年代末期

在此阶段是综合布线系统建立的阶段。20 世纪 70 年代初 Xerox 公司发明了以太网技术，随后 Xerox 公司、Intel 公司和 DEC 公司在 1978 年把以太网技术标准化，并且成为了 IEEE802.3 的国际标准，从此，综合布线系统从某种程度上可以说是围绕以太网的升级而不断完善。

在 20 世纪 80 年代中期，大规模和超大规模集成电路的迅猛发展带动了信息技术的发展，1984 年世界上首座智能建筑在美国出现，康涅狄格州的哈特福德市的一座金融大厦进行了改建，楼内增添了计算机、程控数字交换机等先进的办公设备以及高速通信线路等基础设施。此外，大楼的暖气、通风、给排水、消防、安防、供电、交通等系统均由计算机统一控制，实现了自动化综合管理。在这次前所未有的尝试中，人们对建筑物内的综合布线系统产生了浓厚的兴趣，为后来的发展奠定了基础。

#### 3．20 世纪 90 年代至今

20 世纪 90 年代至今是网络综合布线发展最快的时期，在此时期，国际互联网技术日渐完

善，在大多数的国家得到了普及、应用和发展，并且随着大量电子产品的问世，建筑物内需要互联互通的设备急剧增加。为了应对这一变化，国际和国内相关行业都出现了一系列关于综合布线的标准：

1991 年，TIA/EIA 颁布了 TIA/EIA-568-A 商用建筑物电信布线标准。

1993 年，我国的当时的邮电部和建设部颁布了《城市住宅区和办公楼电话通信设施设计规范》。

1995 年，我国工程建设标准化协会颁布了《建筑与建筑群综合布线系统设计规范》。

1995 年，ISO 颁布了 ISO/IEC11801:1995(E)国际布线标准。

2000 年，TIA/EIA 颁布了 TIA/EIA-568-B 商用建筑物电信布线标准。

## 工作任务 2　认识常用的设计绘图工具

### 1. Office Visio Professional 2007

Office Visio 2007 是一款专业的办公绘图软件，可以绘制网络拓扑图、流程图、工程施工图、机械工程图等多种类型的图形。在综合布线中常用的设备，如路由器、服务器、防火墙、无线访问点等图元文件均配有模板，在工程设计中可以直接选择使用，方便用户在工程设计时的工程图形的绘制，其工作界面如图 3-4 所示。

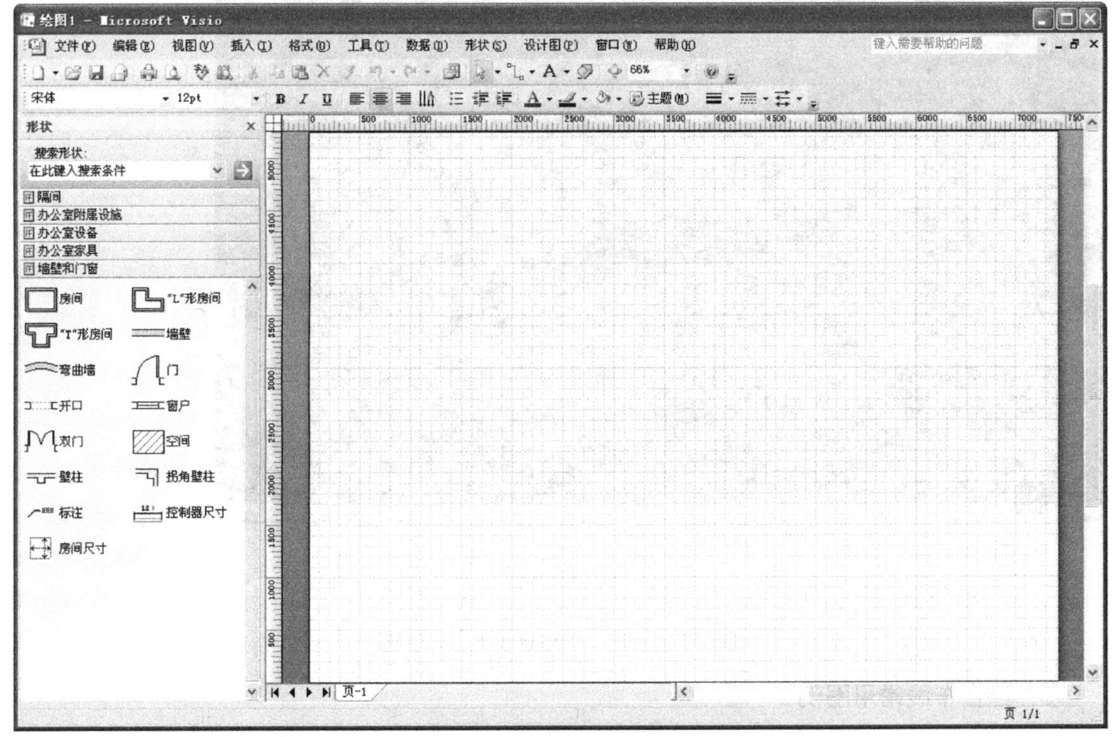


图 3-4　Visio 2007 工作界面

### 2. AutoCAD 2010

AutoCAD 是美国 Autodesk 企业开发的一个交互式绘图软件，是用于二维及三维设计、绘图的系统工具，用户可以使用它来创建、浏览、管理、打印、输出、共享及准确复用富含信息的设计图形。AutoCAD 是目前世界上应用最广的 CAD 软件，市场占有率位居世界第一。AutoCAD 软件具有如下特点：

（1）具有完善的图形绘制功能。

（2）有强大的图形编辑功能。

（3）可以采用多种方式进行二次开发或用户定制。

（4）可以进行多种图形格式的转换，具有较强的数据交换能力。

（5）支持多种硬件设备。

（6）支持多种操作平台。

（7）具有通用性、易用性，适用于各类用户。

其工作界面如图 3-5 所示。

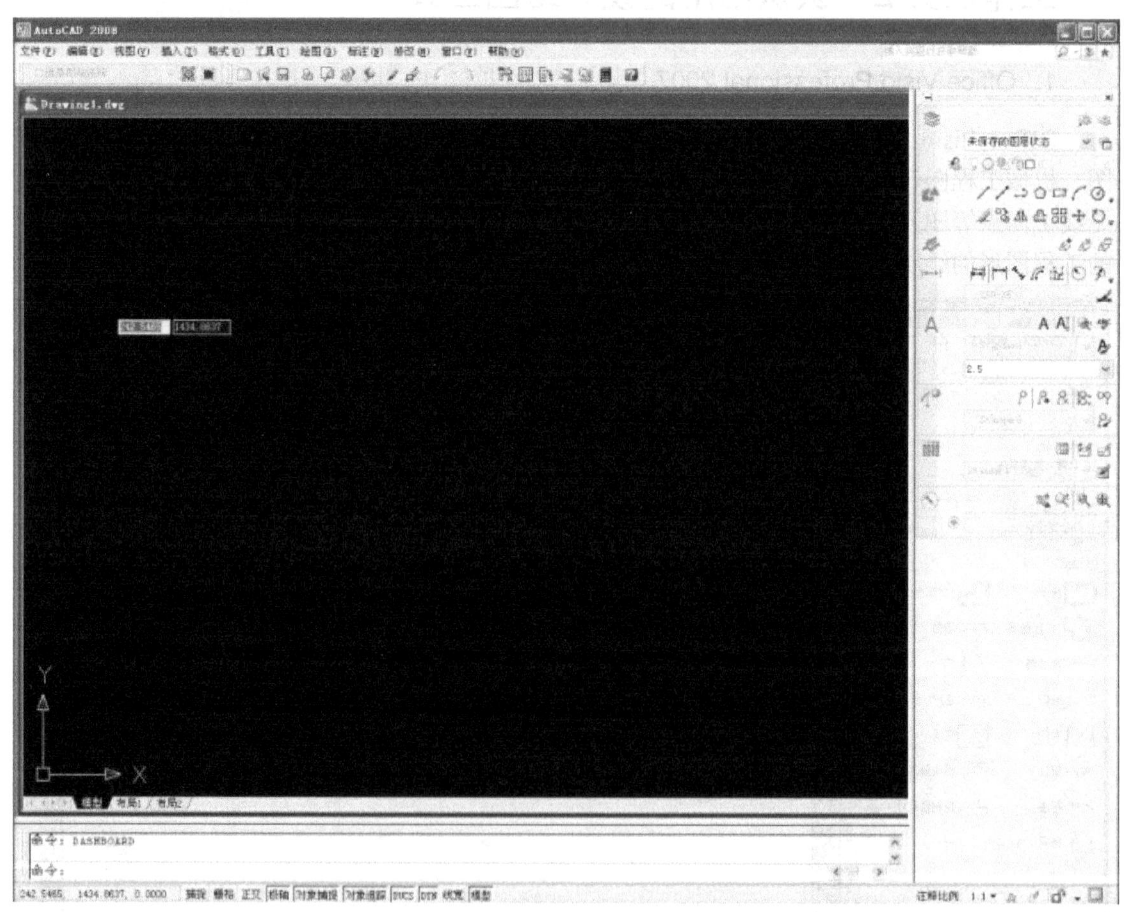


图 3-5　Auto CAD 2008 主工作界面

### 3．综合布线常用图例

在综合布线系统工程是会使用到大量的施工图、系统图等图纸，这些图纸中会有大量的弱电工程的符号，作为一个设计施工人员都必须正确识读图样，按图施工，必须在综合布线相关图纸中正确标识线路敷设方式及敷设位置的符号，才能保证施工质量。综合布线系统常见的图例如表 3-2 所示，常见的线路敷设方式文字符号如表 3-3 所示，常见的线路敷设部位文字符号如表 3-4 所示。

表 3-2　综合布线系统常用图例

| 序　号 | 名称 | 图形符号 | 序　号 | 名称 | 图形符号 |
|---|---|---|---|---|---|
| 1 | 建筑群配线架 | CD | 16 | 架空交接箱 | A B |
| 2 | 楼层配线架 | FD | 17 | 楼层配线箱 | FD |
| 3 | 建筑物配线架 | BD | 18 | 集线器 | HUB |
| 4 | 信息插座 | TO | 19 | 程控交换机 | SPC |
| 5 | 语音信息点 | TP | 20 | 自动交换设备 | * |
| 6 | 数据信息点 | PC | 21 | 室内分线盒 | |
| 7 | 集合点 | CP | 22 | 室外分线盒 | |
| 8 | 有线电视信息点 | TV | 23 | 光连接器 | |
| 9 | 综合布线通用配线架 | | 24 | 光衰减器 | |
| 10 | 总配线架 | MDF | 25 | 光纤光路中的转换结点 | |
| 11 | 光纤配线架 | ODF | 26 | 由下至上穿线 | |
| 12 | 中间配线架 | IDF | 27 | 由上到下穿线 | |
| 13 | 单频配线架 | VDF | 28 | 电源插座 | |
| 14 | 落地交接箱 | A B | 29 | 电话出线座 | TP |
| 15 | 壁龛交换箱 | A B | 30 | 综合布线接口 | |

表 3-3　常见线路敷设方式文字符号

| 序　号 | 中 文 名 称 | 符　号 | 序　号 | 中 文 名 称 | 符　号 |
|---|---|---|---|---|---|
| 1 | 明敷 | C | 9 | 金属线槽 | MR |
| 2 | 暗敷 | E | 10 | 电线管 | MT |
| 3 | 铝皮线卡 | AL | 11 | 塑料管 | PC |

续表

| 序　号 | 中文名称 | 符　号 | 序　号 | 中文名称 | 符　号 |
|---|---|---|---|---|---|
| 4 | 电缆桥架 | CT | 12 | 塑料线卡 | PLC |
| 5 | 金属软管 | F | 13 | 塑料线槽 | PR |
| 6 | 水煤气管 | G | 14 | 钢管 | SC |
| 7 | 瓷绝缘子 | G | 15 | 半塑料管 | FPC |
| 8 | 钢索敷设 | M | 16 | 直接埋设 | DB |

表 3-4　常见线路敷设部位标注符号

| 序　号 | 中文名称 | 符　号 | 序　号 | 中文名称 | 符　号 |
|---|---|---|---|---|---|
| 1 | 沿或跨梁敷设 | AB | 6 | 暗敷设在墙内 | WC |
| 2 | 暗敷在梁内 | BC | 7 | 沿天棚或顶板面敷设 | CE |
| 3 | 沿或跨柱敷设 | AC | 8 | 暗敷设在屋面或顶板内 | CC |
| 4 | 暗敷设在柱内 | CLC | 9 | 吊顶内敷设 | SCE |
| 5 | 沿墙面敷设 | WS | 10 | 地板或地面下敷设 | F |

## 小试牛刀

1．使用 Visio 2007 绘制如图 3-6 所示的工程图标。

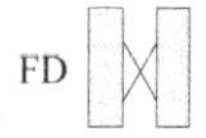

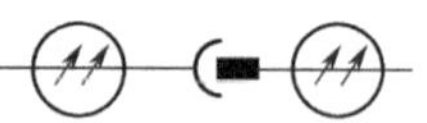

图 3-6　工程图标

2．使用 Visio 2007 绘制会议室布局图，如图 3-7 所示。

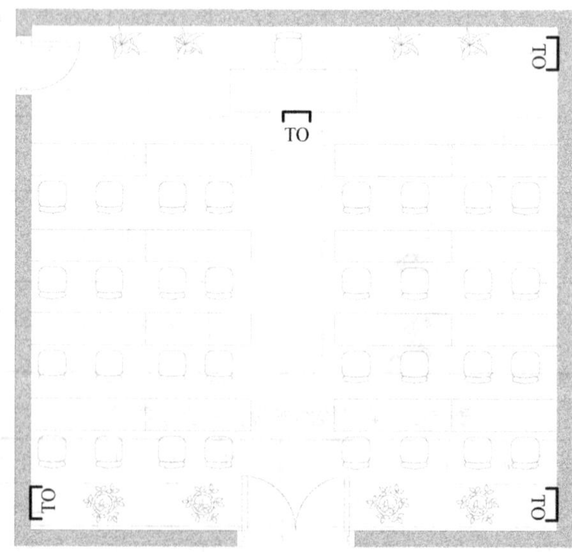


图 3-7　会议室布局图

3．使用 Visio 2007 绘制 A4 绘图模板，如图 3-8 所示。

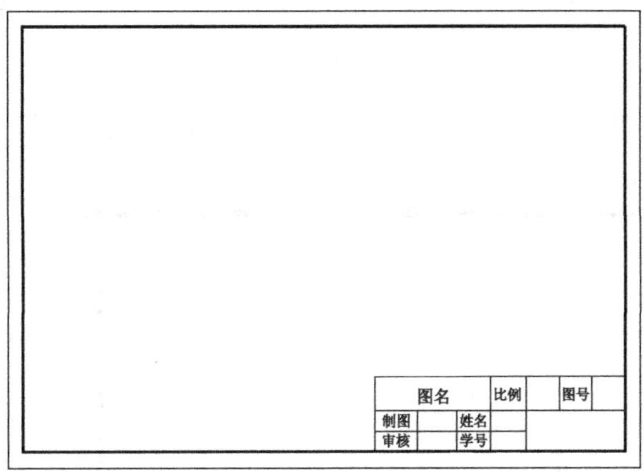


图 3-8　A4 绘图模板

4．使用 Visio 2007 绘制如图 3-9 所示的系统图。

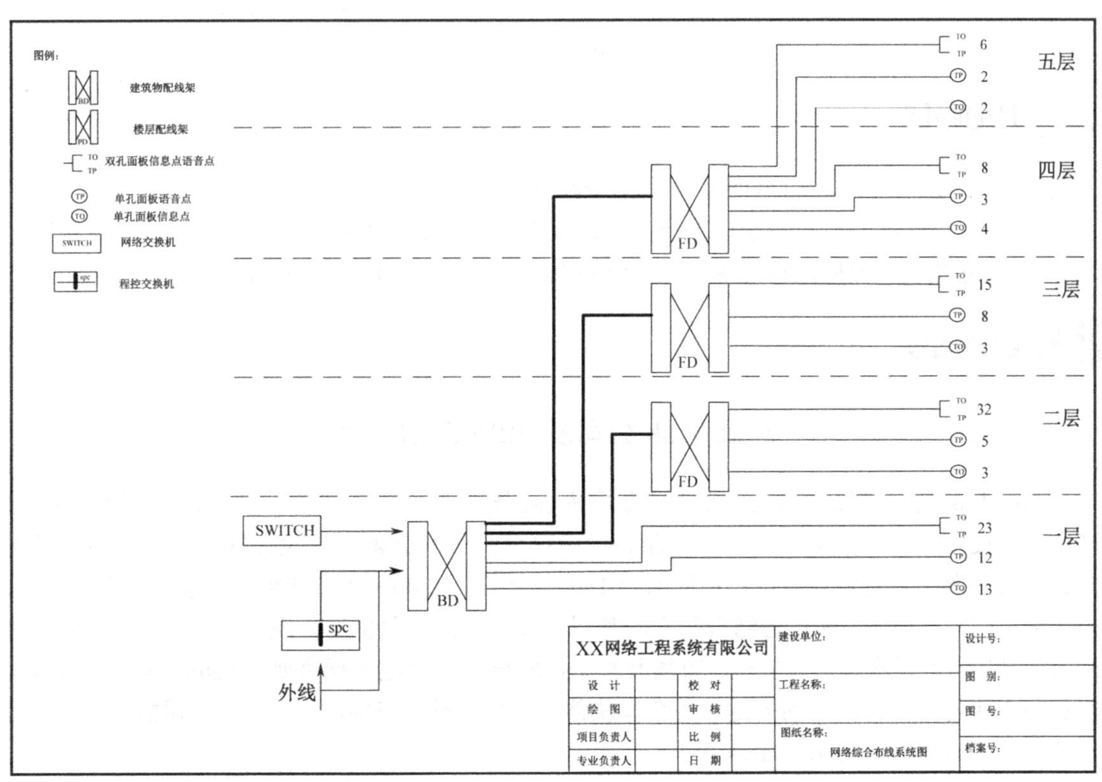


图 3-9　系统图

5．使用 AutoCAD 2010 绘制图 3-6 到图 3-9 所示的图形。

## 一比高下

1．教师准备三张不同类型的工程图，请所有同学在规定的时间内完成图的绘制。根据各位同学绘制的情况评定不同的分值。

2．请学生解读如图 3-10 所示的工程布线图。

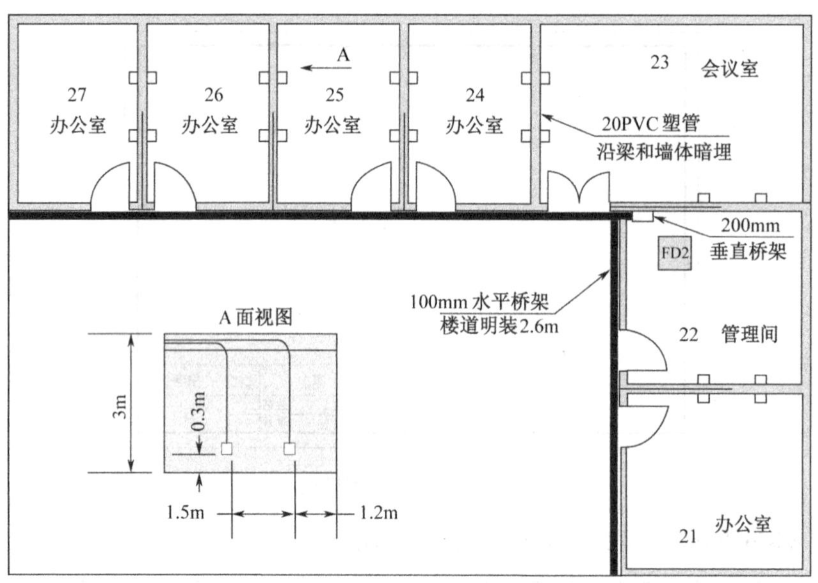


图 3-10　工程布线图

## 开动脑筋

1．Visio 2007 和 Auto CAD 2010 各适合绘制什么图形？
2．工程设计时，如果布线的路径上有建筑主梁，能不能将线缆的布放设计成穿梁而过？
3．线路敷设部位标注符号等信息，绘制图纸可以直接是汉字标识吗？

## 课外阅读

### Autodesk 公司及 Auto CAD 产品

Autodesk 是世界领先的设计软件和数字内容创建公司，用于建筑设计、土地资源开发、生产、公用设施、通信、媒体和娱乐。始建于 1982 年，Autodesk 提供设计软件、Internet 门户服务、无线开发平台及定点应用，帮助遍及 150 多个国家的 400 万用户推动业务，保持竞争力。公司帮助用户使 Web 和业务结合起来，利用设计信息的竞争优势。现在，设计数据不仅在绘图设计部门，而且在销售、生产、市场及整个供应链都变得越来越重要。Autodesk 是保证设计信息在企业内部顺畅流动的关键业务合作伙伴。在数字设计市场，没有哪家公司能在产品的品种和市场占有率方面与 Autodesk 匹敌。

自 1982 年 Auto CAD 正式推向市场，Autodesk 已针对最广泛的应用领域研发出多种设计和工程解决方案，帮助用户在设计转化为成品前体验自己的创意。AutoCAD 的发展可分为初级阶段、发展阶段、高级发展阶段、完善阶段。

初级阶段（1982—1984 年）：AutoCAD 1.0 至 AutoCAD 2.0。

发展阶段（1985—1988 年）：AutoCAD 2.17 至 AutoCAD 9.03。

高级发展阶段（1989—1995 年）：AutoCAD 10.0 至 AutoCAD 12.0，开始出现图形界面的对话框，CAD 的功能已经比较齐全。

完善阶段（1996 年至今）：AutoCAD R13 至 AutoCAD 2015。

# 工作任务3 设计工作区子系统

## 1. 工作区子系统设计概述

一个局域网络是由多个工作区子系统组成的，而工作区子系统由用户计算机、语音点、数据点的信息插座、跳线等组成。一般认为从墙面信息插座开始的部分为工作区子系统。

工作区的每一个信息插座均应支持电话机、数据终端、计算机、电视机监视器等终端设备的设置和安装。一个独立的工作区，通常拥有一台计算机和一部电话机，设计的等级分为基本型、增强型和综合型。目前大部分的新建工程是采用增强型设计等级，为语音点和数据点互换奠定了基础。

## 2. 工作区设计要点

工作区子系统的设计主要是围绕插座的数量、插座的选型和安装方式而进行的。其设计要点如下：

（1）工作区内线槽要布得合理、美观；

（2）信息插座底边距离地面一般应为30cm；

（3）在信息插座旁应设计电源插座，并保持20cm以上的距离；

（4）信息座与计算机设备的距离保持在5m范围内，注意考虑工作区电缆、跳线和设备连接线长度不要超过10m；

（5）要确定所有工作区所需要的信息模块、信息插座、面板的数量。

## 3. 工作区子系统的设计

工作区子系统设计比较简单，一般来说可以分为三个步骤。

（1）确定信息点数量

工作区信息点数量主要根据用户的具体的需求来确定。对于用户不能明确信息点数量的情况下，应根据工作区设计规范来确定，即一个5～10m$^2$面积的工作应配置一个语音信息点或一个计算机信息点，或者一个语音信息点和计算机信息点，具体还要参照综合布线系统的设计等级来定。如果按照基本型综合布线系统等级来设计，则应该只配置一个信息点。如果在用户对工程造价考虑不多的情况下，考虑系统未来的可扩展性应向用户推荐每个工作配置两个信息点。常见工作区信息点的配置参考如表3-5所示（并非标准）。

表3-5 常见工作区信息点配置表

| 工作区类型 | 信息点安装位置 | 信息点安装数量 | |
|---|---|---|---|
| | | 数据点 | 语音点 |
| 独立办公室（1人/间） | 工作台附近的墙面或地面 | 1 | 1～2 |
| 小型会议室 | 主席台附近的墙面或地面 | 1 | 1 |
| 大型会议室 | 会议桌地面 | 按面积计算 | 1～2 |
| 宾馆标准间 | 写字台处墙面 | 1～2 | 1 |
| 多人集中办公区 | 工作台附近的墙面或地面 | 1/台 | 1/台 |
| 学生公寓 | 写字台处墙面 | 1/台 | 1 |
| 教室 | 讲台附近的墙面或地面 | 1 | 1 |

（2）确定信息插座的数量

第一步确定了工作区应安装的信息点数量后，信息插座的数量就很容易确定了。如果工作区配置单孔信息插座，则信息插座数量应与信息点的数量相当。如果工作区配置双孔信息插座，则信息插座数量应为信息点数量的一半。

信息模块的需求量一般为

$$M=N\times(1+3\%)$$

式中，$M$ 表示信息模块的总需求量，$N$ 表示信息点的总量，3%表示留有的富余量。

RJ-45 接头的需求量一般用下述公式计算

$$m=n\times4\times(1+15\%)$$

式中，$m$ 表示 RJ-45 接头的总需求量，$n$ 表示信息点的总量，15%表示留有的富余量。

信息插座的需求量一般按实际需要计算其需求量，依照统计需求量，信息插座可容纳一个点、两个点、四个点。

工作区使用的线槽通常采用 25×12.5 规格的较为美观，线槽的使用量计算一般按：

1 个信息点状态：1×10（m）

2 个信息点状态：2×8（m）

3～4 个信息点状态：（3～4）×6（m）

工作区信息点统计表是设计和统计信息点数量的基本工具和手段，可以准确清楚地表示建筑物的信息点数量，信息点统计表格式可以参考表 3-6 设计。

**表 3-6　建筑物网络布线信息点统计表**

| 房间 / 楼层 | X01 | | X02 | | X03 | | X04 | | X05 | | X06 | | 数据合计 | 语音合计 | 合计 |
|---|---|---|---|---|---|---|---|---|---|---|---|---|---|---|---|
| | 数据 | 语音 | 数据 | 语音 | 数据 | 语音 | 数据 | 语音 | 数据 | 语音 | 数据 | 语音 | | | |
| 五层 | 1 | 1 | 4 | 2 | 8 | 4 | 10 | 5 | 8 | 4 | 12 | 6 | 43 | 22 | 65 |
| 四层 | 1 | 1 | 4 | 2 | 8 | 4 | 10 | 5 | 8 | 4 | 12 | 6 | 43 | 22 | 65 |
| 三层 | 1 | 1 | 4 | 2 | 8 | 4 | 10 | 5 | 8 | 4 | 12 | 6 | 43 | 22 | 65 |
| 二层 | 1 | 1 | 4 | 2 | 8 | 4 | 10 | 5 | 8 | 4 | 12 | 6 | 43 | 22 | 65 |
| 一层 | 1 | 1 | 4 | 2 | 8 | 4 | 10 | 5 | 8 | 4 | 12 | 6 | 43 | 22 | 65 |
| 合计 | | | | | | | | | | | | | 215 | 110 | 325 |

（3）确定信息插座的安装方式

工作区的信息插座分为暗埋式和明装式两种方式，暗埋方式的插座底盒嵌入墙面，明装方式的插座底盒直接在墙面上安装。用户可根据实际需要选用不同的安装方式以满足不同的需要。通常情况下，新建建筑物采用暗埋方式安装信息插座；已有的建筑物增设综合布线系统则采用明装方式安装信息插座。安装信息插座时应符合以下安装规范：

（1）安装在地面上的信息插座应采用防水和抗压的接线盒；

（2）安装在墙面或柱子上的信息插座底部离地面的高度宜为 30cm 以上；

（3）信息插座附近有电源插座的，信息插座应距离电源插座 20cm 以上。

除了上述三点内容外，还有一个适配器的选用问题。综合布线是一个开放系统，它应满足各厂家所生产的终端设备。通过选择适当的适配器，即可使综合布线系统的输出与用户的终端设备保持完整的电气兼容性。工作区的终端设备可用 5 类或超 5 类双绞线直接与工作区的每一个信息插座相连接，或用适配器、平衡/非平衡转换器进行转换连接到信息插座上。工作区适配器的选用应符合下列要求：

① 在设备连接器处采用不同信息插座的连接器时，可以用专用电缆或适配器。

② 在水平子系统中选用的线缆不同于设备所需的线缆时，宜采用适配器。

③ 在连接使用不同信号的数/模转换或数据速率转换等相应的装置时，宜使用适配器。

④ 根据工作区内不同的电信终端设备可配备相应的终端适配器。

### 4．工作区子系统的布线方式

工作区内的布线主要包括埋入式、高架地板布线式和线槽式、护壁板式等几种方式。

（1）埋入式

在房间内埋设线缆的两种方式，一种是埋入地板垫层中，另一种是埋入墙壁内。在建筑物施工或装修时，根据需要在楼层的地板中或墙壁内预先埋入槽管，并在槽管内放置用于拉线的引线，以便日后布线时使用。这些属于隐蔽性工程。由于埋入式布线方式须要把线缆埋入地板垫层或墙壁内，因此，比较适合于新建建筑物小房间工作区的布线。

（2）高架地板布线式

如果工作区的地面采用高架地板（如防静电地板），那么，工作区布线可以采用高架地板布线方式。该方式非常适合于面积较大且信息点数量较多的场合，施工简单，管理方便，布线美观，并且可以随时扩充。目前的计算机房大都采用这种方式。高架地板布线方式在地板下走线，先在高架地板下面安装布线槽，然后将从走廊地面或桥架中引入线缆穿入管槽，再连接至安装于地板的信息插座。

（3）护壁板式

所谓护壁板式，是指将布线管槽沿墙壁固定，并隐藏在护壁板内的布线方式。该方式无须剔挖墙壁和地面，也不会对原有的建筑造成破坏，因而被大量地用于旧楼的信息化改造。该方式通常使用桌上式信息插座，信息插座通常只能沿墙壁布放，因此适用于面积不大且信息点数量较少的场合。

（4）线槽式

对于一些旧的建筑，最简单的方式是采用在墙壁上敷设线槽(管)的方式来布线。当水平布线沿管槽从楼道中进入工作区时，可以直接连接至工作区内的布线线槽中，也可以再沿管道连接至墙壁上的信息插座。

当水平布线沿桥架从楼道中进入工作区时，应当在进入工作区时改换布线管槽，然后沿墙壁而下，通过管槽连接至地面上或墙壁上的各信息点。

### 5．工作区子系统设计实例

（1）多人办公室信息点的设计

某学校教务处工作人员 6 名，其中主任、副主任 2 名，教务人员 4 名，主任与副主任在一间办公室，4 位教务员在一间办公室，两间办公室并排排列，宽 3.9m，长 6.5m。

对于独立多人办公空间信息点布局要根据办公布局进行设计，信息插座通常设计安装在办公台、墙面或地面，正常情况以办公台或墙面为主，设计在地面的比较少，如图 3-11 所示。

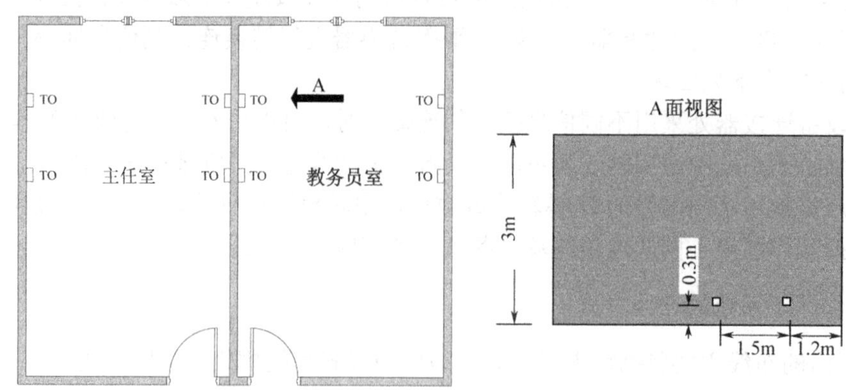


图 3-11　多人办公室信息点设计图

**说明：**

① 设计多人办公室信息点时必须考虑多个数据点和语音点。

② 当办公桌设计靠墙放置时，信息插座安装在墙面，下边缘离地 30cm。当办公桌放置在房屋中间时，信息插座可以使用地弹式插座，安装在地面。

③ 如果语音点不需要多个时，可以考虑两个办公桌共用一个双口信息插座。

④ 面板均使用双口面板，每个点铺设 1 根 4-UTP 超 5 类网线，数据和语音共用一根超 5 类网线。

（2）会议室信息点的设计

一般设计会议室的信息点时，在会议室讲台处需要设计 1 个信息点，便于设备的连接，在会议室的墙拐角处可以考虑设置一些信息点，方便设置无线路由设备，如图 3-12 所示。

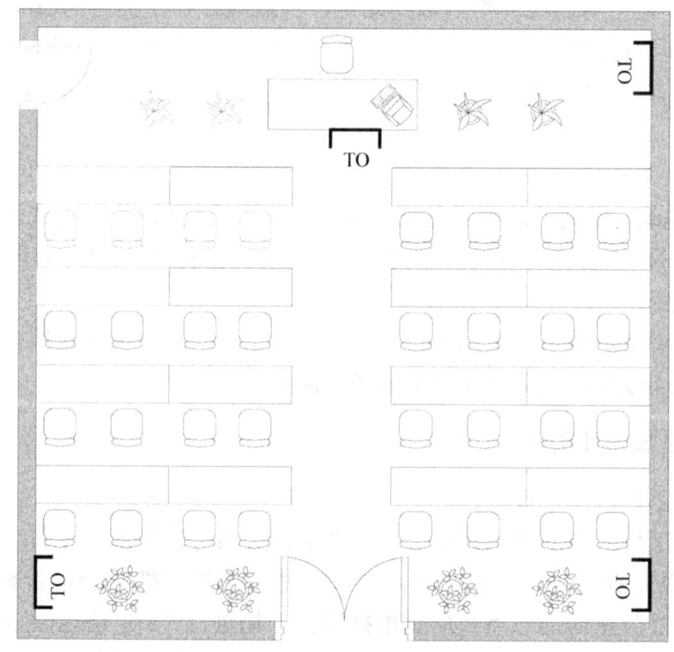


图 3-12　会议室信息点设计图

**说明：**

会议室讲台处的信息插座通常使用地弹式插座，在会议室四个墙角的信息插座的安装高度可以考虑处于较高的位置，便于无线路由设备挂放在墙壁上，不影响人员的走动。

## 小试牛刀

1．某单位办公楼一楼平面图如图 3-13 所示，假如每个办公空间有 2 个信息点，请你将该层楼各办公空间网络布线所需要材料开列一份清单，并请在图中你认为最合适的位置标注出信息点的位置。

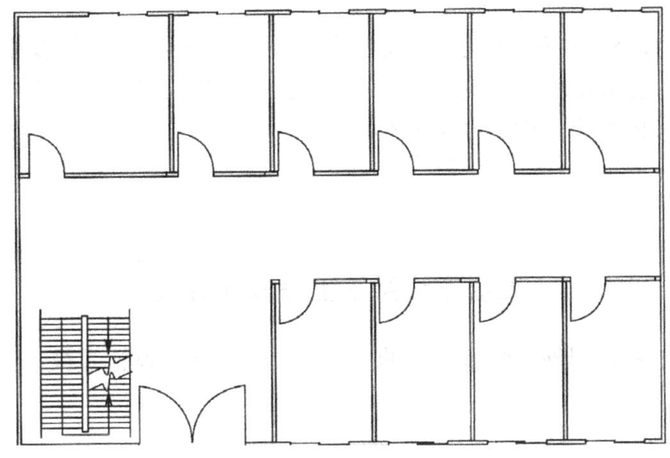

图 3-13　楼层平面图

2．图 3-14 所示为某学校学生男生宿舍楼平面图，每间宿舍住学生 4 人，设电话一部，请你将各宿舍信息点和语音点位置标出来，并用不同颜色表示；此楼为 6 层宿舍楼，每层布局相同，每两层设置 1 个管理员室，管理员室设置信息点与语音点各一个，与管理员室对应的楼层空间设置储藏室，不需要设置信息点与语音点，请你设计制作该幢楼的信息点统计表。

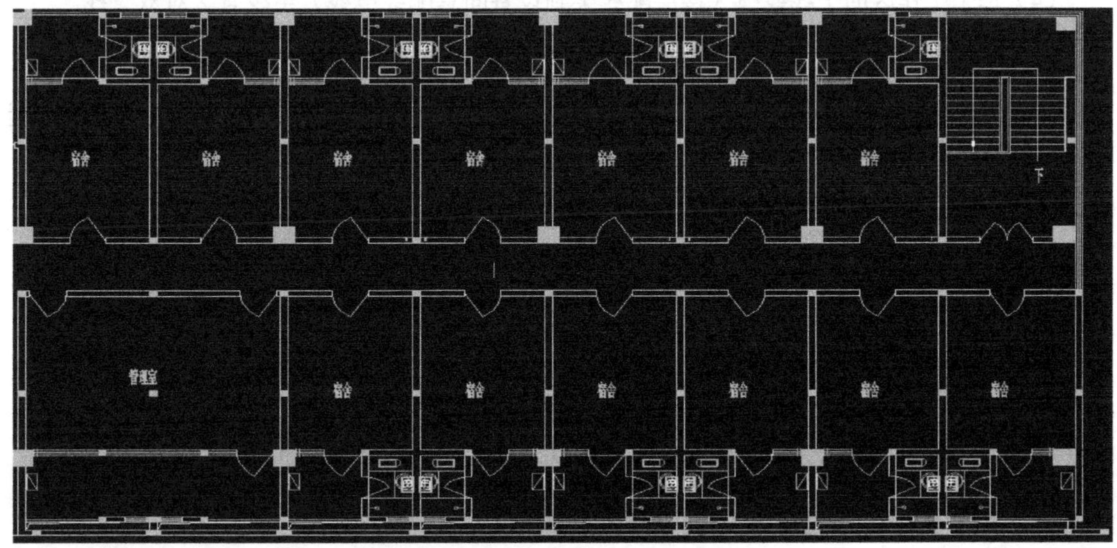


图 3-14　宿舍楼平面图

## 一比高下

1．各小组选派一名代表向全班同学阐述工作区设计时的注意事项。

2．各小组在小组内交流学生宿舍平面信息点设计，并选派一名代表向全班同学介绍本组认为设计的最优方案，并阐述理由。

## 开动脑筋

1．一个办公空间中留有了 3 个信息点，由于工作需要，该办公空间中需要安置 6 名工作人员办公。该办公空间的网络需要重新布线吗？

2．某学校教师办公室共有 18 人在一间办公室内办公，学校为每位教师配备了一台办公用的计算机。但由于办公室是由一间教室改造的，只留有一个数据点和一个语音点，现在所有的教师都需要接入学校的网络，你有办法吗？

## 课外阅读

### 综合布线系统工程设计等级

综合布线系统工程按照硬件配置标准的不同可以分为 3 个设计等级。

#### 1．基本型

基本型适合于综合布线中配置标准较低的场合，是一个经济有效的布线方案。它支持语音、数据产品，能随着工程的需要过渡到更高级的布线系统，其基本配置如下：

（1）每一个工作区有 1 个信息点（插座）。

（2）每一个工作区的配线线缆为一条 4 对双绞线引至楼层配线架。

（3）完全采用夹接式交接硬件。

（4）每个工作区的干线线缆（楼层配线架到设备间总配线电线）至少有 2 对双绞线。

#### 2．增强型

增强型适合于综合布线中的中等配置标准的场合，不仅支持语音和数据的应用，还支持图像、视频等多媒体业务，用铜芯线缆组网，为其升级奠定了基础，其基本配置如下：

（1）每一个工作区有 2 个或 2 个以上信息点（插座）。

（2）每一个工作区的配线线缆为一条独立的 4 对双绞线引至楼层配线架。

（3）完全采用夹接式交接硬件。

（4）每个干线线缆（楼层配线架到设备间总配线电线）至少有 3 对双绞线。

#### 3．综合型

综合型适合于布线中配置标准较高的场合，可以提供目前所有多媒体业务的接口，用光纤和铜芯线缆混合组网，其基本配置如下：

（1）在基本型和增强型综合布线系统的基础上增设光纤系统。

（2）在每个基本型工作区的干线线缆中至少配有 2 对双绞线。

（3）在每个增强型工作区的干线线缆中至少配有 3 对双绞线。

# 工作任务 4　设计配线子系统

## 1．配线子系统设计概述

配线子系统主要是实现工作区的信息插座与管理子系统（楼层配线架）之间的连接。配线子系统是综合布线系统中设计最复杂的部分，也是最基本的部分。配线子系统的设计包括网络拓扑结构、设备配置、缆线选用、管线的敷设方式等内容。它们虽然各自独立，但又密切相关，在设计中需综合考虑。设计者应根据建筑物的结构，着重考虑路线（路由）最短，造价最低，施工最方便，布线规范等几个方面来进行设计。但在实际设计中往往相互矛盾，所以设计者必须统筹兼顾，照顾到各个方面，选择最优方案。

配线子系统设计涉及配线子系统的传输介质和部件集成，主要考虑以下几个方面：网络拓扑结构；设备配置；电缆的类型；线路走向（路由）和线缆的布设方式和长度；槽、管的数量和类型；工作区信息插座的安装位置。

水平干线子系统设计要点如下：

（1）确定介质布线方法和线缆的走向。

（2）双绞线的长度一般不超过 90m。

（3）尽量避免配线线路长距离与供电线路平行走线，应保持一定的距离（非屏蔽线缆一般为 30cm，屏蔽线缆一般为 7cm）。

（4）缆线必须走线槽或在天花板吊顶内布线，尽量不走地面线槽。

（5）如在特定环境中布线要对传输介质进行保护，使用线槽或金属管道等。

（6）确定距离服务器接线间距离最近的 I/O 位置。

（7）确定距离服务器接线间距离最远的 I/O 位置。

## 2．配线子系统的设计基本要求

（1）配线子系统的网络要求

配线布线子系统的设计包括网络拓扑结构、设备配置、缆线选用和确定缆线最大长度等内容，它们虽然各自独立，但又密切相关，在设计中需综合考虑。

配线布线子系统的网络拓扑结构都为星型结构，它是以楼层配线架为主结点，各个通信引出端为分结点，二者之间采取独立的线路相互连接，形成以 FD 为中心向外辐射的星型线路网。这种网络拓扑结构的线路长度较短，有利于保证传输质量、降低工程造价和维护管理。

布线线缆长度等于楼层配线间或楼层配线间内互联设备电端口到工作区信息插座的缆线长度。根据我国通信行业标准规定，配线子系统的双绞线最大长度为 90m。

设计配线子系统时，根据建筑物的结构、布局和用途，确定配线布线方案、确定线路方向和路由，以使路由简短，施工最方便。

（2）配线子系统技术要求

EMI 是电子系统辐射的寄生电能，这种寄生电能可能在附近的电缆或系统上造成失真或干扰。有时也把 EMI 称为“电磁污染”。

这里的电子系统也包括电缆。电缆既是 EMI 的主要发生器，也是主要接收器。作为发生器，它辐射电磁噪声场。灵敏的收音机和电视机、计算机、通信系统和数据系统会通过它们的天线、互连线和电源接收这种电磁噪声。

电缆也能敏感地接收从邻近干扰源所发射的相同“噪声”。为了像大多数流行方法那样成功地抑制电缆中的 EMI 噪声，必须采用屏蔽法：

① 减少感应的电压和信号辐射；

② 保护在规定范围内的线路不受外界产生的 EMI 的干扰；

③ 遵循 EIA/TIA569 推荐的通信线与电力线的间距要求。在配线布线通道内，关于电信电缆与分支电源电缆要说明以下几点：

a. 屏蔽的电源导体（电缆）与电信电缆并线时不需要分隔；

b. 可以用电源管道障碍（金属或非金属）来分隔通信电缆与电源电缆；

c. 对非屏蔽的电源电缆，最小的距离为10cm；

d. 在工作站的信息口或间隔点，电信电缆与电源电缆的距离最小应为6cm。

（3）配线子系统审美要求

在配线布线部分，每一楼层的电缆从接线间接到工作区，以便让电缆隐藏在天花板或地板内。如果暴露在外的话，要保证电缆排列整齐。应力求使电缆在屋角内以及天花板内和护壁接合处走线。

### 3．配线子系统的布线方式

配线子系统的布线，是将电缆线从管理间子系统的配线间接到楼层的工作区的信息输入/输出（I/O）插座上。设计者要根据建筑物的结构特点，从路由（线）最短、造价最低、施工方便、布线规范等几个方面考虑。但由于建筑物中的管线比较多，往往要遇到一些矛盾，所以，设计水平子系统时必须折中考虑，优选最佳的水平布线方案。一般可采用 3 种类型：直接埋管方式、先走桥架再走支管方式、地面线槽方式。

（1）直接埋管方式

直接埋管布线是由一系列密封在现浇混凝土里的金属布线管道或金属馈线走线槽组成的。这些金属管道或金属线槽从水平间向信息插座的位置辐射。根据通信和电源布线的要求、地板厚度和占用的地板空间等条件，直接埋管布线方式可能要采用厚壁镀锌管或薄型电线管。这种方式在老式的设计中非常普遍，现在不太使用，如果工作区面积不大，信息点数量较少，可以采用该方式。

（2）先走桥架再走支管方式

桥架（线槽）由金属或阻燃高强度 PVC 材料制成。从弱电井出来的线缆先走吊顶内的桥架（或线槽），到各工作区房间后，经分支桥架（或线槽）分叉后，将线缆穿过一段支管引向墙柱或墙壁，贴墙而下到本层的信息出口，或者贴墙而上，在上一层楼板钻一个孔，将电缆引到上一层的信息出口，如图 3-15 所示。最后，将线缆端接在用户的信息插座上。桥架通常悬挂在天花板上方的区域，用在大型建筑物或者布线系统比较复杂且需要额外支持物的场合，此种方式现在使用的比较普遍。

在设计、安装线槽时应多方考虑，尽量将线槽放在走廊的吊顶内。去各房间的支管也应尽量集中在检修孔附近，以便于布线维护。如果是新楼宇，应赶在走廊吊顶前施工，这样不仅减少布线工时，还利于已穿线缆的保护，且不影响房内装修。一般走廊处于中间位置，布线的平均距离最短，故可节约线缆费用，提高综合布线系统的性能（线越短传输的质量越高）。尽量避免线槽进入房间，否则不仅费钱，而且影响房间装修，不利于以后的维护。

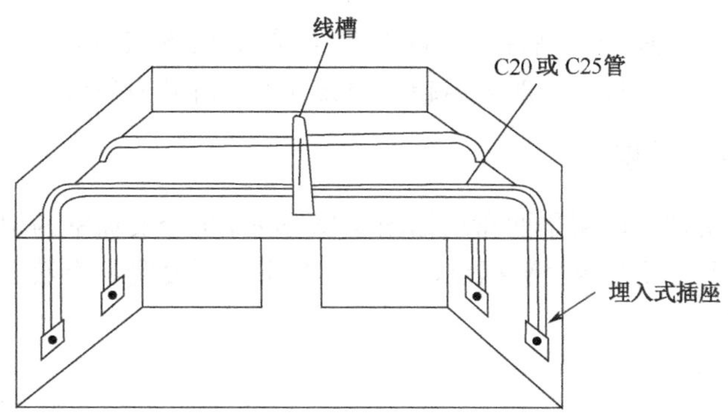


图 3-15　先走桥架再走支管布线方式

（3）地面线槽方式

地面线槽方式是指弱电井出来的线走地面线槽到地面出线盒，或者由分线盒出来的支管到墙上的信息出口。由于地面出线盒、分线盒或柱体直接走地面垫层，因此这种方式适用于大开间或需要打隔断的场合。

该方式直接将长方形的线槽装在地面垫层中，每隔 4～8m 拉一个过线盒或出线盒（在支路上，出线盒起分线盒的作用），直到信息出口的出线盒。

**4．配线子系统的设计步骤**

配线子系统设计步骤首先进行需求分析，与用户进行充分的技术交流和了解建筑物用途，然后要认真阅读建筑物设计图纸，确定工作区子系统信息点位置和数量，完成点数表，其次进行初步规划和设计，确定每个信息点的配线布线路径，最后进行确定布线材料规格和数量，列出材料规格和数量统计表。

（1）确定线缆走向及线缆布放方式

确定线路走向一般要由用户、设计人员、施工人员到现场根据建筑物的物理位置和施工难易程度来确立。

（2）确定信息插座的数量和类型

信息插座的数量和类型、电缆的类型和长度一般考虑到产品质量和施工人员的误操作等因素，在订购时要留有一定的余地。信息插座数的计算公式为：

订货总数＝总数＋总数×3%

（3）确定线缆的类型和长度

确定布线走向后，需要考虑订购电缆的数量，订购电缆的数量要考虑到施工人员的错误操作等因素，订购时要留有一定的余地。一般情况下订购电缆可以参照以下的计算公式进行计算：

$$总长度=A+B/2\times N\times 1.2$$

式中，$A$ 为最短信息点长度；

$B$ 为最远信息点长度；

$N$ 为楼内需要安装的信息点数；

1.2 为余量参数。

用线箱数=总长度/305+1

水平电缆使用的线缆有以下四种：100Ω 非屏蔽双绞线（UTP）电缆；100Ω 屏蔽双绞线电缆；50Ω 同轴电缆；62.5/125μm 多模光纤电缆。我们国内在水平布线中最常用的是 100Ω 非屏蔽双绞线（UTP）电缆。在一些高性能的网络也常采用 62.5/125μm 多模光纤电缆。目前的实际网络布线工程中，水平线缆一般采用超 5 类或 6 类非屏蔽双绞线。

### 5. 配线子系统设计实例

某学校信息技术实训楼四层平面布局如图 3-16 所示，每个实训室为 10m×6m，楼层高 3m，办公室为 3m×6m，需要设置两个数据点，每个办公室需要设置 6 个数据点，1 个语音点，走廊 1.5m，弱电井在储藏间。

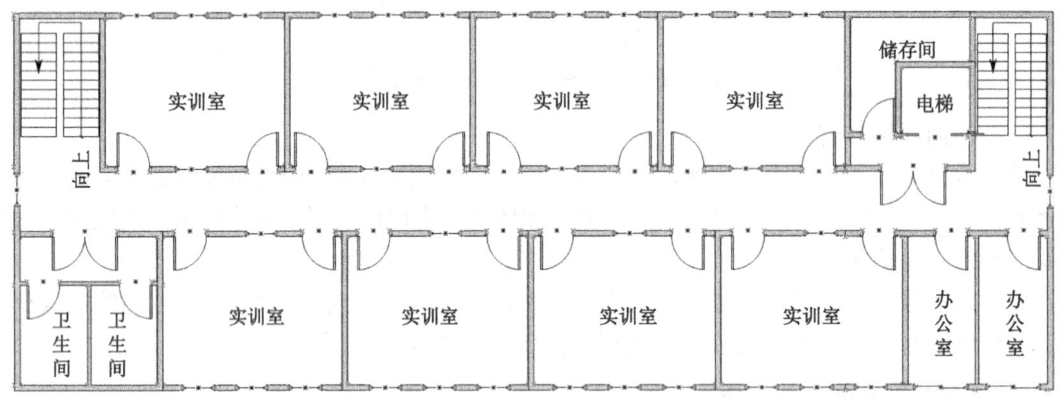


图 3-16　实训楼平面图

（1）线缆布线方式宜采用先走桥架再走支管的方式，在楼层中层过道顶部设计桥架，再通过软管将线缆接入各空间。

（2）如果能够确定实训室内的计算机布放情况，可以考虑将两个信息点放置在实训空间的同一端，如果不能确定实训室内的计算机布放情况，可以考虑将两个信息点分别设计放置在实训室的两端。

（3）信息插座的数量为 28+28×3%=29，语音插座 3 个，单口面板 26 个，双口面板 3 个。

（4）最远信息点约为 54m，最近信息点约为 8m，线缆约为 900m，需要购置 4 箱超 5 类双绞线。

（5）需要 75×50 的桥架约为 6m，50×25 的桥架约为 48m，16 线管若干。

走线图及信息点设计图如图 3-17 所示。

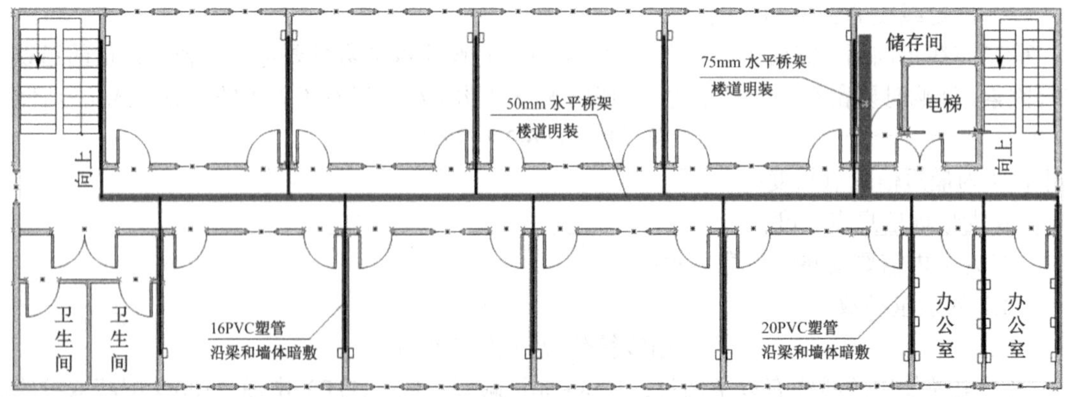


图 3-17　配线子系统的设计

## 小试牛刀

### 1．设计某学校行政办公楼三楼的配线系统

某学校信息行政办公楼三楼平面布局如图 3-18 所示，办公室面积为 3m×6m，312 室为 5m×6m，楼层高 3m，各空间需要设置 1～2 个数据点（具体数量自定），1 个语音点，走廊 1.5m，弱电井在卫生间第一道门处。

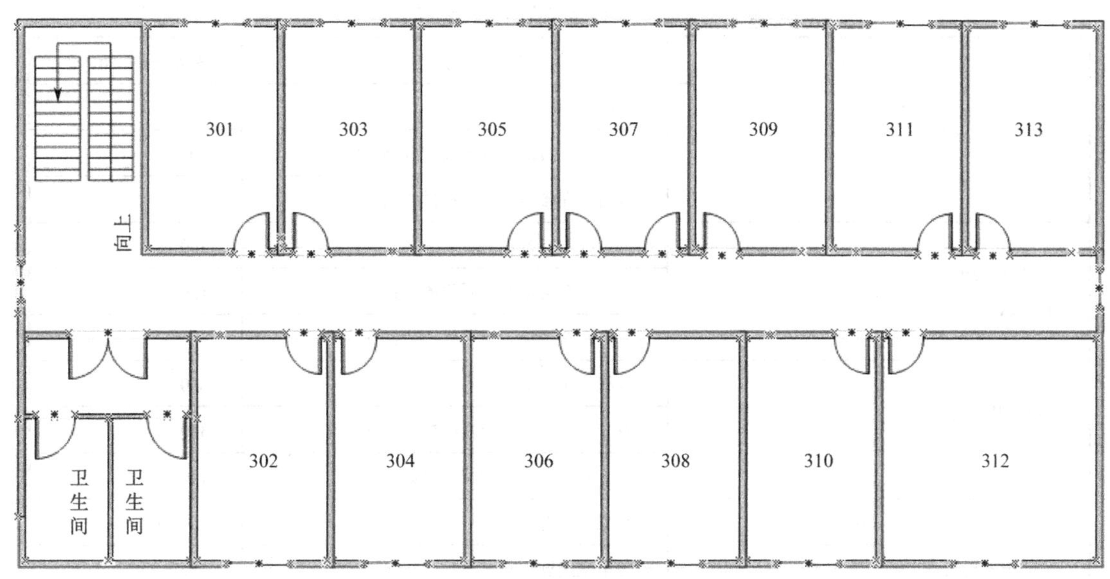


图 3-18　行政楼三楼平面图

### 2．估算配线子系统的用线量

已知某学生宿舍楼有七层，每层有 24 个房间，门对门排列。要求每个房间安装 2 个数据点，以实现 100M 接入校园网络。为了方便计算机网络管理，每层楼中间的楼梯间设置一个配线间，各房间信息插座连接的水平线缆均连接至楼层管理间内。根据现场测量知道每个楼层最远的信息点到配线间的距离为 70m，每个楼层最近的信息点到配线间的距离为 10m。请你确定该幢楼应选用的水平布线线缆的类型并估算出整幢楼所需的水平布线线缆用量。实施布线工程应订购多少箱电缆？

## 一比高下

1．各小组选派一名代表向全班同学阐述配线系统设计时的注意事项以及设计要点。

2．各小组在小组内交流南方经贸学校行政楼三楼配线系统设计方案，并选派一名代表向全班同学介绍本组认为设计的最优方案，并阐述理由。

## 开动脑筋

1．一幢五层建筑只在三楼设置了配线间，没有设置楼层配线柜，每个房间都有数据点，这幢楼的什么部分是配线子系统？

2．语音信号能不能使用双绞线进行传输？

3．设计配线子系统时，要不要将每个信息点的位置与编号设计出来？
4．管道的敷设方式需要在配线系统设计时说明清楚吗？

## 课外阅读

综合布线电缆与电力电缆的间距如表 3-7 所示。

表 3-7　综合布线电缆与电力电缆的间距

| 类　别 | 与综合布线接近状况 | 最小净距（mm） |
|---|---|---|
| 380V 电力电缆<br><2kVA | 与缆线平行敷设 | 130 |
| | 有一方在接地的金属线槽或钢管中 | 70 |
| | 双方都在接地的金属线槽或钢管中 | 10 |
| 380V 电力电缆<br>2～5kVA | 与缆线平行敷设 | 300 |
| | 有一方在接地的金属线槽或钢管中 | 150 |
| | 双方都在接地的金属线槽或钢管中 | 80 |
| 380V 电力电缆<br>>5kVA | 与缆线平行敷设 | 600 |
| | 有一方在接地的金属线槽或钢管中 | 300 |
| | 双方都在接地的金属线槽钢管中 | 150 |
| 荧光灯、电子启动器或交感性设备 | 与电缆接近 | 15～30 |
| 无线电发射设备、开关电源等 | 与电缆接近 | >150 |
| 配电箱 | 与配线设备接近 | >100 |
| 电梯、变电室 | 尽量远离 | >200 |

注：当 380V 电力电缆<2kVA，双方都在接地的线槽中，且平行长度≤10m 时，最小间距可以是 10mm。双方都在接地的线槽中，也可在同一线槽中用金属板隔开。

墙上敷设的综合布线电缆、光缆及管线与其他管线的间距如表 3-8 所示。

表 3-8　墙上敷设的综合布线电缆、光缆及管线与其他管线的间距

| 其他管线 | 最小平行净距（mm） | 最小交叉净距（mm） |
|---|---|---|
| | 电缆、光缆或管线 | 电缆、光缆或管线 |
| 避雷引下线 | 1 000 | 300 |
| 保护地线 | 50 | 20 |
| 给水管 | 150 | 20 |
| 压缩空气管 | 150 | 20 |
| 热力管（不包封） | 500 | 500 |
| 热力管（包封） | 300 | 300 |
| 煤气管 | 300 | 20 |

# 工作任务 5　设计干线子系统

### 1．干线系统设计概述

干线子系统是综合布线系统中非常关键的组成部分，它是连接管理间与设备间的子系统，通常采用大对数电缆或光缆作为通信介质。两端分别连接在设备间和楼层配线间的配线架上。它是建筑物内综合布线的主馈缆线，是楼层配线间与设备间之间垂直布放（或空间较大的单层建筑物的配线布线）缆线的统称。干线子系统的任务是通过建筑物内部的传输电缆，把各个服务接线间的信号传送到设备间，直到传送到最终接口，再通往外部网络。干线子系统的结构通常是一个星型结构。

### 2．干线子系统的布线距离及线缆类型

由于数据信号的衰减，干线子系统布线的最大距离有一定的要求，即建筑群配线架（CD）到楼层配线架间（FD）的距离不能超过 2000m，建筑物配线架（BD）到楼层配线架（FD）的距离不能超过 500m。

正常情况下，设备间的主配线架设置在建筑物的中部附近，使线缆的距离最短。当超出上述距离限制，可以分成几个区域布线，使每个区满足规定的距离要求。

（1）采用单模光缆时，建筑群配线架到楼层配线架最大距离可以延伸到 3000m

（2）采用超 5 类双绞电缆时，配线架上接插线和跳线长度不宜超过 90m。

（3）采用 5 类双绞电缆时，配线架上接插线和跳线长度不宜超过 20m。

干线子系统的线缆类型可根据建筑物的楼层面积、建筑物的高度和建筑物的用途来选择干线子系统线缆的类型。在干线子系统中可采用以下几种类型的线缆：

（1）100Ω 双绞电缆；

（2）8.3/125μm 单模光缆；

（3）62.5/125μm 多模光缆。

在干线子系统中，采用双绞电缆时，根据应用环境可选用非屏蔽双绞电缆或屏蔽双绞电缆。

### 3．干线子系统的规划和设计

干线子系统的线缆直接连接着几十或几百个信息点，因此一旦干线电缆发生故障，则影响巨大。为此，我们必须十分重视干线子系统的设计工作。

根据综合布线的标准及规范，应按下列设计要点进行干线子系统的设计工作。

（1）确定干线线缆类型及线对

干线子系统线缆主要有铜缆和光缆两种类型，具体选择要根据布线环境的限制和用户对综合布线系统设计等级的考虑。计算机网络系统的主干线缆可以选用4对双绞线电缆或25对大对数电缆或光缆，电话语音系统的主干电缆可以选用3类大对数电缆。主干电缆的线对要根据配线布线线缆对数以及应用系统类型来确定。

干线子系统所需要的电缆总对数和光纤总芯数，应满足工程的实际需求，并留有适当的备份容量。主干缆线宜设置电缆与光缆，并互相作为备份路由。

（2）干线子系统路径的选择

干线子系统主干缆线应选择最短、最安全和最经济的路由。路由的选择要根据建筑物的结构以及建筑物内预留的电缆孔、电缆井等通道位置而决定。建筑物内有两大类型的通道：封闭型和开放型。宜选择带门的封闭型通道敷设干线线缆。开放型通道是指从建筑物的地下室到楼顶的一个开放空间，中间没有任何楼板隔开。封闭型通道是指一连串上下对齐的空间，每层楼都有一间，电缆竖井、电缆孔、管道电缆、电缆桥架等穿过这些房间的地板层。主干电缆宜采用点对点终接，也可采用分支递减终接。如果电话交换机和计算机主机设置在建筑物内不同的设备间，宜采用不同的主干缆线来分别满足语音和数据的需要。在同一层若干管理间（电信间）之间宜设置干线路由。

（3）确定干线电缆的容量

在确定干线线缆类型后，便可以进一步确定每个层楼的干线容量。一般而言，在确定每层楼的干线类型和数量时，都要根据楼层水平子系统所有的各个语音、数据、图像等信息插座的数量来进行计算的。具体计算的原则如下：

① 干线子系统所需要的电缆总对数和光纤总芯数，应满足工程的实际需求，并留有适当的备份容量。主干缆线宜设置电缆与光缆，并互相作为备份路由。

② 干线子系统主干缆线应选择较短的安全的路由。主干电缆宜采用点对点终接，也可采用分支递减终接。

③ 如果电话交换机和计算机主机设置在建筑物内不同的设备间，宜采用不同的主干缆线来分别满足语音和数据的需要。

④ 在同一层若干电信间之间宜设置干线路由。

⑤ 主干电缆和光缆所需的容量要求及配置应符合以下规定：

语音业务：大对数主干电缆的对数应按每一个电话 8 位模块通用插座配置一对线，并在总需求线对的基础上至少预留约 10%的备用线对。

数据业务：应以交换机（SW）群（按 4 个 SW 组成一群）；或以每个 SW 设备设置一个主干端口配置。每一群网络设备或每 4 个网络设备宜考虑一个备份端口。主干端口为电端口时，应按 4 对线容量，为光端口时则按 2 芯光纤容量配置。

当工作区至电信间的水平光缆延伸至设备间的光配线设备（BD/CD）时，主干光缆的容量应包括所延伸的水平光缆光纤的容量在内。

（4）干线子系统干线线缆的交接

为了便于综合布线的路由管理，干线电缆、干线光缆布线的交接不应多于两次。从楼层配线架到建筑群配线架之间只应通过一个配线架，即建筑物配线架（在设备间内）。当综合布线只用一级干线布线进行配线时，放置干线配线架的二级交接间可以并入楼层配线间。

（5）干线子系统干线线缆的端接

干线电缆可采用点对点端接，也可采用分支递减端接以及电缆直接连接。点对点端接是最简单、最直接的接合方法，如图 3-19 所示。干线子系统每根干线电缆直接延伸到指定的楼层配线管理间或二级交接间。分支递减端接是用一根足以支持若干个楼层配线管理间或若干个二级交接间的通信容量的大容量干线电缆，经过电缆接头交接箱分出若干根小电缆，再分别延伸到每个二级交接间或每个楼层配线管理间，最后端接到目的地的连接硬件上，如图 3-20 所示。

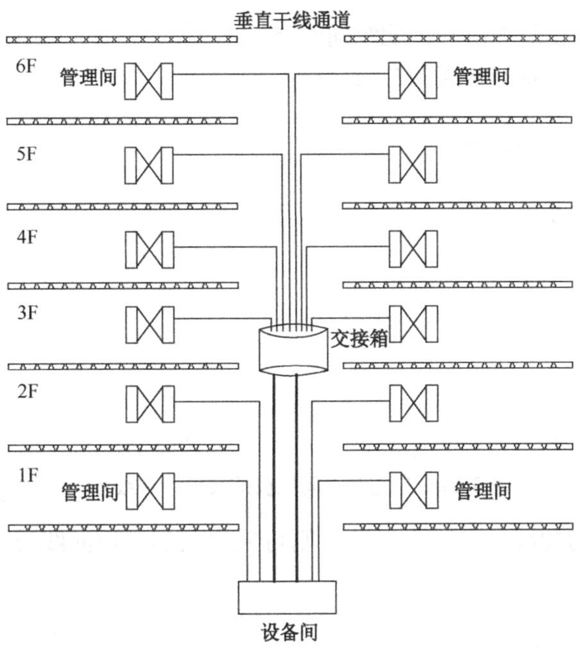

图 3-19 干线电缆点对点端接方式

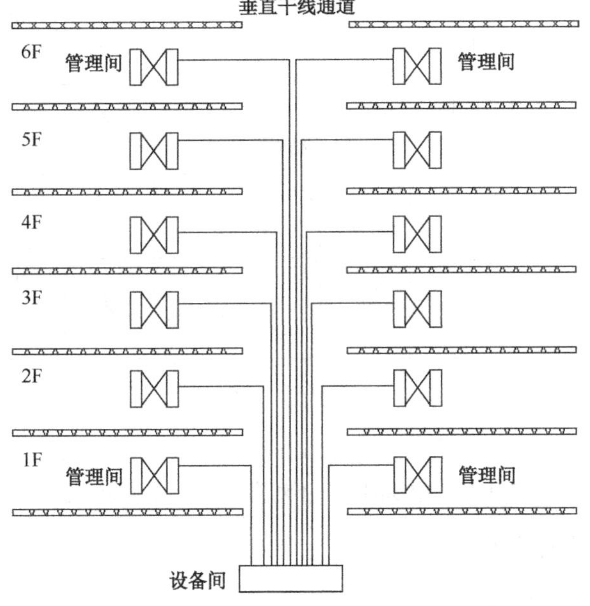

图 3-20 干线电缆分支接合方式

（6）确定干线子系统通道规模

干线子系统是建筑物内的主干电缆。在大型建筑物内，通常使用的干线子系统通道由一连串穿过配线间地板且垂直对准的通道组成，穿过弱电间地板的线缆井和线缆孔，如图 3-21 所示。

确定干线子系统的通道规模，主要就是确定干线通道和配线间的数目。确定的依据就是综合布线系统所要覆盖的可用楼层面积。如果给定楼层的所有信息插座都在配线间的75m范围之内，那么采用单干线接线系统。单干线接线系统就是采用一条垂直干线通道，每个楼层只设一个配线间。如果有部分信息插座超出配线间的75m范围之外，那就要采用双通道干线子系统，或者采用经分支电缆与设备间相连的二级交接间。

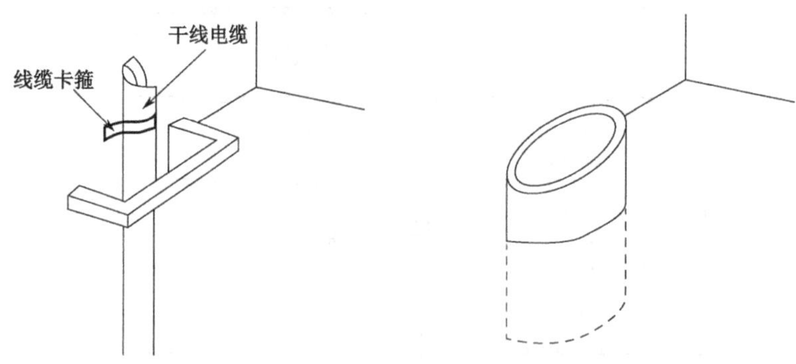


图 3-21　穿过弱电间地板的线缆井和线缆孔

如果同一幢大楼的配线间上下不对齐，则可采用大小合适的线缆管道系统将其连通，如图3-22所示。

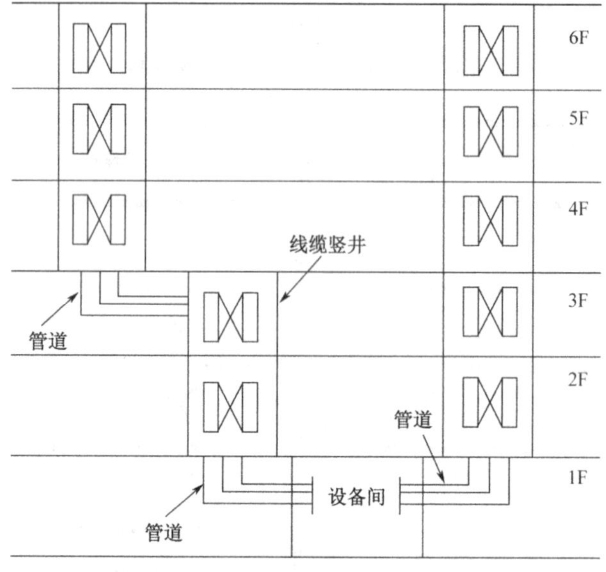


图 3-22　配线间上下不对齐时双干线电缆通道

### 4．干线子系统的设计实例

（1）设计某学校综合楼系统图

综合布线由主配线架（BD）、分配线架（FD）和信息插座（IO）等基本单元设备用不同子系统线缆连接组成，主配线架放在设备间，分配线架放在楼层配线间，信息插座安装在工作区。规模比较大的建筑物，在分配线架与信息插座之间也可设置中间交叉配线架，中间交叉配线架（IC）安装在二级交接间。连接主配线架和分配线架的线缆称为干线；连接分配线架和信息插座的线缆是水平线。若有二级交接间，连接主配线架和中间交叉配线架的线缆称为干线；连接中间交叉配线架和信息插座的线缆是水平线。干线是建筑物内综合布线楼层间的主馈线缆，配线架之间的线缆均属干线子系统的设计范畴。

某学校综合楼共有五层，每层有一定数量的数据点与语音点，四楼、五楼共用一个管理间，一楼的管理间与建筑管理物管理间共用。干线子系统的设计需要将布线系统的路由情况、线缆使用类型及使用数量在布线系统图中标识出来，如图 3-23 所示。

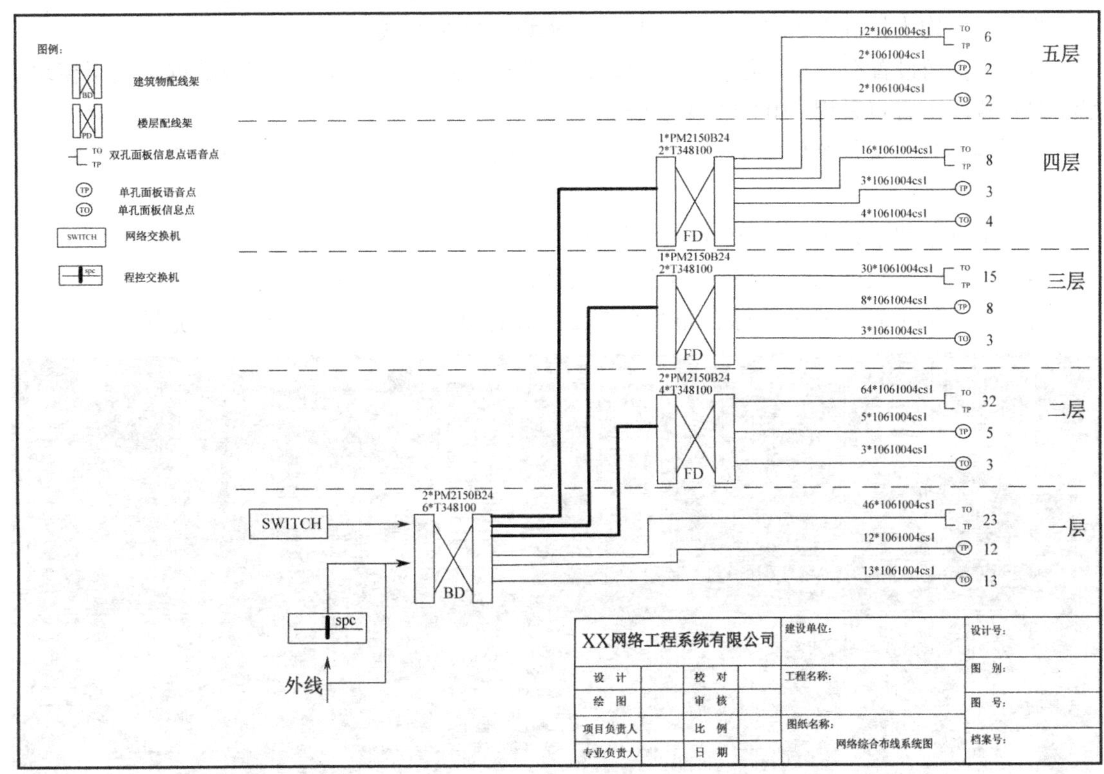


图 3-23　综合布线系统图

（2）设计干线电缆容量

某建筑物需要实施综合布线工程，根据用户需求分析得知，其中第 4 层有 60 个计算机网络信息点，各信息点要求接入速率为 100Mbps，另有 50 个电话语音点，而且第 4 层楼层管理间到楼内设备间的距离为 10m，请确定该建筑物第四层的干线电缆类型及线对数。

60 个计算机网络信息点要求该楼层应配置三台 24 口交换机，交换机之间可通过堆叠或级联方式连接，最后交换机群可通过一条 4 对超 5 类非屏蔽双绞线连接到建筑物的设备间。因此计算机网络的干线线缆配备一条 4 对超 5 类非屏蔽双绞线电缆。

50 个电话语音点，按每个语音点配 1 个线对的原则，主干电缆应为 50 对。根据语音信号传输的要求，主干线缆可以配备一根 3 类 50 对非屏蔽大对数电缆。

## 小试牛刀

### 1．设计干线系统

某教学楼是 6 层建筑，每一层有 10 个教室，整体布局成“匚”字形，前排有 5 个教室，中间有 2 个教室，后排有 3 个教室。每个教室有 1 个网络接入点，接入速率为 100Mbps，1 个电话语音点（电话可以与网管中心通话），其余条件设计者自行设定，需要在方案中给出说明。请为该教学楼设计干线子系统。（提示：考虑拓扑结构、线缆类型、线缆容量、布线方案等内容）

**2．设计综合布线系统图**

某综合办公楼共五层，各层的层高均为 3.6m，标准层平面布置图如图 3-24 所示，一、二、三、四、五层均为标准办公区，布局一样，要求设计网络布线。

（1）设备间设置在一层，各弱电井内设置管理子系统；在管理子系统内数据点采用模块式配线架安装，语音点采用 110 配线架安装。

（2）各办公室按每个位置 1 个语音点、1 个数据点布置。每间会议室设置 2～4 个数据点，1～2 个语音点。

（3）垂直干线子系统采用 25 对大对数电缆。

（4）在设备间数据点采用模块式配线架安装，语音点采用 110 配线架。

请按照 GB50311—2007《综合布线系统工程设计规范》，设计综合布线系统图。

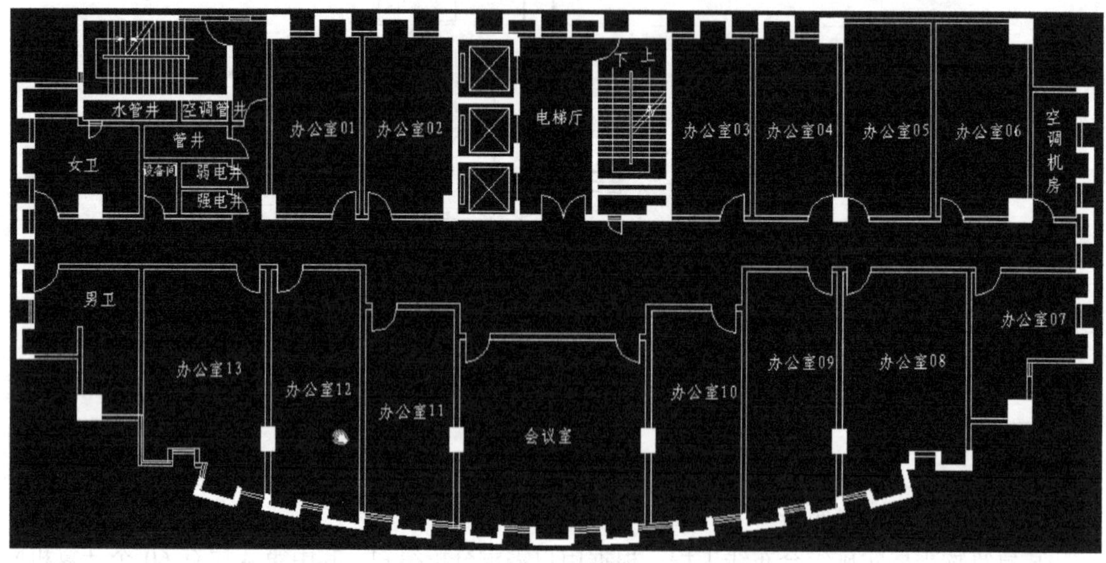


图 3-24　楼层平面图

## 一比高下

1．各小组选派一名代表向全班同学阐述干线系统设计时的注意事项以及设计要点。

2．各小组在小组内交流“小试牛刀第一题”干线系统设计方案，并选派一名代表向全班同学介绍本组认为设计的最优方案，并阐述理由。

3．各小组在组内交流办公楼系统图设计方案，相互查找设计中的错误之处。

## 开动脑筋

1．一幢 20 世纪 80 年代中期建设的 7 层建筑中，没有留电缆走线通道，干线系统该怎样设计？

2．一幢大楼只有三层，每层楼的信息点数量不多，在布线设计时，可以不设计干线系统吗？如果每层楼信息点数量很多呢？

3．综合布线工程中的系统图只包含干线子系统的内容吗？

4．干线子系统使用的线缆通常有哪些？

## 课外阅读

# 水平型主干布线系统

垂直干线子系统的布线方式主要是垂直型的，但是在很多横向发展的建筑物中需要采用水平型的主干布线方式。这种水平型的布线方式不同于水平子系统的方式，主要采用以下两个布线方案。

### 1．金属管道方法

金属管道方法是指在水平方向架设金属管道，水平线缆穿过这些金属管道，让金属管道对干线电缆起到支撑和保护的作用，如图 3-25 所示。

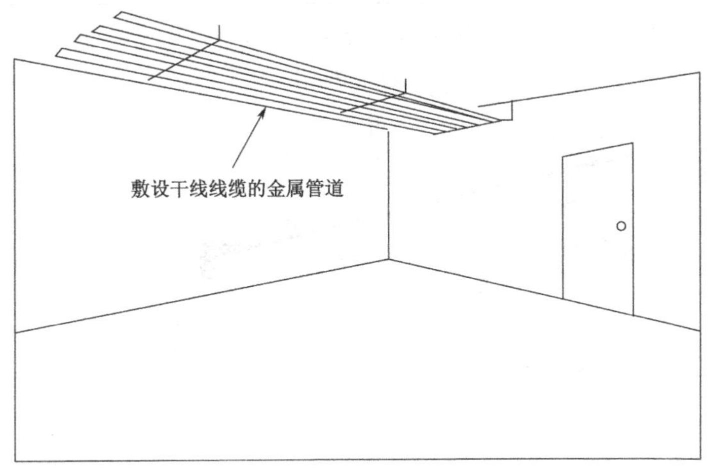


图 3-25　金属管道方法

对于相邻楼层的干线配线间存在水平方向的偏距时，就可以在水平方向布设金属管道，将干线电缆引入下一楼层的配线间。金属管道不仅具有防火的优点，而且它提供的密封和坚固空间使电缆可以安全地延伸到目的地。金属管道很难重新布置且造价较高，因此在建筑物设计阶段，必须进行周密的考虑。土建工程阶段，要将选定的管道预埋在地板中，并延伸到正确的交接点。金属管道方法适合于低矮而又宽阔的单层平面建筑物，如大型厂房、机场等。

### 2．电缆托架方法

电缆托架是铝制或钢制的部件，外形很像梯子，既可安装在建筑物墙面上、吊顶内，也可安装在天花板上，供干线线缆水平走线，如图 3-26 所示。电缆布放在托架内，由水平支撑件固定，必要时还要在托架下方安装电缆绞接盒，以保证在托架上方已装有其他电缆时可以接入电缆。

电缆托架方法是最适合电缆数量很多的布线需求场合。要根据安装的电缆粗细和数量决定托架的尺寸。由于托架及附件的价格较高，而且电缆外露，很难防火，不美观，所以在综合布线系统中，一般推荐使用封闭式线槽来替代电缆托架。吊装式封闭式线槽如图 3-27 所示，主要应用于楼间距离较短且要求采用架空的方式布放干线线缆的场合。

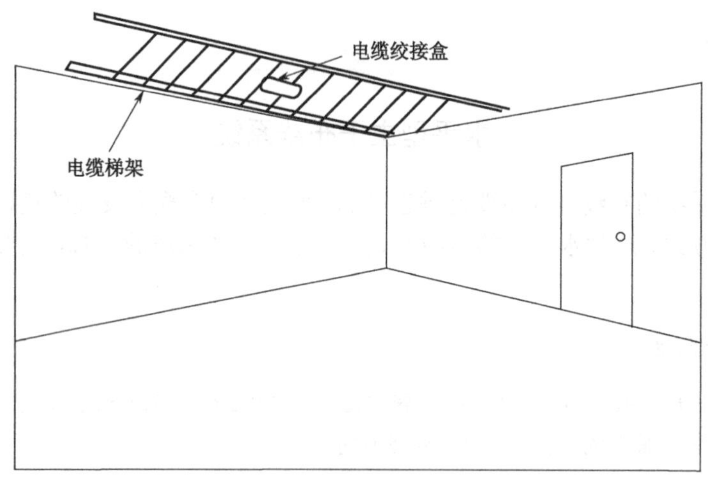


图 3-26　电缆托架方法

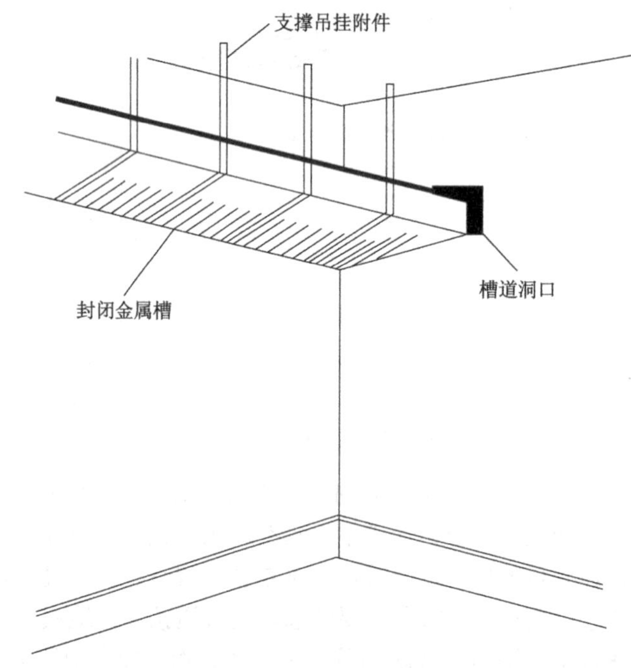


图 3-27　吊装式封闭式线槽

# 工作任务 6　设计管理间子系统

### 1．管理间子系统设计概述

在综合布线系统中，管理间子系统由楼层配线间、二级交接间、建筑物设备间的线缆、配线架及相关接插跳线等组成。管理间子系统通常设置在楼层配线设备的房间内，用户可以在管理间子系统中更改、增加、交接、扩展缆线，从而改变线缆路由。

现在，许多大楼在综合布线时都考虑在每一楼层都设立一个管理间，用来管理该层的信息点，改变了以往几层共享一个管理间子系统的做法，这也是综合布线的发展趋势。

管理间房间面积的大小一般根据信息点多少安排和确定，如果信息点多，就应该考虑一个单独的房间来放置，如果信息点很少时，也可采取在墙面安装机柜的方式。

## 2．管理间子系统配线架的连接

配线架的连接是通过跳线连接安排或者重新安排线路的路由，管理用户终端，从而实现综合布线系统的灵活性。管理间子系统配线架的连接方式分为两种，一是互相连接，二是交叉连接。不同的配线架连接方式，所采用的设备往往也会有所区别。

（1）互相连接

所谓互相连接，是指水平线缆一端连接到工作区的信息插座，另一端连接至管理间的配线架，配线架和网络设备通过接插跳线方式进行连接，如图 3-28 所示。互相连接属于集中型管理。

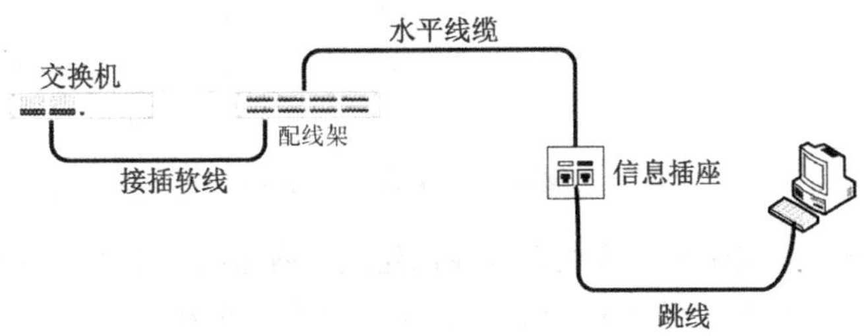


图 3-28　互相连接方式

互相连接方式使用的配线架前面板通常为 RJ-45 端口，因此，网络设备与配线架之间使用 RJ-45-to-RJ-45 接插软线。

（2）交叉连接

所谓交叉连接，是指在水平链路中安装两个配线架，其中，水平线缆一端连接到工作区的信息插座，一端连接至管理间的配线架，网络设备通过接插软线连接至另一个配线架，然后，通过多条接插软线将两个配线架连接起来，从而便于对网络用户的管理。交叉连接属于集中分散型管理。

交叉连接又分为单点管理单交连、单点管理双交连和双点管理双交连 3 种方式。

① 单点管理单交连。单点管理系统只有一个管理单元，负责各信息点的管理，如图 3-29 所示。单点管理单交连通常用于整幢建筑内只设一个设备间作为交叉连接区，建筑内信息点均直接点对点地与设备间连接，适合于楼层低、信息点数少的布线系统。

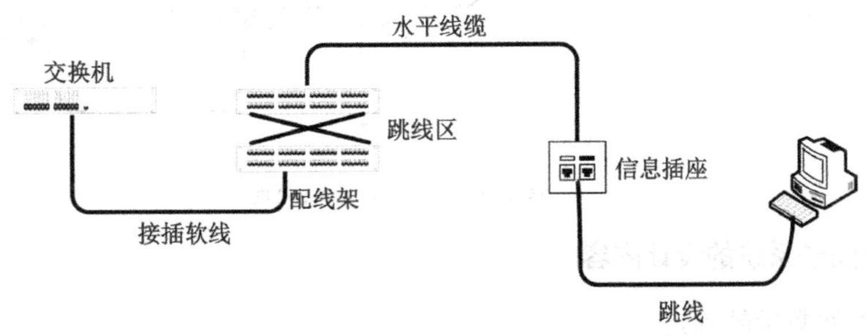


图 3-29　单点管理单交连

② 单点管理双交连。管理子系统宜采用单点管理双交连。单点管理位于设备间里面的交换设备或互联设备附近，通过线路不进行跳线管理，直接连至工作区或配线间里面的第二个接线交接区。如果没有配线间，第二个交连可放在用户间的墙壁上，如图 3-30 所示。该方式称为单点双交连方式，其优点是易于布线施工，适合于楼层高、信息点较多的场所。

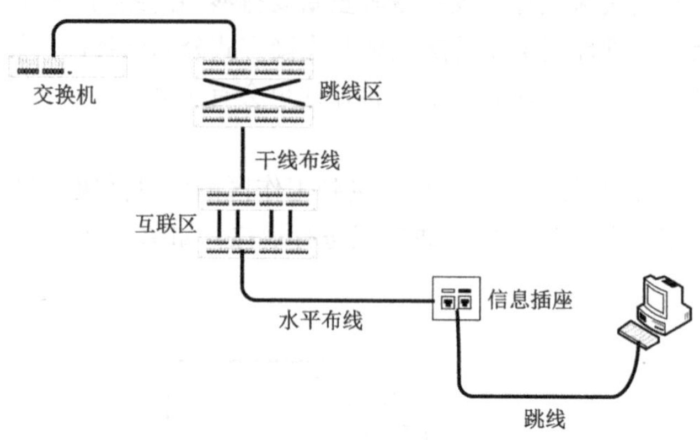


图 3-30　单点管理双交连

需要注意的是，如果采用超 5 类双绞线在建筑物内布线，那么距离（离设备间最远的信息结点与设备间的距离）不能超过 100m，否则将不能采用此方式。

③ 双点管理双交连。双点管理系统在整幢建筑设有一个设备间，在各楼层还分别设有管理子系统，负责该楼层信息结点的管理，各楼层的管理子系统均采用主干线缆与设备间进行连接，如图 3-31 所示。由于每个信息结点有两个可管理的单元，因此，被称为双点管理双交连系统，适合楼层高、信息点数多的布线环境。

双点管理双交连方式布线，使客户在交连场改变线路非常简单，而不必使用专门的工具或专业技术人员，只需进行简单的跳线，便可以完成复杂的变更任务。

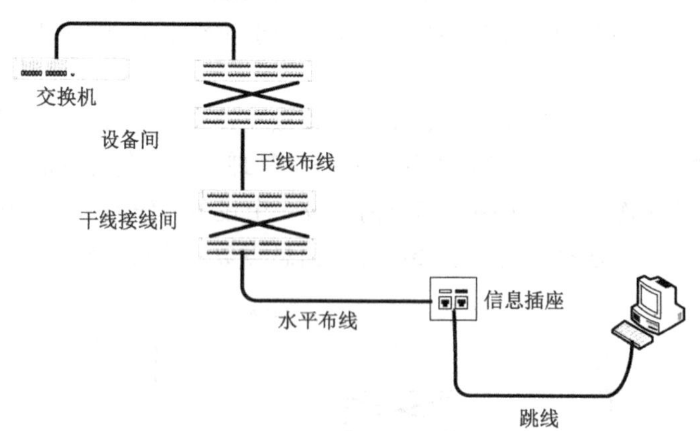


图 3-31　双点管理双交连

### 3．管理间子系统的设计内容

（1）管理间数量的确定

每个楼层一般宜至少设置 1 个管理间。如果特殊情况下，每层信息点数量较少，且配线缆线长度不大于 90m 情况下，宜几个楼层合设一个管理间。管理间数量的设置可以参照以下原则：

如果该层信息点数量不大于 400 个，配线缆线长度在 90m 范围以内，宜设置一个管理间，当超出这个范围时宜设两个或多个管理间。

在实际工程应用中，为了方便管理和保证网络传输速度或者节约布线成本，例如学生公寓，信息点密集，使用时间集中，楼道很长，也可以按照 100～200 个信息点设置一个管理间，将管理间机柜明装在楼道。

（2）管理间面积

GB50311—2007 中规定管理间的使用面积不应小于 $5m^2$，也可根据工程中配线管理和网络管理的容量进行调整。一般新建楼房都有专门的垂直竖井，楼层的管理间基本都设计在建筑物竖井内，面积在 $3m^2$ 左右。在一般小型网络综合布线系统工程中管理间也可能只是一个网络机柜。

一般旧楼增加网络综合布线系统时，可以将管理间选择在楼道中间位置的办公室，也可以采取壁挂式机柜直接明装在楼道，作为楼层管理间。

管理间安装落地式机柜时，机柜前面的净空不应小于 800mm，后面的净空不应小于 600mm，方便施工和维修。安装壁挂式机柜时，一般在楼道安装高度不小于 1.8m。

（3）管理间电源要求

管理间应提供不少于两个220V带保护接地的单相电源插座。

管理间如果安装电信管理或其他信息网络管理时，管理供电应符合相应的设计要求。

（4）管理间门要求

管理间应采用外开丙级防火门，门宽大于0.7m。

（5）管理间环境要求

管理间内温度应为 10～35℃，相对湿度宜为 20%～80%。一般应该考虑网络交换机等设备发热对管理间温度的影响，在夏季必须保持管理间温度不超过 35℃。

（6）标签的编制

管理子系统是综合布线系统的线路管理区域，该区域往往安装了大量的线缆、管理器件及跳线，为了方便以后线路的管理工作，管理子系统的线缆、管理器件及跳线都必须做好标记，以标明位置、用途等信息。完整的标记应包含以下的信息：建筑物名称、位置、区号、起始点和功能。

综合布线系统一般常用三种标记：电缆标记、场标记和插入标记。

① 电缆标记。电缆标记主要用来标明电缆来源和去处，在电缆连接设备前电缆的起始端都应做好电缆标记。电缆标记由背面为不干胶的白色材料制成，可以直接贴到各种电缆表面上，其规格尺寸和形状根据需要而定，如图 3-32 所示。例如，一根电缆从四楼的 402 房的第 1 个计算机网络信息点拉至楼层管理间，则该电缆的两端应标记上“402-D1”的标记，其中“D”表示数据信息点。

② 场标记。场标记又称为区域标记，一般用于设备间、配线间和二级交接间的管理器件之上，以区别管理器件连接线缆的区域范围。它也是由背面为不干胶的材料制成，可贴在设备醒目的平整表面上。

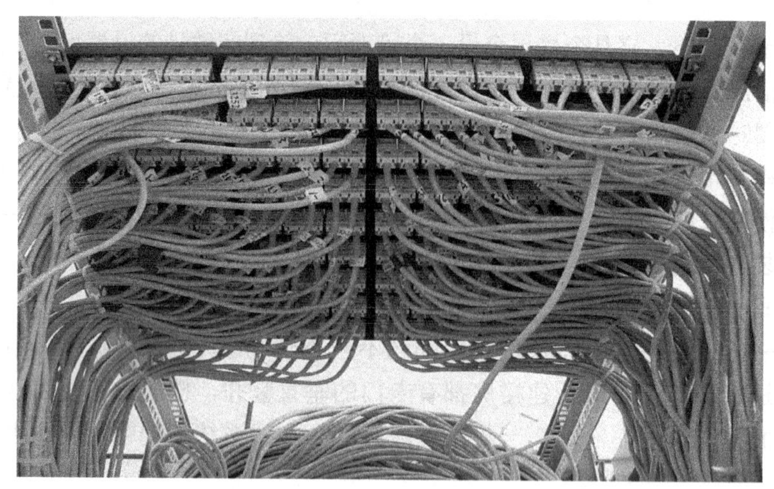

图 3-32　电缆标记

③ 插入标记。插入标记一般管理器件上，如 110 配线架、BIX 安装架等，如图 3-33 所示。插入标记是硬纸片，可以插在 1.27cm×20.32cm 的透明塑料夹里，这些塑料夹可安装在两个 110 接线块或两根 BIX 条之间。每个插入标记都用色标来指明所连接电缆的源发地，这些电缆端接于设备间和配线间的管理场。

图 3-33　插入标记

（7）机柜内设备的布局

机柜内设备的布局需要考虑进出线的方式（线缆从机柜顶部还是从机柜底部进出机柜）、配线架和其他网络设备的排列顺序，应当遵循的原则是：进出线方便；理线方便，各种线缆外观整齐；跳线方便、长度较短；占用空间小，留有扩展空间；发热量大的设备置于上层以利于散热；经常操作的设备放置的位置合理，以利于管理人员操作。

### 4．管理间子系统的设计实例

某学校服务系女生宿舍楼有 6 层，竖井间设计在楼西楼梯旁，每间宿舍住学生 4 人，设电话一部，请你根据自己的理解设计此宿舍楼的管理间。

该楼层信息点在 400 个以内，加上此楼建筑上有竖井间，可以考虑每层楼设计一个管理间，整幢楼有 6 个管理间，每个管理间安装一个网络机柜，如图 3-34 所示。由于有竖井间，只需要将管理间设计在此空间即可，面积上无特殊要求。竖井间有整幢楼的强电，可以满足管理间的电力要求。作为宿舍楼，暑期最热的时间，是没有人居住的，故管理间可能不考虑加装空调。

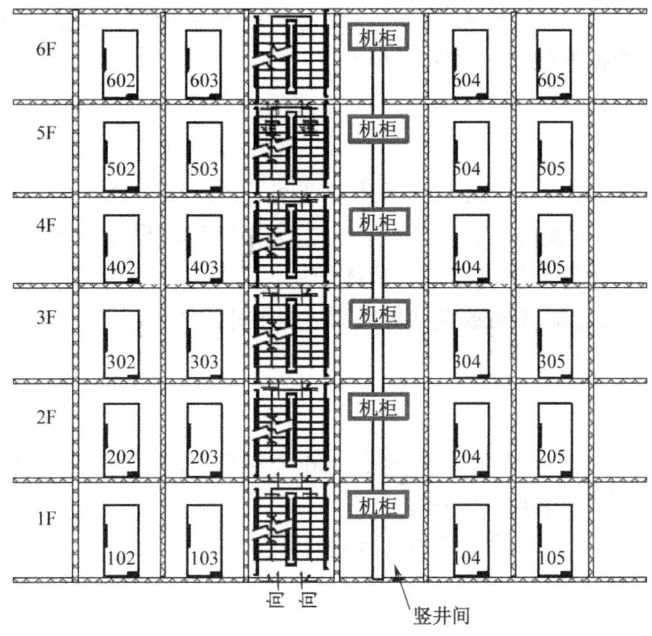


图 3-34　建筑物竖井间安装网络机柜示意图

如果宿舍楼在建筑设计时没有考虑竖井，可以考虑在建筑物楼道以明装方式安装网络配线柜，配线柜的位置可以综合考虑，便于施工与管理即可，图 3-35 所示是将配线柜设计安装在建筑中间位置。

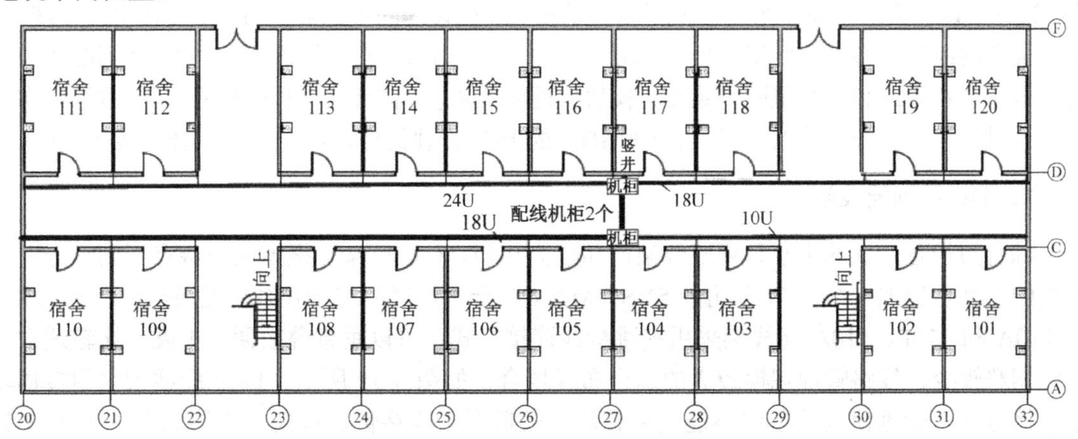


图 3-35　楼道明装网络机柜示意图

## 小试牛刀

### 1. 设计某学校教工宿舍楼的管理间系统

某学校校园内有一幢青年教师宿舍楼，是一幢 6 层 3 个单元的建筑，请你为该宿舍楼设计管理间系统。

### 2. 计算管理间子系统的配线架数量

① 某学校综合实训楼中第 5 楼层有计算机网络信息点 40 个，语音点有 5 个，请设计出该楼层配线间需要使用的配线架的数量及型号。

② 已知某幢建筑物的计算机网络信息点数为 400 个且全部汇接到设备间，那么在设备间中应安装何种规格的数据配线架？数量多少？

## 一比高下

1. 各小组选派一名代表向全班同学阐述管理间子系统设计时的注意事项以及设计要点。
2. 各小组在小组内交流南方经贸学校教工宿舍楼管理间设计方案，并选派一名代表向全班同学介绍本组认为设计的最优方案，并阐述理由。
3. 各小组在组内交流配线架数量计算结果，并说明理由。

## 开动脑筋

1. 如果某一幢大楼的一个楼层有信息点 400 个左右，需要为该楼层设计几个管理间？
2. 管理间可以两个楼层共用一个吗？
3. 楼道明装网络机柜，干线系统该如何设计呢？

## 课外阅读

### 管理间子系统的配线架

现在，许多大楼在综合布线时都考虑在每一层楼都设立一个管理间，用来管理该层的信息点，摈弃了以往几层共享一个管理间子系统的做法。在管理间中一般有机柜、交换机或集线器、配线架和跳线等设备。配线架主要有 110 系列配线架和模块化配线架两类。110 系列配线架可用于电话语音系统和计算机网络系统，模块化配线架主要用于计算机网络系统。一些综合布线厂商也设计了一些较独特的配线架，如 IBDN 的 BIX 管理器件，也常用于综合布线工程中。

#### 1. 110 系列配线架

综合布线各厂家的 110 系列配线架产品较为相似，有些厂家还根据应用特点不同细分不同类型的产品。例如，AVAYA 公司的 SYSTIMAX 综合布线产品将 110 系列配线架分为两大类，即 110A 和 110P。110A 配线架采用夹跳接线连接方式，可以垂直叠放便于扩展，比较适合于线路调整较少、线路管理规模较大的综合布线场合，如图 3-36 所示。110P 配线架采用接插软线连接方式，管理比较简单但不能垂直叠放，较适合于线路管理规模较小的场合，如图 3-37 所示。

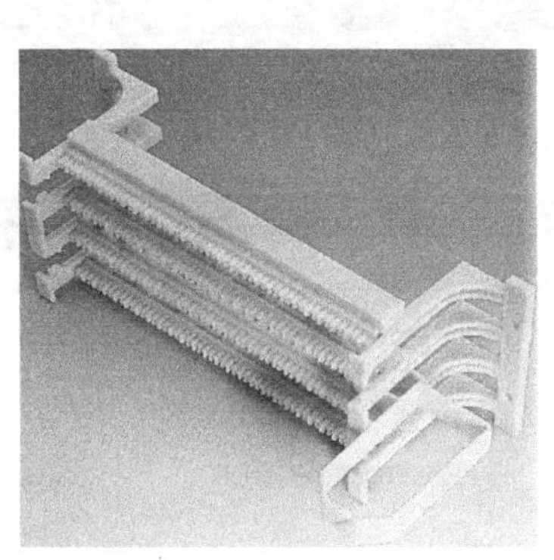

图 3-36　AVAYA 110A 配线架

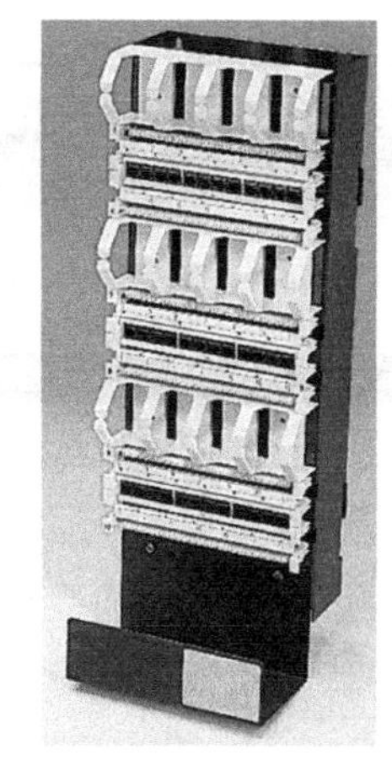

图 3-37　AVAYA 110P 配线架

110A 配线架有 100 对和 300 对两种规格，可以根据系统安装要求使用这两种规格的配线架进行现场组合。110P 配线架有 300 对和 900 对两种规格，110P 配线架的结构如图 3-38 所示。

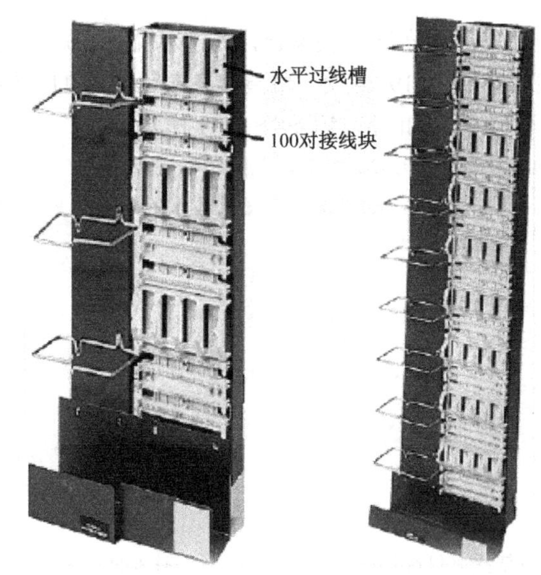


（a）300 对 110P 配线架　　（b）900 对 110P 配线

图 3-38　AVAYA 110P 配线架构成

## 2．模块化配线架

模块化配线架主要用于计算机网络系统，它根据传输性能的要求分为 5 类、超 5 类、6 类模块化配线架。配线架前端面板为 RJ-45 接口，可通过 RJ-45-RJ-45 软跳线连接到计算机或交换机等网络设备。配线架后端为 BIX 或 110 连接器，可以端接水平子系统线缆或干线线缆。配线架一般宽度为 19 英寸，高度为 1U～4U，主要安装于 19 英寸机柜。模块化配线架的规格一般由配线架根据传输性能、前端面板接口数量以及配线架高度决定。例如，AVAYA 超五类 24 口 1U 模块化配线架，IBDN 超五类 48 口 2U 模块化配线架。图 3-39 所示为 AVAYA 24 口 1U 模块化配线架。

（a）24 口模块化配线架前端

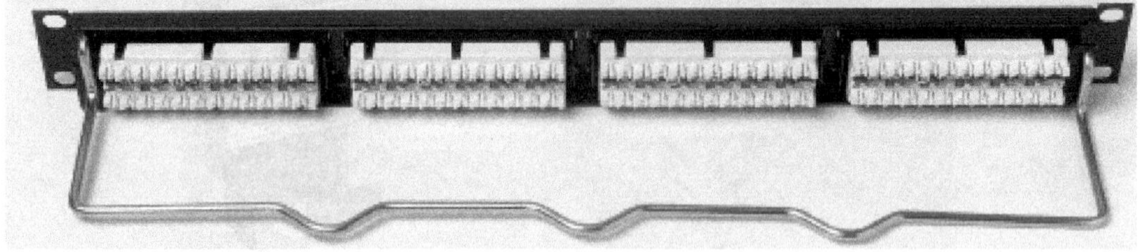

（b）24 口模块化配线架后端

图 3-39　AVAYA 24 口 1U 模块化配线架

### 3. 光纤配线架/箱

光纤配线架适合于规模较小的光纤互联场合，又分为机架式光纤配线架和墙装式光纤配线箱两种，机架式光纤配线架宽度为 19 英寸，可直接安装于标准的机柜内，墙装式光纤配线箱体积较小，适合于安装在楼道内，如图 3-40 和图 3-41 所示。

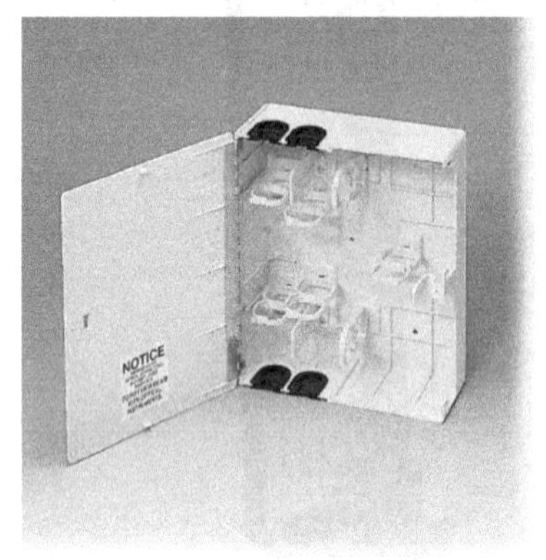


图 3-40　机架式光纤配线架

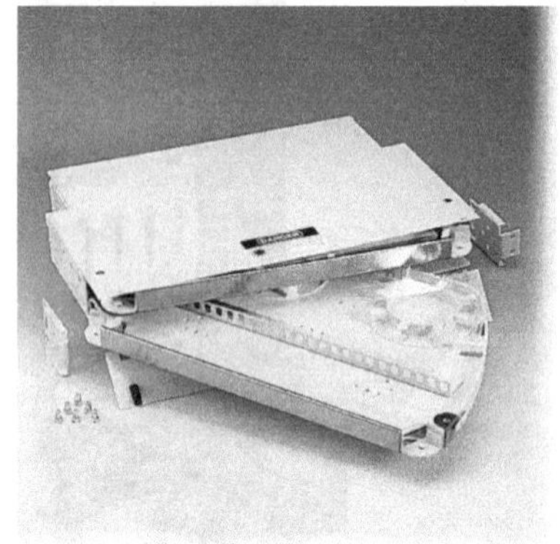

图 3-41　光纤接线箱

## 工作任务 7　设计设备间子系统

### 1. 设备间子系统设计概述

设备间子系统把设备间的电缆、连接器和相关支撑硬件等各种公用系统设备互联起来，是线路管理的集中点，是建筑物综合布线系统的线路汇聚中心，各房间内信息插座经水平线缆连接，再经干线线缆最终汇聚连接至设备间。设备间还安装了各应用系统相关的管理设备，为建筑物各信息点用户提供各类服务，并管理各类服务的运行状况。

设备间子系统通常至少应具有以下 3 个功能：提供网络管理的场所、提供设备进线的场所、提供管理人员值班的场所。设备间是综合布线系统的关键部分，它是外界引入和楼内布线的交汇点，确定设备间的位置极为重要。设计设备间时应注意下列要点：

（1）设备间内的所有进线终端设备宜采用色标区别各类用途的配线区。

（2）设备间位置及大小应根据设备的数量、规模和最佳网络中心等内容，综合考虑确定。设备间的理想位置应设于建筑物综合布线系统主干线路的中间，一般常放在一、二层，并尽量靠近通信线路引入房屋建筑的位置，以便与屋内外各种通信设备、网络接口及装置连接。通信线路的引入端和设备及网络接口的间距，一般不超过 15m。设备间内应有足够大的空间安装所有的设备，并有足够的施工和维护空间。

（3）设备间的布置应遵循“强弱电分排布放，系统设备各自集中和同类型机架集中”的原则。

### 2．设备间子系统的设计要求

设备间子系统的设计主要考虑设备间的位置以及设备间的环境要求。具体设计要求如下：

（1）设备间宜处于干线子系统的中间位置，并考虑主干缆线的传输距离与数量。

（2）设备间宜尽可能靠近建筑物线缆竖井位置，有利于主干缆线的引入。

（3）设备间的位置宜便于设备接地。

（4）设备间应尽量远离高低压变配电、电机、X 射线、无线电发射等有干扰源存在的场地。

（5）设备间内温度应为 10～35℃，相对湿度应为 20%～80%，并应有良好的通风。

（6）设备间内应有足够的设备安装空间，其使用面积不应小于 $10m^2$，该面积不包括程控用户交换机、计算机网络设备等设施所需的面积在内。

（7）设备间梁下净高不应小于 2.5m，采用外开双扇门，门宽不应小于 1.5m。

### 3．设备间子系统的设计内容

设备间子系统的设计主要考虑设备间的位置以及设备间的环境要求。具体设计项目如下：

（1）设备间的位置

设备间的位置及大小应根据建筑物的结构、综合布线规模、管理方式以及应用系统设备的数量等方面进行综合考虑，择优选取。一般而言，设备间应尽量建在建筑平面及其综合布线干线综合体的中间位置。在高层建筑内，设备间也可以设置在 1、2 层。

确定设备间的位置可以参考以下设计规范：

① 应尽量建在综合布线干线子系统的中间位置，并尽可能靠近建筑物电缆引入区和网络接口，以方便干线线缆的进出；

② 应尽量避免设在建筑物的高层或地下室以及用水设备的下层；

③ 应尽量远离强振动源和强噪声源；

④ 应尽量避开强电磁场的干扰；

⑤ 应尽量远离有害气体源以及易腐蚀、易燃、易爆物；

⑥ 应便于接地装置的安装。

（2）设备间的面积

设备间的使用面积要考虑所有设备的安装面积，还要考虑预留工作人员管理操作设备的地方。设备间的使用面积可按照下述两种方法之一确定。

方法一：已知 $S_b$ 为综合布线有关的并安装在设备间内的设备所占面积（$m^2$）；$S$ 为设备间的使用总面积（$m^2$），那么

$$S=(5\sim7)\Sigma S_b$$

方法二：当设备尚未选型时，则设备间使用总面积 $S$ 为

$$S=KA$$

其中，$A$ 为设备间的所有设备台（架）的总数（$m^2$）；

$K$ 为系数，取值为（4.5～5.5）$m^2$/台（架）。

设备间最小使用面积不得小于 $20m^2$。

（3）建筑结构

设备间的建筑结构主要依据设备大小、设备搬运以及设备重量等因素而设计。设备间的高度一般为 2.5～3.2m。设备间门的大小至少为高 2.1m、宽 1.5m。

设备间的楼板承重设计一般分为两级：

A 级≥500kg/ $m^2$；

B 级≥300kg/ $m^2$。

（4）设备间的环境要求

设备间的环境要求比较高，需要考虑的方面也比较多，设计者需要考虑：设备间的温湿度、洁净度、工作噪声、电磁干扰、安全技术、结构防火等多个方面。

① 温湿度。综合布线有关设备的温湿度要求可分为 A、B、C 三级，设备间的温湿度也可参照三个级别进行设计，三个级别具体要求如表 3-9 所示。

表 3-9　设备间温湿度要求

| 项　目 | A 级 | B 级 | C 级 |
|---|---|---|---|
| 温度（0℃） | 夏季：22±4<br>冬季：18±4 | 12～30 | 8～35 |
| 相对湿度 | 40%～65% | 35%～70% | 20%～80% |

设备间的温湿度控制可以通过安装降温或加温、加湿或除湿功能的空调设备来实现控制。选择空调设备时，南方地区主要考虑降温和除湿功能；北方地区要全面具有降温、升温、除湿、加湿功能。空调的功率主要根据设备间的大小及设备多少而定。

② 洁净度。设备间内的电子设备对尘埃要求较高，尘埃过高会影响设备的正常工作，降低设备的工作寿命。具体要求如表 3-10 所示。

表 3-10　设备间尘埃指标要求

| 尘埃颗粒的最大直径（μm） | 0.5 | 1 | 3 | 5 |
|---|---|---|---|---|
| 灰尘颗粒的最大浓度（粒子数/$m^3$） | $1.4\times10^7$ | $7\times10^5$ | $2.4\times10^5$ | $1.3\times10^5$ |

要降低设备间的尘埃度关键在于定期地清扫灰尘，工作人员进入设备间应更换干净的鞋具。

③ 噪声。为了保证工作人员的身体健康，设备间内的噪声应小于 70dB。

④ 电磁场干扰。根据综合布线系统的要求，设备间无线电干扰的频率应在 0.15～1000MHz 范围内，噪声不大于 120dB，磁场干扰场强不大于 800A/m。

此外，设备间的环境还对安全性、内部装饰等项目有明确的要求，在设计时可以根据用户的需要加以考虑。

### 4．设备间内的线缆敷设方式

设备间内线缆的敷设方式主要有活动地板和机架走线架两种，设计时应根据设备间设备布置和线缆走向的具体情况，分别选用不同的敷设方式。

（1）机架走线架方式

机架走线架方式是在设备（机架）上沿墙安装走线架（或槽道）的敷设方式，走线架和槽道的尺寸根据缆线需要设计，它不受建筑的设计和施工限制，可以在建成后安装，便于施工和维护，也有利于扩建，如图 3-42 所示。此种方式布线在层高较低的建筑中不宜选用。

图 3-42　机架走线架方式

（2）活动地板方式

活动地板方式是缆线在活动地板下的空间敷设，由于地板下空间大，因此电缆容量和条数多，路由自由短捷，节省电缆费用，缆线敷设和拆除均简单方便，能适应线路增减变化，有较高的灵活性，便于维护管理。但造价较高，会减少房屋的净高，对地板表面材料也有一定要求，如耐冲击性、耐火性、抗静电、稳固性等。

此外，设备间还可以采用地板或墙壁内沟槽方式和预埋管路方式进行布线，但由于施工与后期的维护不方便，现使用得较少。

### 5．设备间子系统的设计实例

某学校网络中心设置在信息技术大楼的第三层，面积为 60m$^2$，网络中心工作与管理人员 4 名，请根据情况给出网络中心施工方案。

通常情况下，网络中心中学校的设备间与管理中心，在设计其布局时，一定要将安装设备区域和管理人员办公区域分开考虑，这样不但便于管理人员的办公而且便于设备的维护，走线方式可以考虑机架走线架方式，环境可以考虑布放防静电地板，安装空气调节设备保证其空气洁静度、温度与湿度。设备区域与办公区域使用玻璃隔断分开，为了防止噪声影响正常办公，玻璃隔断可以一直封装到房屋的顶部，布局图如图 3-43 所示，效果如图 3-44 所示。

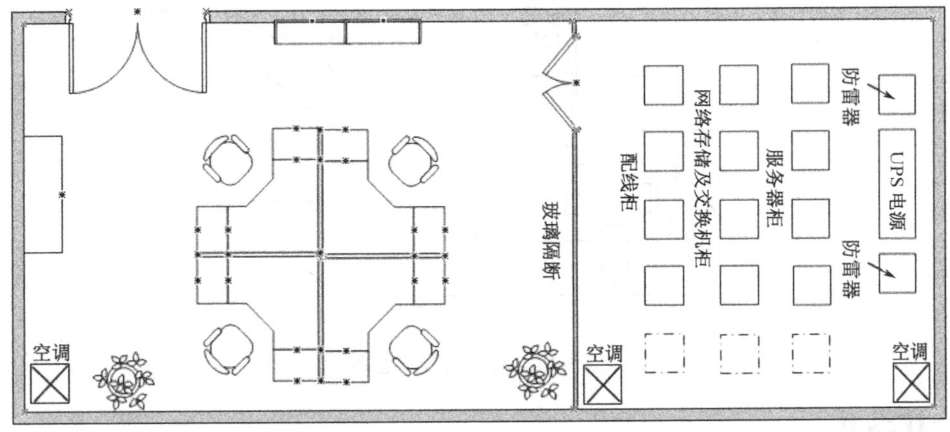


图 3-43　布局图

图 3-44　设备间的效果图

## 小试牛刀

### 1．设备间方案设计

××××学校的综合布线工程主要是该单位原有办公楼、实验楼和教学楼的综合布线，实现数据联网共享。办公楼共四层，框架结构，计算机中心机房设在办公大楼二楼网络控制中心。按办公用途来设计综合结构化布线。计算机网络服务器和交换机、主配线架均放在办公大楼二楼计算机网络中心机房，教学楼共三层，每层的配线架布置在该楼每层中间的杂物间内，图书馆共三层，实验楼共六层，配线架布置在办公室内。建筑群子系统电缆采用多模光纤，用于连接各个建筑，光纤布线采用架空敷设。

请根据上述综合布线工程的情况描述设计该校网络布线方案中的设备间的方案。

### 2．设计设备间的布局图

一幢大楼共有信息点 258 个，设备间面积为 20m$^2$（4×5），设备间需要配置的设备有哪些？该设备间有管理人员 1 人，请使用 Visio 2007 设计此设备间的布局图。

### 3．读图

图 3-45 所示为某幢楼网络布线示意图，请你在图中标注出设备间、工作区以及外网接入口的位置，并简要说明理由。

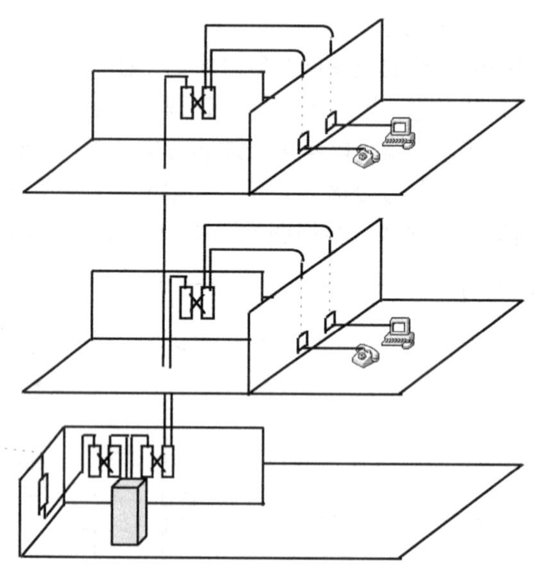

图 3-45　网络布线示意图

## 一比高下

1．各小组选派一名代表向全班同学阐述设备间子系统设计时的注意事项以及设计要点。

2．各小组在小组内交流设备间设计方案，并选派一名代表向全班同学介绍本组认为设计的最优方案，并阐述理由。

3．各小组在组内交流自己对图 3-45 的理解，并说明理由。

## 开动脑筋

1．设备间通常需要多大面积比较合适？

2．一个校园网中，每幢楼都需要设计设备间吗？

3．设备间在设计时需要考虑防火与防盗吗？

4．如果单位用房紧张，可以将网络管理人员的办公室与设备间放在一起吗？

## 课外阅读

### 1．设备间的安全分类

设备间的安全分为 A、B、C 三个类别，具体规定如表 3-11 所示。

表 3-11　设备间的安全要求

| 安 全 项 目 | A 类 | B 类 | C 类 |
|---|---|---|---|
| 场地选择 | 有要求或增加要求 | 有要求或增加要求 | 无要求 |
| 防火 | 有要求或增加要求 | 有要求或增加要求 | 有要求或增加要求 |
| 内部装修 | 要求 | 有要求或增加要求 | 无要求 |
| 供配电系统 | 要求 | 有要求或增加要求 | 有要求或增加要求 |
| 空调系统 | 要求 | 有要求或增加要求 | 有要求或增加要求 |
| 火灾报警及消防设施 | 要求 | 有要求或增加要求 | 有要求或增加要求 |
| 防水 | 要求 | 有要求或增加要求 | 无要求 |
| 防静电 | 要求 | 有要求或增加要求 | 无要求 |
| 防雷击 | 要求 | 有要求或增加要求 | 无要求 |
| 防鼠害 | 要求 | 有要求或增加要求 | 无要求 |
| 电磁波的防护 | 有要求或增加要求 | 有要求或增加要求 | 无要求 |

A 类：对设备间的安全有严格的要求，设备间有完善的安全措施。

B 类：对设备间的安全有较严格的要求，设备间有较完善的安全措施。

C 类：对设备间的安全有基本的要求，设备间有基本的安全措施。

根据设备间的要求，设备间安全可按某一类执行，也可按某些类综合执行。综合执行是指一个设备间的某些安全项目可按不同的安全类型执行。例如，某设备间按照安全要求可选防电磁干扰 A 类，火灾报警及消防设施为 B 类。

### 2．设备间火灾报警及灭火设施

安全级别为 A、B 类设备间内应设置火灾报警装置。在机房内、基本工作房间、活动地板下、吊顶上方及易燃物附近都应设置烟感和温感探测器。

A 类设备间内设置二氧化碳（$CO_2$）自动灭火系统，并备有手提式二氧化碳（$CO_2$）灭火器。

B 类设备间内在条件许可的情况下，应设置二氧化碳自动灭火系统，并备有手提式二氧化碳灭火器。

C 类设备间内应备有手提式二氧化碳灭火器。

A、B、C 类设备间除纸介质等易燃物质外，禁止使用水、干粉或泡沫等易产生二次破坏的灭火器。

为了在发生火灾或意外事故时方便设备间工作人员迅速向外疏散，对于规模较大的建筑物，在设备间或机房应设置直通室外的安全出口。

## 工作任务 8　设计进线间与建筑群子系统

### 1．进线间子系统设计概述

进线间是建筑物外部通信和信息管线的入口部位，并可作为入口设施和建筑群配线设备的安装场地。进线间是 GB50311—2007 国家标准在系统设计内容中专门增加的，要求在建筑物前期系统设计中要有进线间，满足多家运营商业务需要，避免一家运营商自建进线间后独占该建筑物的宽带接入业务。进线间一般通过地埋管线进入建筑物内部，宜在土建阶段实施。

建筑群主干电缆和光缆、公用网和专用网电缆、光缆及天线馈线等室外缆线进入建筑物时，应在进线间成端转换成室内电缆、光缆，并在缆线的终端处可由多家电信业务经营者设置入口设施，入口设施中的配线设备应按引入的电、光缆容量配置。

电信业务经营者在进线间设置安装的入口配线设备应与 BD（建筑物配线设备）或 CD（建筑群配线设备）之间敷设相应的连接电缆、光缆，实现路由互通。缆线类型与容量应与配线设备相一致。

在进线间缆线入口处的管孔数量应满足建筑物之间、外部接入业务及多家电信业务经营者缆线接入的需求，并应留有 2～4 孔的余量。

### 2．进线间子系统的设计

进线间主要作为室外电、光缆引入楼内的成端与分支及光缆的盘长空间位置。对于光缆至大楼、至用户、至桌面的应用及容量日益增多，进线间就显得尤为重要。

（1）进线间的位置

一般一幢建筑物宜设置 1 个进线间，通常是提供给多家电信运营商和业务提供商共同使用，进线间通常设置于便于与外界连通的地方或靠近设备间的地方。外线宜从两个不同的路由引入进线间，有利于与外部管道沟通。

（2）进线间面积的确定

进线间因涉及因素较多，难以统一提出具体所需面积，可根据建筑物实际情况，并参照通信行业和国家的现行标准要求进行设计。

进线间应满足缆线的敷设路由、成端位置及数量、光缆的盘长空间和缆线的弯曲半径、维护设备、配线设备安装所需要的场地空间和面积。

进线间的大小应按进线间的进线管道最终容量及入口设施的最终容量设计。同时应考虑满足多家电信业务经营者安装入口设施等设备的面积。

（3）线缆配置要求

建筑群主干电缆和光缆、公用网和专用网电缆、光缆及天线馈线等室外缆线进入建筑物时，应在进线间成端转换成室内电缆、光缆，并在缆线的终端处可由多家电信业务经营者设置入口设施，入口设施中的配线设备应按引入的电、光缆容量配置。

电信业务经营者或其他业务服务商在进线间设置安装入口配线设备应与 BD（建筑物配线

设备）或 CD（建筑群配线设备）之间敷设相应的连接电缆、光缆，实现路由互通。缆线类型与容量应与配线设备相一致。

（4）入口管孔数量

进线间应设置管道入口，在进线间缆线入口处的管孔数量应留有充分的余量，以满足建筑物之间、建筑物弱电系统、外部接入业务及多家电信业务经营者和其他业务服务商缆线接入的需求，建议留有 2～4 孔的余量。进线间入口管道口所有布放缆线和空闲的管孔应采取防火材料封堵，做好防水处理。

（5）进线间的设计相关规定

进线间宜靠近外墙和在地下设置，以便于缆线引入。进线间设计应符合下列规定：

① 进线间应防止渗水，宜设有抽排水装置。

② 进线间应与布线系统垂直竖井沟通。

③ 进线间应采用相应防火级别的防火门，门向外开，宽度不小于 1000mm。

④ 进线间应设置防有害气体措施和通风装置，排风量按每小时不小于 5 次容积计算。

⑤ 进线间若安装配线设备和信息通信设施时，应符合设备安装设计的要求。

⑥ 与进线间无关的管道不宜通过。

### 3．建筑群子系统设计概述

建筑群子系统也称为楼宇子系统，主要实现楼与楼之间的通信连接，一般采用光缆并配置相应设备，它支持楼宇之间通信所需的硬件，包括缆线、端接设备和电气保护装置。设计时应考虑布线系统周围的环境，确定楼间传输介质和路由，并使线路长度符合相关网络标准规定。

在建筑群子系统中室外缆线敷设方式，一般有架空、直埋、地下管道三种情况。具体情况应根据现场的环境来决定，表 3-12 所示是建筑群子系统缆线敷设方式比较表。

表 3-12　建筑群子系统线缆敷设方式比较表。

| 方　式 | 优　点 | 缺　点 |
|---|---|---|
| 管道 | 提供比较好的保护；敷设容易、扩充、更换方便；美观 | 初期投资高 |
| 直埋 | 有一定保护；初期投资低；美观 | 扩充、更换不方便 |
| 架空 | 成本低、施工快 | 安全可靠性低；不美观；除非有安装条件和路径，一般不采用 |

### 4．建筑群子系统的设计

建筑群子系统的设计主要有以下几个方面：确定建筑群电缆的路由和布设方案；确定电缆的类型和规格；确定所需要的材料。

（1）布线线缆的选择

建筑群子系统敷设的线缆类型及数量由综合布线连接应用系统种类及规模来决定。一般来说，建筑群数据网基本是采用光缆作为布线线缆，电话系统常采用 3 类大对数电缆作为布线线缆，有线电视系统常采用同轴电缆或光缆作为干线电缆。

① 光缆。光缆是由一捆光导纤维组成的，它外表覆盖了一层保护皮层，纤芯外围还覆盖一层抗拉线，可以适应室外布线的要求。在网络工程中，经常使用 62.5μm/125μm（62.5μm 是光纤纤芯直径，125μm 是纤芯包层的直径）规格的多模光缆，有时也用 50μm/125μm 和 100μm/140μm 规格的多模光纤。户外布线大于 2km 时可选用单模光纤。

光缆根据应用的场合不同，也可以分为室内光缆和室外光缆。室内光缆保护层较薄，主要用于设备间连接或光纤到桌面的布线系统。室外光缆采取独特的缆芯设计，有带状的和束管式的，综合布线常采用束管式的光缆。室外光缆在保护层内填满相应的复合物，护套采用高密度的聚乙烯，光缆内有增强的钢丝或玻璃纤维，可提供额外的保护，以对它造成损害。

② 大对数双绞线。大对数双绞线是由多个线对组合而成的电缆，为了适合于室外传输，电缆还覆盖了一层较厚的外层皮。3 类大对数双绞线根据线对数量分为：25 对、50 对、100 对、250 对、300 对等规格，如图 3-46 所示，要根据电话语音系统的规模来选择 3 类大对数双绞线相应的规格及数量。5 类大对数双绞线主要有 25 对、50 对和 100 对等规格，如图 3-47 所示。超 5 类大对数双绞线主要有 25 对、50 对和 100 对等规格。大对数双绞线分为室内和室外两种类型，室外电缆主要增加了防水和防紫外线的设计。

图 3-46　3 类大对数双绞线

图 3-47　5 类大对数双绞线

（2）路由的选择

路由的选择，主要是对网络中心位置的选择，网络中心应尽量位于各建筑物的中心位置或是建筑物最集中的位置。在设计路由时，应尽量避免与原有的管道交叉，与原有管道平行时，应保持不小于 1m 的距离，避免开挖与维护时相互影响。

（3）敷设方式的选择

如果建筑群之间原有电信沟，可以直接将线缆敷设其中，也可以埋设 7 孔梅花管，将线缆敷设其中。建筑群子系统的线缆布设方式有三种：架空布线法、直埋布线法和地下管道布线法。

① 架空布线法。架空布线法通常应用于有现成电杆，对电缆的走线方式无特殊要求的场合。这种布线方式造价较低，但影响环境美观且安全性和灵活性不足。架空布线法要求用电杆将线缆在建筑物之间悬空架设，一般先架设钢丝绳，然后在钢丝绳上挂放线缆。

架空电缆通常穿入建筑物外墙上的 U 形钢保护套，然后向下（或向上）延伸，从电缆孔进入建筑物内部，如图 3-48 所示。电缆入口的孔径一般为 5cm。建筑物到最近处的电线杆相距应小于 30m。通信电缆与电力电缆之间的间距应遵守当地城管等部门的有关法规。

② 直埋布线法。直埋布线法根据选定的布线路由在地面上挖沟，然后将线缆直接埋在沟内。直埋布线的电缆除了穿过基础墙的那部分电缆有管保护外，电缆的其余部分直埋于地下，没有保护，如图 3-49 所示。直埋电缆通常应埋在距地面 0.6m 以下的地方，或按照当地城管等部门的有关法规去施工。如果在同一土沟内埋入了通信电缆和电力电缆，应设立明显的共用标志。

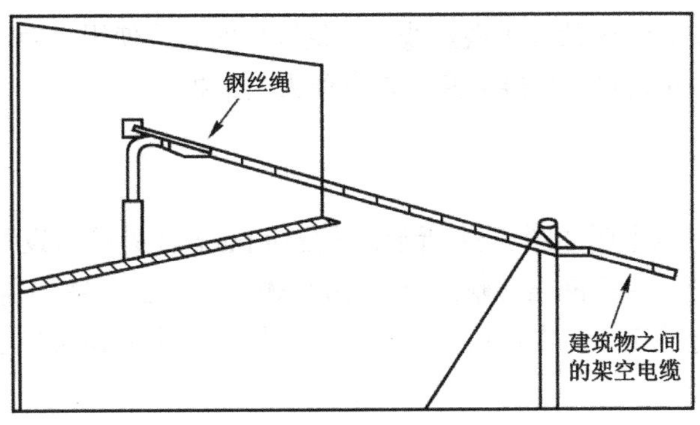


图 3-48　架空布线法

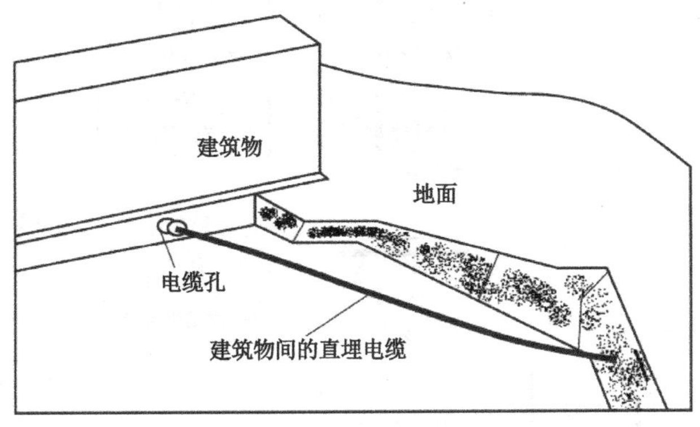


图 3-49　直埋布线法

直埋布线法的路由选择受到土质、公用设施、天然障碍物（如木、石头）等因素的影响。直埋布线法具有较好的经济性和安全性，总体优于架空布线法，但更换和维护电缆不方便且成本较高。

③ 地下管道布线法。地下管道布线是一种由管道和入孔组成的地下系统，它把建筑群的各个建筑物进行互联。图 3-50 所示为建筑物内部的结构。地下管道对电缆起到很好的保护作用，因此电缆受损坏的机会减少，而且不会影响建筑物的外观及内部结构。

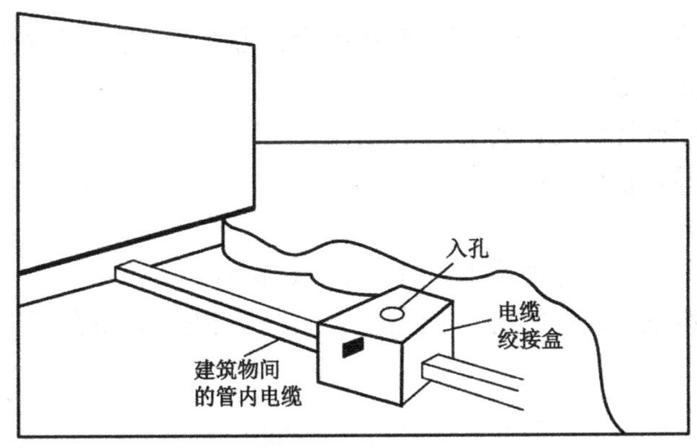


图 3-50　地下管道布线法

管道埋设的深度一般在 0.8～1.2m，或符合当地城管等部门有关法规规定的深度。为了方便日后的布线，管道安装时应预埋 1 根拉线，以供以后的布线使用。为了方便线缆的管理，地下管道应间隔 50～180m 设立一个接合井，以方便人员维护。

## 小试牛刀

某学校的平面布局示意图如图 3-51 所示，学校的 Internet 外接口设置在办公楼 A 中，学校需要建设校园网络系统，主干网络传输速率为 1000Mbps，各建筑物均需要能够接入 Internet，校园内部可以进行土建施工，请为该校设计校园网布线系统中的建筑群子系统，各楼宇间的距离自行设定。

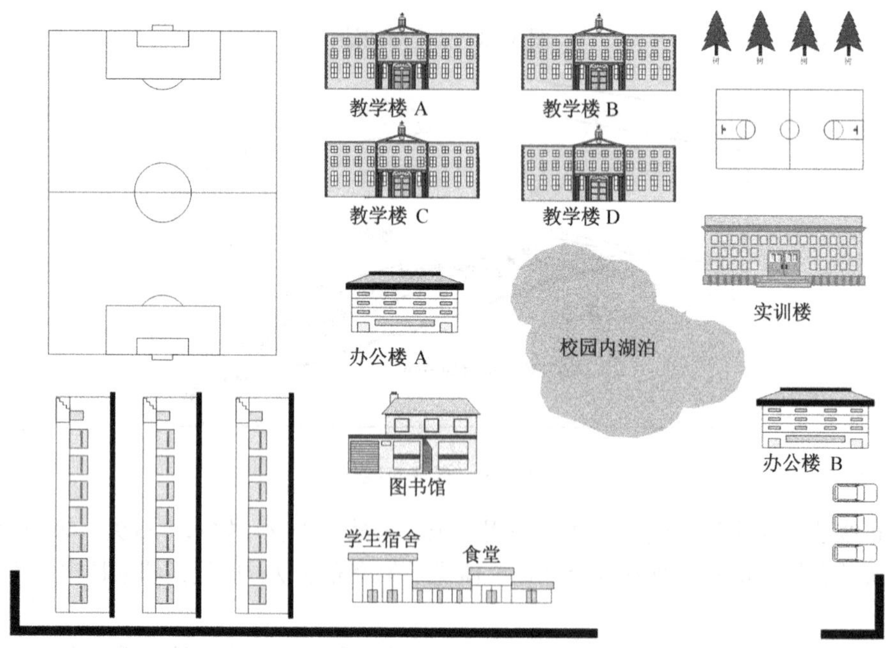


图 3-51　某校校园平面布局

## 一比高下

各小组同学交换各自完成的建筑群子系统的设计方案，并相互检查小组其他成员设计情况，为其打分，评分要点如下：

（1）是否考虑到学校环境美化要求；

（2）线缆路由选择是否合理；

（3）线缆选择是否正确；

（4）方案是否简便易行，方便施工，节省工时、材料。

每个小组根据小组成员设计的情况汇总成一个比较完善的方案在班级交流。

## 开动脑筋

1．一般的校园网络或企业网络，建筑群子系统中使用的线缆通常是什么线缆？

2．架空走线是比较方便的一种布线方式，架空走线中钢丝绳是起什么作用？

3．地下管道布线中的预留的拉线在布线时起什么作用？

4．大对数双绞线在网络中是与什么相连的？

## 课外阅读

### 布线系统的标准

结构化布线的标准常见的有三个：

一个是《商用建筑通信布线标准》，由美国电子工业协会（EIA）和电信工业协会（TIA）制定，并得到 ANSI 的认可，它是北美采用的标准，目前有三个版本：EIA/TIA-568，1991 年制定，已被 TIA/EIA-568-B 替代；TIA/EIA-568-A，1995 年通过（注意 EIA 与 TIA 的顺序颠倒了，表示由 EIA/TIA-568 修订而来，由于这些标准对 LAN 至关重要，所以一旦被修订，就颠倒组织名字）；TIA/EIA-568-B，2000 年通过，用于替代 TIA/EIA-568-A。

目前国内厂家和系统集成商主要使用 TIA/EIA-568-B 标准，TIA/EIA-568-B 标准主要包含以下几个部分。

（1）TIA/EIA-568-B.1 第 1 部分：一般要求。

（2）TIA/EIA-568-B.2 第 2 部分：100Ω平衡双绞线电缆布线标准。

（3）TIA/EIA-568-B.3 第 3 部分：光缆布线标准。

（4）TIA/EIA-568-B 附件 A 至附件 F。

作为双绞线布线的测试标准，TSB-67 也被经常单独提到，尽管它已经被包含在 TIA/EIA-568-B 中，并进行了改进。

此外，如表 3-13 所示的 EIA/TIA 标准在布线系统的设计施工中具有参考价值。

表 3-13　EIA/TIA 相关标准

| 标 准 代 号 | 标 准 名 称 |
|---|---|
| EIA/TIA-569-A | 商业建筑电信通路和空间标准 |
| EIA/TIA-570-A | 住宅电信电缆布线标准 |
| TIA/EIA-606 | 商业建筑电信设施管理标准 |
| TIA/EIA-607 | 商业建筑接地/接线要求 |
| TIA/EIA-758 | 用户自有的外部设施电信电缆敷设标准 |

除上述由 TIA/EIA 制定的标准外，另一个常见的综合布线系统的标准是国际标准化组织和国际电工委员会制定的 ISO/IEC 11801（信息技术——用于用户建筑物的综合布线标准），也是于 1995 年通过，欧盟国家采用该标准。实际上这两个标准大部分是一致的。

另外，我国也于 2000 年制定并公布实施了相关的自己国家的国家标准，主要是参照 EIA/TIA-568-B 制定的，如表 3-14 所示。

表 3-14　国标相关标准

| 标 准 代 号 | 标 准 名 称 |
|---|---|
| GBT/T 50311—2007 | 《建筑与建筑群综合布线工程系统设计规范》 |
| GBT/T 50312—2007 | 《建筑与建筑群综合布线系统工程施工与验收规范》 |
| GBT/T 50314—2007 | 《智能建筑设计标准》 |

表 3-15 所示的标准都支持下列计算机网络标准。

表 3-15　计算机网络标准

| IEE802.3 | 总线局域网络标准 |
|---|---|
| IEE802.5 | 环形局域网络标准 |
| FDDI | 光纤分布数据接口高速网络标准 |
| CDDI | 铜线分布数据接口高速网络标准 |
| ATM | 异步传输模式 |

不论哪个标准，都对以下几个方面制定了相应的规范：

（1）定义了认可的传输介质。

（2）定义了布线系统的拓扑结构。

（3）规定了各子系统的布线距离。

（4）定义了布线系统与用户设备的接口。

（5）定义了线缆和连接硬件性能。

（6）规定了安装实践所需注意事项。

（7）定义了链路性能。

（8）电信布线系统要求有超过十年的使用寿命。

## 本项目小结

本项目通过 8 个工作任务介绍了综合布线系统组成以及综合布线系统中的各个子系统的设计方法与基本要求。在新国家标准中综合布线系统是由 7 个子系统组成的：工作区子系统、配线子系统、干线子系统、设备间子系统、建筑群子系统、进线间子系统以及管理子系统。各个子系统有各个子系统的特点，所以在布线系统设计时要根据各个子系统的特点进行设计，才能满足用户的要求。

## 思考与练习

1．工作区的划分原则是什么？

2．工作区子系统的设计要点是什么？

3．配线子系统的设计要点有哪些？

4．什么是干线子系统？

5．综合布线系统图表示了哪些含义？

6．管理间子系统中的主要设备有哪些？

7．管理间子系统通常在楼层的什么位置？

8．设备间子系统的设计要求是什么？

9．进线间子系统设计的主要内容是什么？

10．建筑群子系统主要使用什么线缆？

# 项目 4　布线系统施工

## 项目描述

综合布线系统施工是将分散的设备、材料按照系统的设计要求和工艺要求安装起来组成一个完整的介质传输系统，并经过测试和调试确保它们能满足使用要求。一个成功的网络系统除了要采用优质的硬件、良好的设计外，安装施工是非常重要的因素。特别是安装的工艺，必须格外重视。网络系统的安装人员应具备良好的工艺素质和质量意识。综合布线系统的施工涉及桥架的安装、线管线槽的布放、线缆的布放与端接等项目。

## 项目分解

工作任务 1　施工前的准备工作
工作任务 2　敷设桥架与管槽
工作任务 3　敷设双绞线缆
工作任务 4　端接双绞线缆
工作任务 5　端接光缆系统

## 工作任务 1　施工前的准备工作

### 1．对施工人员进行安全施工教育

网络布线施工涉及建筑知识以及电动工具的使用，或者在危险环境中操作等，安全问题必须格外重视，一定要牢记：安全是第一位的。施工前一定要制订施工安全措施、做好安全措施检查并填写安全措施检查记录，在施工中千万要注意安全防护，特别注意以下几点。

（1）穿着合适的工装。穿着合适的工装可以保证工作中的安全，一般情况下，工装裤、衬衫和夹克就够用了。除了这些服装之外，在某些操作中，还需要一些装备。

① 安全眼镜。在操作中要始终佩戴防护眼镜，因为在诸如对铜缆进行端接或接续时，铜线有可能会突然弹出来，会伤及眼睛。在端接或接续光纤时，也必须佩戴防护眼镜。

② 安全帽。在有危险的地方要始终戴着安全帽。例如，在生产车间，在梯子高处工作，在你头顶上方工作的人都可能给你带来危险。

③ 手套。安装操作时，手套可以保护你的手。例如，在楼内拉缆时，或擦拭带螺纹的线杆时都可能会碰到金属刺，这时手套会保护你的手，同时手套可以防止手掌上的汗渍对金属表面的腐蚀。

④ 防钉鞋。网络布线的施工现场通常条件是比较复杂的，布线环境也是比较艰苦的，地

面上可能会有施工遗留的各种各样的锋利的锐器，普通的鞋对这些锐器不具有防护作用，进入施工现场，施工人员需要穿上专用的防钉鞋。

（2）工作场所不得吸烟，在施工现场，存在许多易燃物品和器材，在工作场所吸烟是导致火灾的重要原因。

（3）严防触电事故发生。

（4）确保在工作区域每个人的安全。一旦工程范围确定，在布线区域要设置安全带和安全标记。

（5）在较高的地方作业，系好安全带、安全绳。

### 2. 施工环境的熟悉

网络布线的施工环境通常情况下是比较复杂的，不同的网络布线项目之间，其施工环境有一定的共性，但更多的是不同之处。针对不同的网络施工，施工人员必须要对施工环境有一定的了解，了解施工的房屋建筑物内部各个部位的具体情况、了解不同建筑之间线缆的布设路径、了解建筑物的基本建设情况等，以便决定在施工中铺设缆线和安装设备的具体技术问题。要了解的具体的内容有：地面、墙面、门的大小和位置、电源插座及接地装置；机房大小、预留孔洞大小及位置、施工电源、地板铺设情况等，还应注意消防器材的位置、危险物的堆放等方面的情况。

### 3. 技术准备

图纸是工程语言、施工的依据，施工人员在网络布线时必须做到按图施工。开工前，施工人员应熟悉施工图纸，了解设计内容及设计意图，明确工程所采用的设备和材料，明确施工图所提出的施工要求，明确综合布线工程和主体工程以及其他安装工程的交叉配合，以便及早采取措施，确保在施工过程中不破坏建筑物的强度，不破坏建筑物的外观，不与其他工程发生位置冲突。

熟悉和工程有关的其他技术资料，如施工和验收规范、技术规程、质量检验评定标准以及设备制造厂商提供的资料，如安装说明书、试验记录数据等。

编制施工方案。在全面熟悉施工图纸的基础上，依据图纸并根据施工现场情况、技术力量及技术装备情况，综合做出合理的施工方案。

### 4. 备料并制定施工进度表

网络工程施工过程需要许多施工材料，这些材料有的必须在开工前就备好料，有的可以在开工过程中备料。主要有以下几种。

① 钢管、管接头、膨胀螺栓、桥架、桥架弯头、吊筋等材料，不同规格的塑料槽板、PVC 防火管、蛇皮管、自攻螺丝等布线用料就位。

② 线缆、插座、信息模块、服务器、稳压电源、网络设备等落实购货厂商，并确定提货日期；线缆、光纤、配线架、模块、面板等材料可以等到管路敷设进行到 2/3 时再进场。

③ 制定施工进度表，施工进度表样表如图 4-1 所示（要留有适当的余地，施工过程中意想不到的事情，随时可能发生，并要求立即协调）。

| 施工进度计划表 | | | | | | | | | | | | |
|---|---|---|---|---|---|---|---|---|---|---|---|---|
| 内容 月 | 2015年3月 | | | | | | 2015年4月 | | | | | |
| 日 | 1-5 | 6-10 | 11-15 | 16-20 | 21-25 | 26-31 | 1-5 | 6-10 | 11-15 | 16-20 | 21-25 | 26-30 |
| 施工准备 | | | | | | | | | | | | |
| 管路协调 | | | | | | | | | | | | |
| 线缆敷设 | | | | | | | | | | | | |
| 设备订购 | | | | | | | | | | | | |
| 现场设备安装 | | | | | | | | | | | | |
| 管理设备安装 | | | | | | | | | | | | |
| 系统调试 | | | | | | | | | | | | |
| 试运行 | | | | | | | | | | | | |
| 正常交付使用 | | | | | | | | | | | | |
| | 注：实际进度表将与甲方密切协商决定，并与进度计划表相符 | | | | | | | | | | | |

| | | | | 建筑单位 | 设计号 |
|---|---|---|---|---|---|
| 设计 | | 校对 | | 工程名称 | 图别 |
| 绘图 | | 审核 | | | 图号 |
| 项目负责人 | | 比例 | | 图纸名称 | |
| 专业负责人 | | 日期 | | | 档案号 |

图 4-1　施工进度表

### 5．施工工具的准备

网络布线工程的现场施工分为线缆布放、线缆剪裁、线缆终端加工等，在工程建设每个环节均应使用适当的工具，以保证施工质量，从而确保网络运行的效果。

### 6．向工程建设方提交开工报告

向工程建设单位提交开工报告，开工报告的基本格式如下。

**开工报告**

| 项目名称 | | 施工地点 | |
|---|---|---|---|
| 建设单位 | | 施工单位 | |
| 施工负责人 | | 手机号码 | |
| 计划开工日期 | | 计划竣工日期 | |

公司：

我方承担的贵单位______________弱电系统集成工程，设备、材料、施工队伍均已到位，图纸等设计资料和现场情况均已熟悉，现拟进入现场准备施工，特致函贵单位，希望贵单位能派专人协助管理施工，使工程能早日顺利完工。

施工人员、材料、施工器具已经按时到位，施工现场具备施工条件。

申请本工程于______年____月____日正式开工，特此报告。

施工单位：（章）
项目经理：
日　　期：

建设单位意见：

经审核，我方认为你方已经完成了________弱电系统集成项目工程实施前的准备工作，满足了开工条件，同意你方于_____年___月___日起开始实施________的项目建设。

建设单位：（章）
负 责 人：
日　　期：

### 7．施工过程中的注意事项

（1）施工现场项目经理要认真负责，及时处理施工进程中出现的各种情况，协调处理各方意见。

（2）如果现场施工碰到不可预见的问题，应及时向工程单位汇报，并提出解决办法供工程单位当场研究解决，以免影响工程进度。

（3）对工程单位计划不周的问题，要及时妥善解决。

（4）对工程单位新增加的施工要及时在施工图中反映出来，并请填写工程增补表，并请工程建设方相关人员签字确认。增补表的格式如下：

**工程增项申请表**　　　　**编号：**

<table>
<tr><td colspan="2">致________（工程建设方）<br>由我方承建的____工程，应你方要求需要增加工程项目，特此需要申请增加：<br>工程量________人工费（金额）________<br>总计：工程款（金额）________包括（机械费、材料费、人工费）</td></tr>
<tr><td colspan="2">所增加工程项目____________<br>增项内容：</td></tr>
<tr><td colspan="2">工程量：</td></tr>
<tr><td colspan="2">需要完成时间：<br>施工开始___年___月___日至施工结束___年___月___日</td></tr>
<tr><td>建设单位审批意见：<br>负责人：<br>年　月　日</td><td>施工单位申请人：<br>项目经理：<br>年　月　日</td></tr>
</table>

（5）对部分场地或工段要及时进行阶段检查验收，确保工程质量。

（6）制定工程进度表。在制定工程进度表时，要留有余地，还要考虑其他工程施工时可能对本工程带来的影响，避免出现不能按时完工、交工的问题。

## 小试牛刀

1．图 4-2 所示是楼层网络布线施工图，请仔细阅读此图，并解释此图中的线缆是如何布放的？

2．网络布线工具种类非常多，请每位同学根据自己对布线施工的理解，收集各种施工工具的情况，并简要说明收集到工具的使用方法与应用场合。

## 一比高下

1. 每个小组选派一名代表，讲解对图 4-2 的理解。
2. 每个小组选派一名代表谈一谈对安全施工的认识。

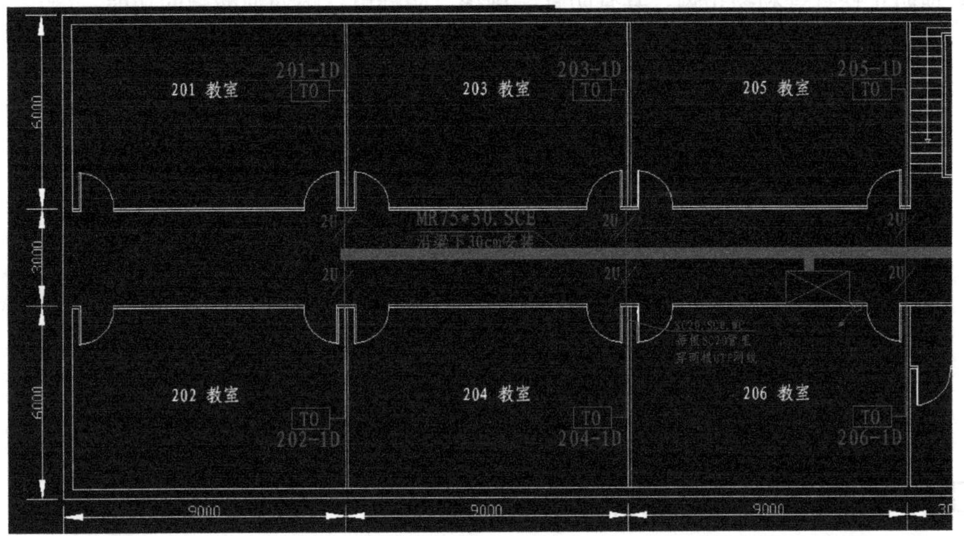


图 4-2　施工布线图

## 开动脑筋

1. 为什么说布线施工安全是最重要的？
2. 有人说：网络布线是农民工干的活。你是怎样认为的？
3. 网络工程项目中的监理公司的作用是什么？
4. 为什么在编制施工进程计划表时需要留有一定的余量？

## 课外阅读

### 网络布线施工安全防护用品

#### 1. 安全帽

对人体头部受坠落物及其他特定因素引起的伤害起防护作用的帽子称为安全帽，如图 4-3 所示。由帽壳、帽衬、下颏带及其他附件组成。帽壳由壳体、帽舌、帽沿、顶筋等组成，帽衬是帽壳内部部件的总称，由帽箍、吸汗带、衬带及缓冲装置等组成，下颏带是系在下巴上、起固定作用的带子，由系带和锁紧卡组成。

安全帽的防护作用在于：当作业人员头部受到坠落物的冲击时，利用安全帽帽壳、帽衬在瞬间先将冲击力分解到头盖骨的整个面积上，然后利用安全帽的各个部件：帽壳、帽衬的结构、材料和所设置的缓冲结构（插口、拴绳、缝线、缓冲垫等）的弹性变形、塑性变形和允许的结构破坏将大部分冲击力吸收，使最后作用到人员头部的冲击力降低到 4900N 以下，从而起到保护作业人员的头部不受到伤害或降低伤害作用。

### 2. 防钉鞋

防钉鞋是一种劳保鞋，通常是将鞋用聚氨酯经流水线发泡后连鞋帮一次注射成型，如图 4-4 所示。成型后侧面再线缝加固。鞋底包含有一层防钉层，该防钉层由金属片串接而成，可有效地防止铁钉等利物扎脚。具有防针、绝缘、防静电、耐弱油酸碱的功能。

图 4-3　安全帽

图 4-4　防钉鞋

## 工作任务 2　敷设桥架与管槽

布线工程中的所有的线缆全部是布放在桥架、线管或线槽中，工程施工时，需要将桥架、线管或线槽布放到位，然后再布放线缆。

### 1. 桥架施工

（1）桥架的种类及安装方式

桥架在综合布线系统中通常用在配线子系统和干线子系统中，主要类型有槽式桥架、网格式桥架、托盘式桥架和梯式桥架，如图 4-5 所示。

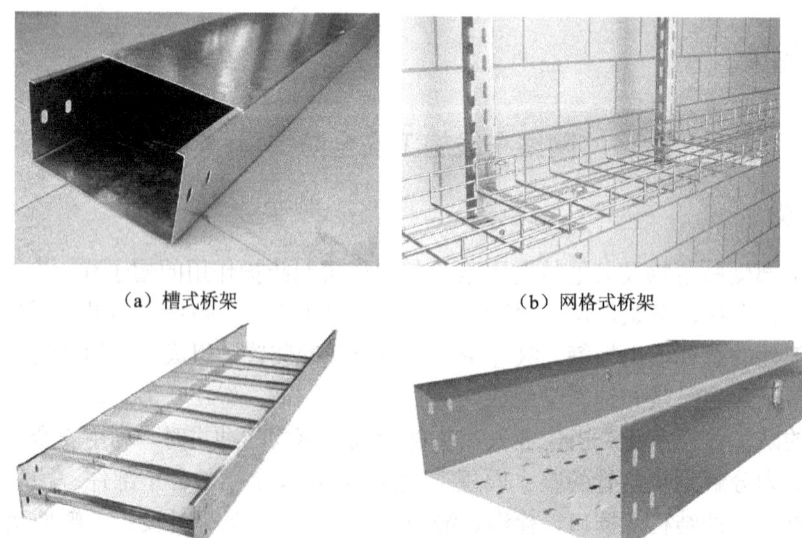
（a）槽式桥架　（b）网格式桥架

（c）梯式桥架　（d）托盘式桥架

图 4-5　不同类型的桥架

槽式桥架是一种全封闭型桥架，它适用于敷设计算机电缆、电信电缆、热电偶电缆及其他高灵敏系统的控制电缆等。槽式桥架对控制电缆的屏蔽干扰和重腐蚀环境中电缆的防护都有较好效果。

梯级式桥架具有重量轻、成本低、安装方便、易散热、通风性好等优点。它适用于一般直径较大电缆的敷设，特别适用于高、低压动力电缆的敷设。

托盘式桥架是石油、化工、轻工、电视、电讯等方面应用较广泛的一种。它具有重量轻、载荷大、造型美观、结构简单、安装方便等优点。它既适用于动力电缆的安装，也适用于控制电缆的敷设。

网格式桥架是一种开放结构型的桥架，不仅能让线缆最大幅度的通风散热，节约能耗，优化线缆性能，而且还能防止水、灰尘、碎屑的聚积，更加洁净，降低发生火灾或其他安全危害的风险。比传统桥架轻 30%～60%，适合各种环境下应用。

此外，还有大跨距桥架，桥架的跨度很大，主要适用于室内外大跨度的场所使用。它具有载荷大、跨度大，强度高、结构轻便、施工简便的特点。

桥架的安装方式主要有以下几种：沿天花或管道支架安装，如图 4-6 所示；沿墙水平托装或垂直固定，如图 4-7 所示；沿竖井安装和沿地面安装，如图 4-8 所示。

图 4-6　桥架的支架安装

图 4-7　桥架水平托装

图 4-8　桥架沿地面安装

（2）桥架的施工方法

桥架的安装的施工顺序为：测量定位→支架制作安装→桥架安装→接地处理。

① 测量定位。用弹线法标识桥架的安装位置，确定好支架的固定位置，做好标记。竖井内桥架定位应先用悬钢丝法确定安装基准线，如预留洞不合适，应及时调整，并做好修补。

② 支架制作安装。依据施工图设计标高及桥架规格，进行定位，然后依照测量尺寸制作支架，支架进行工厂化生产。在无吊顶处沿梁底吊装或靠墙支架安装，在有吊顶处在吊顶内吊

装或靠墙支架安装。在无吊顶的公共场所结合结构构件并考虑建筑美观及检修方便，采用靠墙、柱支架安装或屋架下弦构件上安装。靠墙安装支架固定采用膨胀螺栓固定，支架间距不超过 2.5m。在直线段和非直线段连接处、经过建筑物变形缝处和弯曲半径大于 300mm 的非直线段中部应增设支吊架，支吊架安装应保证桥架水平度或垂直度符合要求。

③ 桥架安装。对于特殊形状桥架，将现场测量的尺寸交于材料供应商，由供应商依据尺寸制作，减少现场加工。桥架材质、型号、厚度以及附件满足设计要求。

桥架安装前，必须与各专业协调，避免与大口径消防管、喷淋管、冷热水管、排水管及空调、排风设备发生矛盾。

将桥架举升到预定位置，与支架采用螺栓固定，在转弯处需仔细校核尺寸，桥架宜与建筑物坡度一致，在圆弧形建筑物墙壁的桥架，其圆弧宜与建筑物一致。桥架与桥架之间用连接板连接，连接螺栓采用半圆头螺栓，半圆头在桥架内侧。桥架之间缝隙须达到设计要求，确保一个系统的桥架连成一体。

跨越建筑物变形缝的桥架应按企业标准《钢制电缆桥架安装工艺》做好伸缩缝处理，钢制桥架直线段超过 30m 时，应设热胀冷缩补偿装置。

桥架安装横平竖直、整齐美观、距离一致、连接牢固，同一水平面内水平度偏差不超过 5mm/m，直线度偏差不超过 5mm/m。

④ 接地处理。镀锌桥架之间可利用镀锌连接板作为跨接线，把桥架连成一体。在连接板两端的两只连接螺栓上加镀锌弹簧垫圈，桥架之间用不小于 4mm$^2$ 软铜线进行跨接，再将桥架与接地线相连，形成电气通路。桥架整体与接地干线应有不少于两处的连接。

⑤ 多层桥架安装。分层桥架安装，先安装上层，后安装下层，上、下层之间距离要留有余量，有利于后期电缆敷设和检修。水平相邻桥架净距不宜小于 50mm，层间距离应根据桥架宽度最小不小于 150mm，与弱电电缆桥架距离不小于 0.5m。

### 2. 线管与线槽的施工

（1）管材的要求

在网络布线中，布线的管材通常使用的是 PVC 管材。使用 PVC 管材，不仅可以降低成本，施工也比较方便。但在下列情况下应使用金属管材：

① 管道附挂在桥梁上或跨越沟渠，有悬空跨度。

② 需采用顶管施工方法施工。

③ 埋管过浅或路面载荷过重。

④ 地基特别松软或有可能遭受强烈震动。

⑤ 有强电危险或干扰影响需要防护。

⑥ 建筑物的综合布线引入管道。

（2）金属管的暗敷要求

① 预埋在墙体中间的金属管内径不宜超过 50mm，楼板中的管径宜为 15～25mm，直线布管 30mm 处设置暗线盒。

② 敷设在混凝土、水泥里的金属管，其地基应坚实、平整、不应有沉陷，以保证敷设后的线缆安全运行。

③ 金属管连接时，管孔应对准，接缝应严密，不得有水泥、砂浆渗入。管孔对准、无错位，以免影响管、线、槽的有效管理，保证敷设线缆时穿设顺利。

④ 金属管道应有不小于 0.1%的排水坡度。

⑤ 建筑群之间金属管的埋设深度不应小于 0.7m；在人行道下面敷设时，不应小于 0.5m。

⑥ 金属管内应安置牵引线或拉线。

⑦ 金属管的两端应有标记，表示建筑物、楼层、房间和长度。

⑧ 光缆与电缆同管敷设时，应在金属管内预置塑料子管。将光缆敷设在子管内，使光缆和电缆分开布放，子管的内径应为光缆外径的 2.5 倍。

（3）金属管的明敷要求

金属管应用卡子固定。这种固定方式较为美观，且在需要拆卸时方便拆卸。金属的支持点间距，有要求时应按照规定设计，无设计要求时不应超过 3m。在距接线盒 0.3m 处，用管卡将管子固定。在弯头的地方，弯头两边也应用管卡固定。

（4）PVC 管材的切割与弯曲

PVC 管材主要有两种类型：线管和线槽。线管的切割可以使用锯弓，也可以使用专用的切管器。使用锯弓切割线管是将线管锯断，这种方式通常用于管径比较大的情况，锯过的线管会有一些毛刺，在施工中需要将这些毛刺除去。使用切管器切割时是将 PVC 线管放入刀口中，一直按压手柄，可以将线管切断。如果线管的质量较差，当刀口可以切割到线管时，一边按压手柄，一边转动线管，这种方式切割的线管的切面可能会不平整，需要进行修复。线槽的切割一般使用锯弓锯，如果线槽的质量较差，可以用剪刀剪。

直径在 25mm 以下的 PVC 管工业品弯头、三通，一般不能满足铜缆布线曲率半径要求。因此，一般使用专用弹簧弯管器对 PVC 管成型。其操作流程如图 4-9 所示。

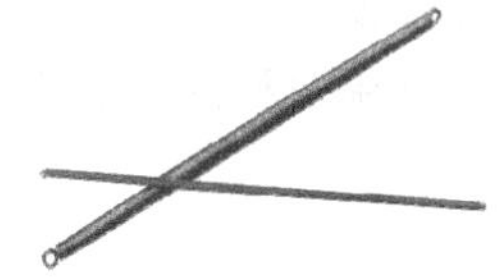
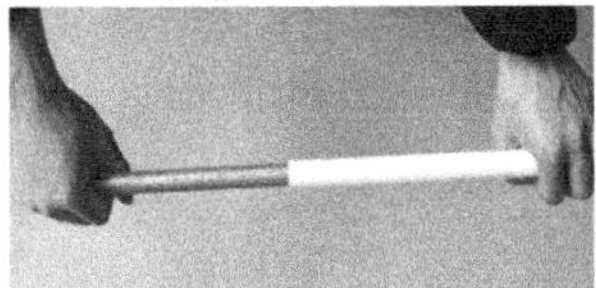
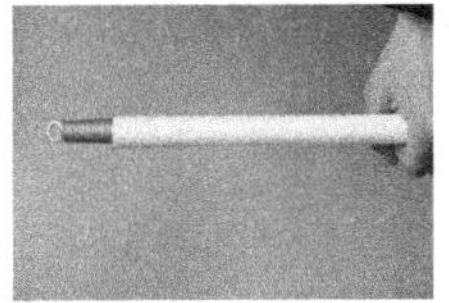
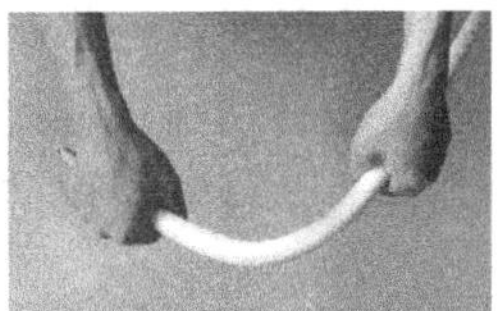

图 4-9　PVC 管的弯曲

在安装线槽布线施工中遇到拐弯情况时，一般有两种方法，第一种是使用现成的弯头、三通、阴角、阳角等材料，如图 4-10 所示，另一种就是根据现场情况自制接头，如图 4-11 所示。

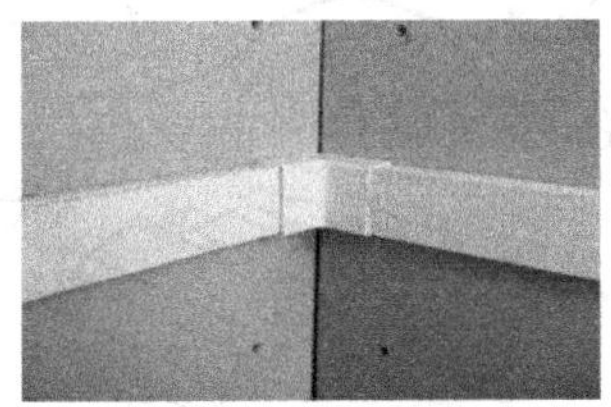

图 4-10　使用成品弯头

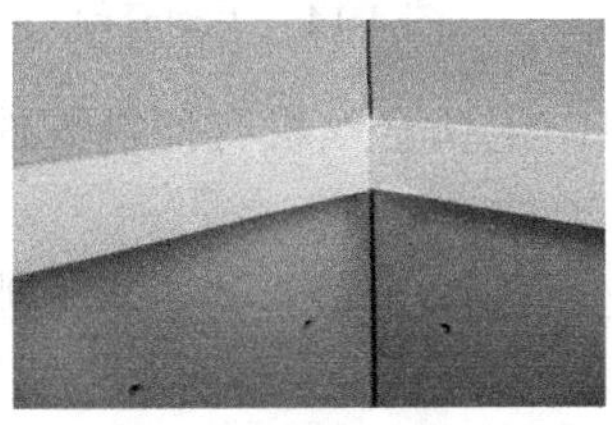

图 4-11　使用自制弯头

（5）金属管材的切割与连接

在网络布线中使用的金属管应符合设计文件的要求，表面上不能有穿孔、裂缝和明显的凹凸不平，内壁应该非常光滑，不能有锈蚀。在容易受机械损伤的地方和受力较大处直埋时，应使用足够强度的管材。

在配管时，需要根据实际长度，对管子进行切割。管子的切割可以使用钢锯、管子切割刀等。现在使用的基本上都是电动切管机，如图 4-12 所示。使用电动切管机切割的管子切口很平整，便于套丝操作。

布线管与布线管的连接、布线管与接线盒、配线箱的连接，都需要在布线管端部进行套丝。套丝就是在用板牙在圆杆管子外径切削出螺纹的一种操作，套丝使用的板牙如图 4-13 所示。

图 4-12　电动切管机

图 4-13　套丝用的板牙

套丝时，先将布线管在管钳上固定压紧，将板牙与布线管垂直安放，旋转板牙，板牙就会在布线管切削出螺纹，如图 4-14 所示。套丝完毕后应立即清扫管口，将管口端面和内壁的毛刺锉光，使管口保持光滑。

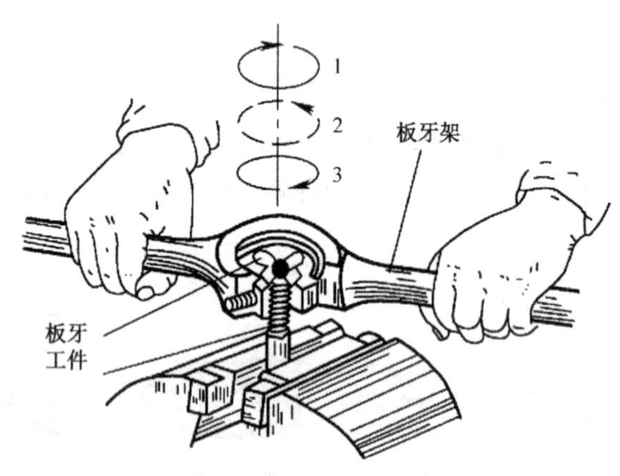


图 4-14　手动套丝

套丝也可以使用电动套丝机，电动套丝机有便携式的，使用起来比较方便，价格大约为 1000 元。

布线管在敷设时，应尽量减少弯头，每根管的弯头不能超过 3 个，直角弯头不能超过 2 个，不能出现 S 弯。

金属管的弯曲一般都用弯管器进行。先将布线管需要弯曲的部位的前段放在弯管器内，焊缝放在弯曲方向背面或侧面，以防管子弯扁，然后用脚踩住管子，手扳弯管器，便可得到所需要的弯度。如果是在两个钢管连接处需要弯曲，可以使用如图 4-15 所示的弯管连接件进行连接，以实现布线走向的改变。

金属管的连接多采用短套接，或使用管接头螺纹连接，管接头实物如图 4-16 所示。短套接时，施工简单方便，螺纹连接则较为美观，可以保证金属管连接后的强度。套接的短套管或带螺纹的管接头的长度，不应小于金属管外径的 2.2 倍。

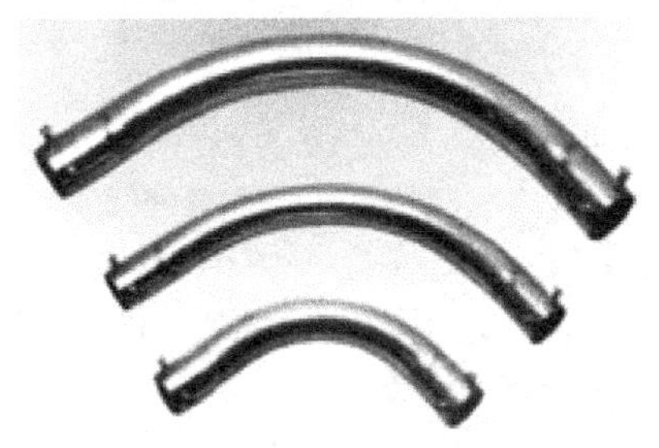

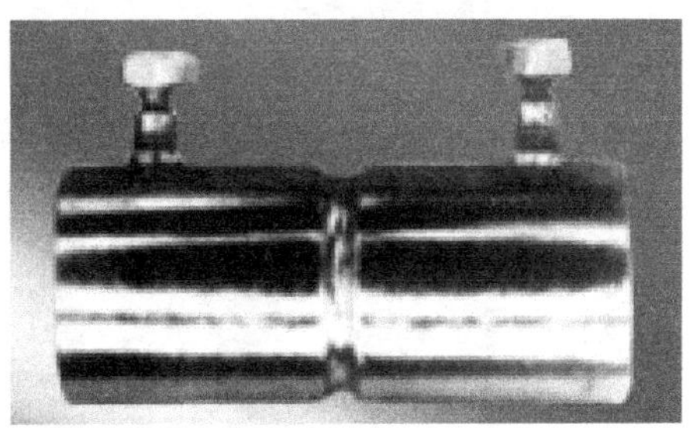

图 4-15　弯管连接器

图 4-16　金属管接头

金属管进入信息插座的接线盒后，暗埋管可用焊接固定，管口进入盒内的露出长度应小于 5mm。明设管应用锁紧螺母或带丝扣管帽固定，露出锁紧螺母的丝扣为 2～4 扣。

（5）线管的敷设

① 读施工图纸，确定布线管路的安装位置，特别是应确定电力缆线的位置。例如，在安装插座之前，应该知道附近的电力缆线的位置。这样就不会在钻孔时碰到它。即使是在天棚里布线，也要清楚哪些电力缆线与电信线路相交，并采取适当措施以保证它们不会互相接触。当在一个新的建筑物中施工时，应和电工一起核查可能不安全的区域。而在旧的建筑物中，维护人员可以帮助了解哪些区域是不安全的。当你无法确定某一电线是否有电时，在核准之前应把它作为有电的电线来对待。

② 为了管道安装后的美观，从始端到终端（先干线后支线）找出水平和垂直段，用粉线袋沿墙壁或顶棚、地面等处在管道的线路中心线上弹线定位，如图 4-17、图 4-18 所示，按设计要求均匀标出支撑位置。

图 4-17　画出水平线

图 4-18　画出垂直线

③ 如果是明管，则要沿线在支撑位置上用木桩或塑料膨胀螺钉固定管卡；如果是暗管，则需要在墙上凿槽。

④ 根据布线的走向布放管道，如图 4-19～图 4-21 所示。

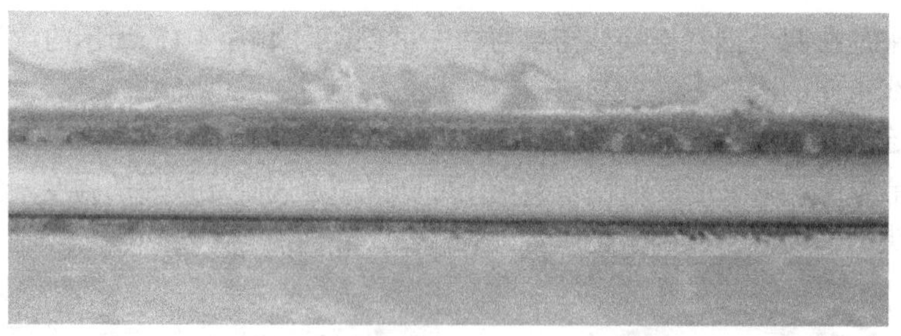

图 4-19　单管的布放

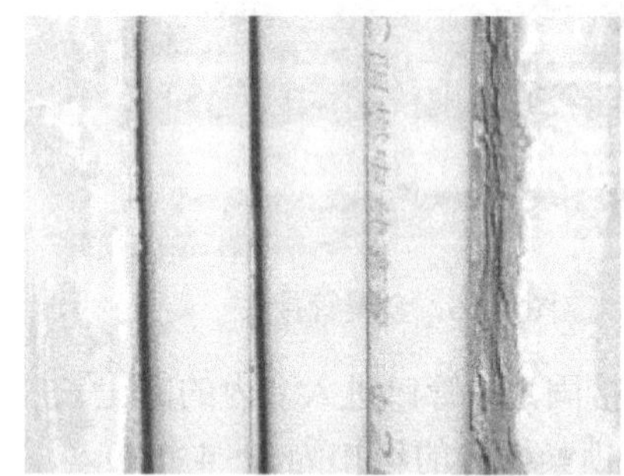

图 4-20　多管的布放

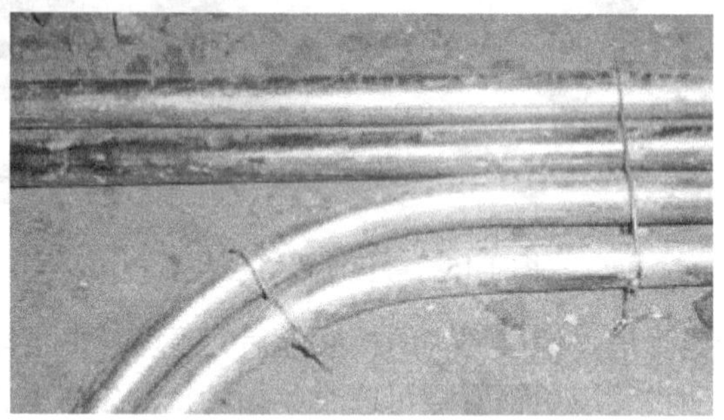

图 4-21　金属管的布放

## 小试牛刀

1．在综合布线实训室内分组完成图 4-22 所示的线管布放练习。

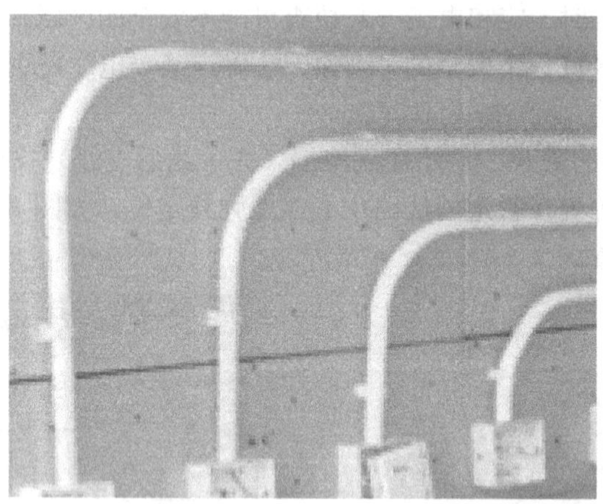

图 4-22　自制弯的线管布放练习

2．在综合布线实训室内使用成品接头分组完成图 4-23 所示的线槽布放练习。

图 4-23　使用成品接头的线槽布放练习

3．在综合布线实训室内分组完成自制接头的线槽布放练习，如图 4-24 所示。

图 4-24　使用自制接头的线槽布放练习

4．在综合布线实训室内，小组合作完成如图 4-25 所示的线槽布放练习。

图 4-25　线槽布放练习

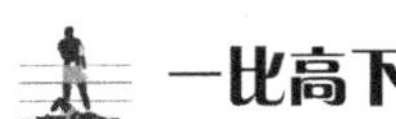

## 一比高下

1．每个练习项目完成后，各小组之间相互进行比较，相互评分，评分标准由老师根据情况确定。四个练习项目的成绩作为小组的成绩。

2．每个小组选派一名代表谈一谈桥架布线主要用于什么场合。

## 开动脑筋

1．布设暗线时，为什么使用线管而不使用线槽？

2．PVC 线槽和金属线槽固定在墙面上的方法有区别吗？

3．桥架布线为什么使用金属槽而很少使用 PVC 槽？

4．如果布线工程中，需要有 90° 的弯，使用线管怎么处理？使用线槽又怎么处理？

## 课外阅读

### 攻丝与套丝

攻丝是用丝锥在管道的内壁上切削出内螺纹的过程，使用的工具是丝锥，如图 4-26 所示。攻丝的操作方法如图 4-27 所示。

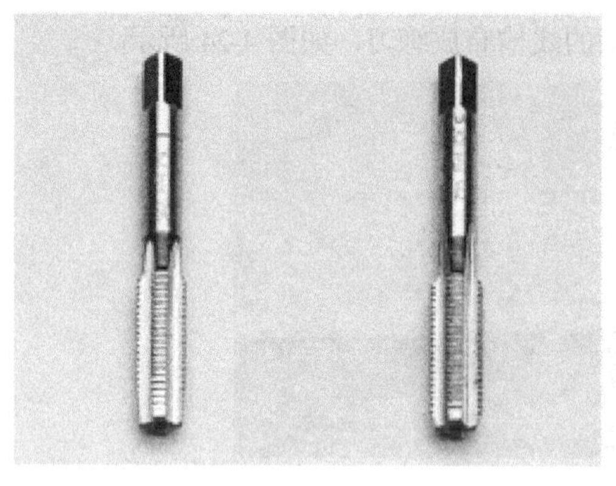

图 4-26　丝锥

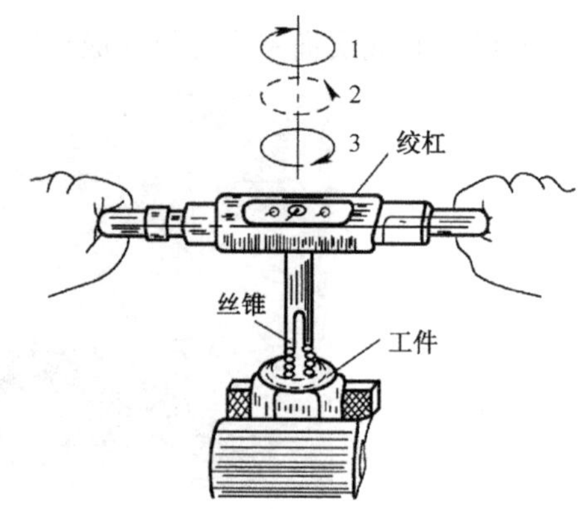


图 4-27　攻丝的操作方法

套丝是用板牙在圆柱形金属的外径切削出螺纹的一种操作，使用的工具是板牙，板牙固定在板牙架中，板牙架外形如图 4-28 所示。

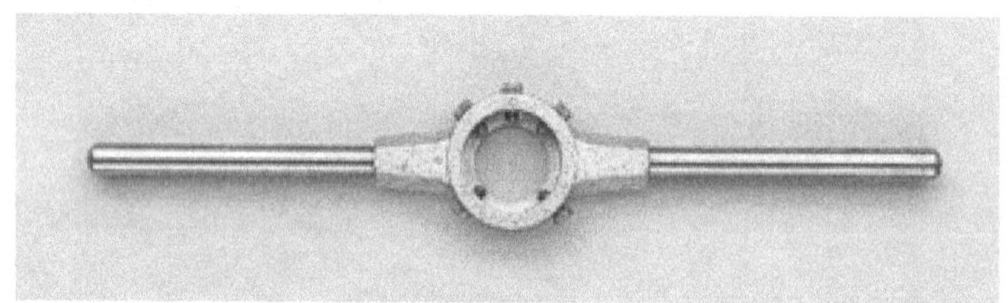

图 4-28　板牙架

## 工作任务 3　敷设双绞线缆

### 1．线缆布放的一般要求

（1）线缆布放前应核对规格、程式、路由及位置是否与设计规定相符合；

（2）布放的线缆应平直，不得产生扭绞、打圈等现象，不应受到外力挤压和损伤；

（3）在布放前，线缆两端应贴有标签，标明起始和终端位置以及信息点的标号，标签书写应清晰、端正和正确；

（4）信号电缆、电源线、双绞线缆、光缆及建筑物内其他弱电线缆应分离布放。

（5）布放线缆应有冗余。在二级交接间、设备间双绞电缆预留长度一般为 3～6m，工作区为 0.3～0.6m。特殊要求的应按设计要求预留。

（6）布放线缆，在牵引过程中吊挂线缆的支点相隔间距不应大于 1.5m。

（7）线缆布放过程中为避免受力和扭曲，应制作合格的牵引端头。如果采用机械牵引，应根据线缆布放环境、牵引的长度、牵引张力等因素选用集中牵引或分散牵引等方式。

### 2．线缆的敷设步骤

（1）将装有电缆的线缆箱放在管路的一端，使线缆箱的出线口向上，在将电缆与拉线用胶带缠绕捆扎起来（如果穿多根电缆时，将多个线缆箱并排放在一起，将这些电缆端头对齐，用胶带或电工胶带缠绕捆扎牢固），抖动电缆使其成流线型，如果拉缆时要求的拉力较大，要把电缆外护套除去，使用套内的电缆对。以 6 条 4 线对电缆为例：除去电线外套大约 200 mm，将电线对分成两组，将两组电线对系成一个环，将拉绳系在环上，将这头沿着拉绳用胶带缠好以使其结实而又平滑。

（2）在每根缆线上做好标识，同时也在对应的缆线箱上做好相应的标识。

（3）在管道的另一端牵拉拉线，将电缆一齐穿过管道，并留出冗余线缆，在管理间的双绞电缆预留长度一般为 3～6m，工作区铜缆为 1.5m，缆的余长部分不包括在所需的工作长度内。特殊要求的应按设计要求预留。

（4）在缆线箱端留出冗余线缆后将电缆截断，并在该端将缆线箱上的标识复制到电缆的这一端上。

拉线工序结束后，两端留出的冗余线缆要整理和保护好，盘线时要顺着原来的旋转方向，线圈直径不要太小，有可能的话用废线头固定在吊顶上或纸箱内，做好醒目的标志，以提醒其他人员勿动勿踩。

如果是在线槽中铺设电缆，可在电缆做好标识后直接将电缆安放在底槽中，在转弯处用胶带或尼龙扎带松弛地捆扎，布放好后，扣上槽盖。也可以像在管道中穿线一样，用拉线牵引。拉线时，为防止在拐角处或管道的入口等处损伤电缆，一个简单有效的办法是用 PVC 管自制一个 45° 或 90° 的保护装置。

该保护装置制作方法其实很简单：取一截长约 30cm 的合适直径的 PVC 管材，沿纵向锯成两半，取其中一半放入约 80℃的热水中弯曲成需要的弧度，取出即可。将这种装置放在拐角处和管道的入口处，对牵拉的缆线进行保护。

在铺设水平线缆时，在难以通过的位置要使用通条。这样的位置包括墙、导管和管道。在使用通条时，管路的连接端必须是开通的，使通条能够被伸到需要的那一端（如柜子或连接盒）。电缆或拉绳可以系在通条上，然后将它拉回到原来的那一端。这些步骤可能需要重复多次。通条一般 30m 长，但也有更长的。

### 3．管道布线

管道布线是在浇筑混凝土时已把管道预埋在地板中，管道内有牵引电缆线的牵引线，施工时只需要通过管道图纸了解地板管道，就可以做出施工方案。

对于没有预埋管道的新建筑物，布线施工可以与建筑物装潢同步进行，这样便于布线，又不影响建筑的美观。

管道一般从配线间埋到信息插座安装孔，施工时只要将双绞线固定在信息插座的接线端，从管道的另一端牵引拉线就可以将线缆引到配线间。

### 4．墙上布明线

墙上布明线通常是使用金属线槽或 PVC 线槽。金属线槽一般是用在主干道或距离较长的地方，线槽固定在墙壁上，牢固可靠；PVC 线槽一般不适合较长距离的布线，多用在主干连接各信息点的路径上。PVC 线槽容量比较小，通常是多条线槽排列布线，美观性不佳。PVC 线槽一般都是用钢钉固定在墙壁上，牢固度不够，布线之后，对线缆进行检修或增加线缆都比较困难，很容易出现线槽脱离墙壁，影响用户的使用。PVC 线槽布线的最大优点是费用低、施工容易。

墙上布明线的线槽的盖板是可拆卸的，如果线槽内预留足够的空间，那么在以后，增设通信电缆是相当方便的。其布线原理图如图 4-29 所示。

### 5．线缆的牵引

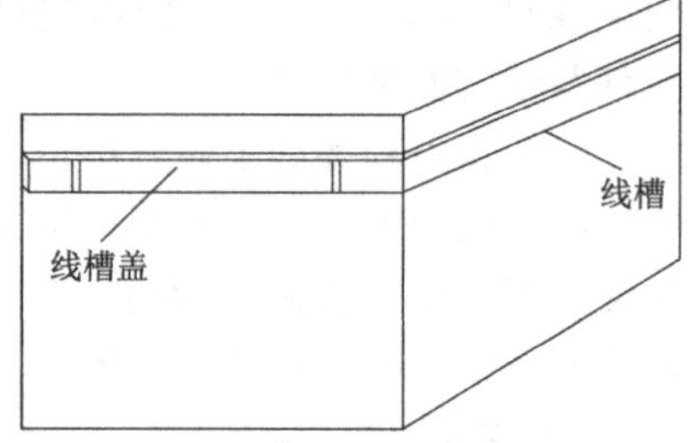

图 4-29　明线布线图

使用牵引线将线缆牵引穿过墙壁管路、天花板或地板管路，以实现通信线缆布放的操作。线缆牵引的难易程度取决于要完成作业的类型、线缆的质量、布线路由的难度，还与管道中要穿过的线缆的数目有关，在已有线缆的拥挤的管道中穿线要比空管道难。

不管在哪种场合对线缆进行牵引都应遵循一条规则：使拉线与线缆的连接点应尽量平滑，所以要在施工中通常采用电工胶带紧紧地缠绕在连接点外面，以保证平滑和牢固。在索引过程中，牵引力的大小通常是：一根 4 对双绞线电缆的拉力最大为 100N、二根 4 对双绞线电缆的拉力为 150N、三根 4 对双绞线电缆的拉力为 200N、不管多少根线对电缆，最大拉力不能超过 400N。

（1）牵引“4 对”线缆

标准的“4 对”线缆很轻，通常不要求做更多的准备，只要将它们用电工带子与拉绳捆扎在一起就行了。如果牵引多条“4 对”线缆穿过一条管路，可用下列方法：

① 将多条线缆聚集成一束，并使它们的末端对齐。

② 用电工带或胶布紧绕在线缆束外面，在末端外绕 5～10cm 长距离就行了，如图 4-30 所示。

③ 将拉绳穿过电工带缠好的线缆，并打好结，如图 4-31 所示。

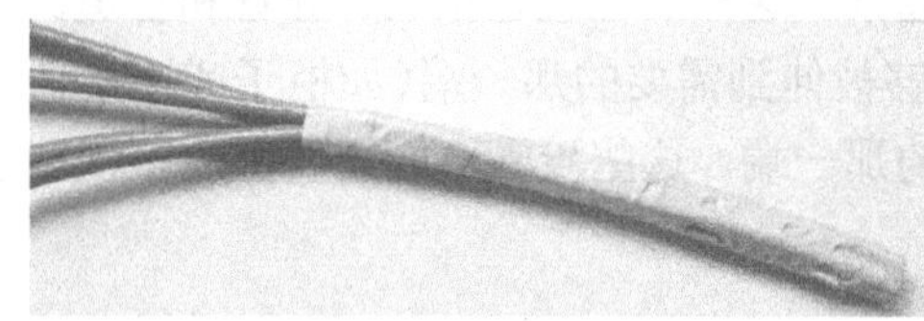
图 4-30　将多条“4 对”线缆的末端缠绕在电工带上

图 4-31　固定拉绳

如果布线管道情况比较复杂，担心在线缆牵引过程中出现散脱的现象，可以按下述方法进行线缆的牵引：

① 将线缆分成两组，除去每根线缆的 PVC 保护层，暴露出 5～10cm 的裸线，如图 4-32 所示。

② 将两组导线互相缠绕起来形成环，如图 4-33 所示。

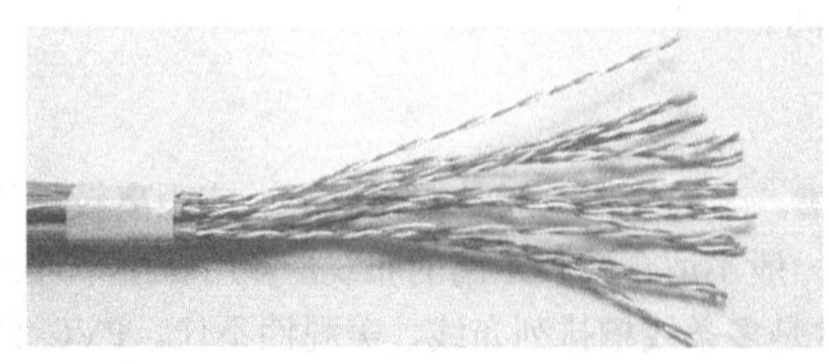
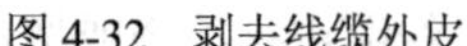
图 4-32　剥去线缆外皮

图 4-33　将线缆缠绕成环

③ 将牵引绳穿过此环，并打结，然后将电工带缠到连接点周围，如图 4-34 所示。用电工带将其缠得结实而又平滑。

（2）牵引 25 对双绞线缆

对于单根 25 对双绞线缆，可用下列方法：

① 将线缆向后弯曲以便建立一个环，并使线缆末端与线缆本身绞紧以建立一个环，如图 4-35 所示。

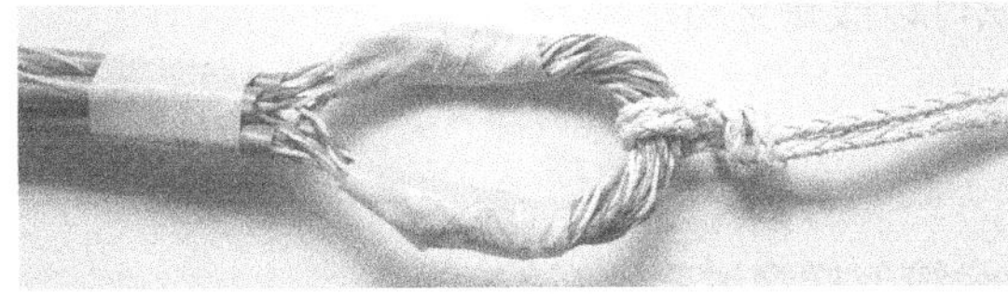

图 4-34　电工带缠绕连接点

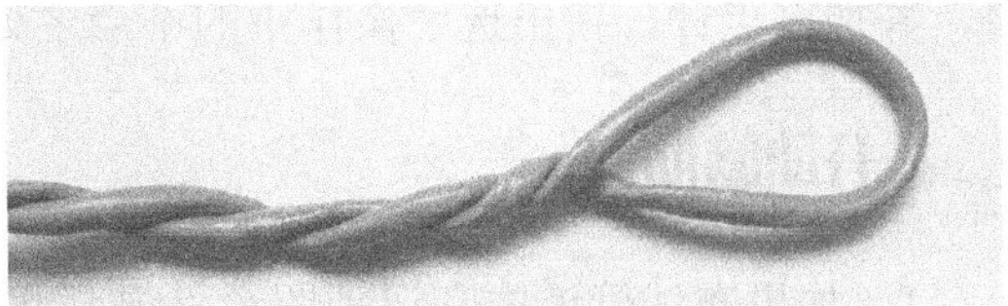

图 4-35　将线缆末端与线缆本身绞接成环

② 用电工带紧紧地缠在绞接好的线缆上，以加固此环。

③ 把索引拉绳拉接到缆环上，用电工带紧紧地将连接点包扎起来。

对于多根 25 对双绞线缆，可以采用牵引多条 4 对线缆方法中的第二种方式来牵引。但需要将线缆的线芯剪去一部分，以方便线缆的绞接和牵引。

## 小试牛刀

### 1. 线管中线缆的布放练习

按图 4-36 所示路由，在每一线管中布放 2 根双绞线缆。

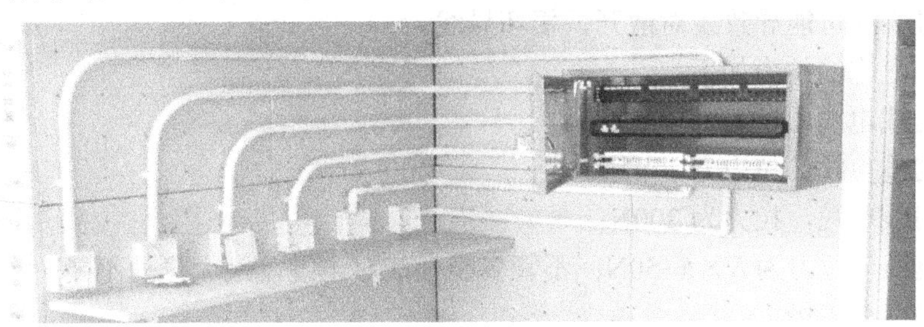

图 4-36　线管中线缆的布放

### 2. 线槽中线缆的布放

按图 4-37 所示路由，在每个线槽中布放 1～3 根不等的线缆。

图 4-37　线槽中线缆的布放

## 一比高下

1. 各个小组选派 2 名选手，完成线管中线缆的布放练习，各小组之间相关检查与监督，并加上点评，指出选手操作中的不当之处或可以改进之处。

2. 各个小组选派另外 2 名选手，完成线槽中线缆的布放练习，各小组之间相关检查与监督，并加以点评，指出选手操作中的不当之处或可以改进之处。

## 开动脑筋

1. 如果布线管道中忘记预留牵引绳，此时线缆怎样穿过管道呢？
2. 如果布线管道非常长，使用什么布线方式比较方便？为什么？

## 课外阅读

### 电缆布线中的注意事项

（1）电缆拉伸张力

不要超过电缆制造商规定的电缆拉伸张力。张力过大会使电缆中的线对绞距变形，严重影响电缆抑制噪声（包括近末端交扰、远端串音及其衍生物）能力以及电缆的结构化回波损耗，进而改变电缆的阻抗，损害整体回波损耗性能，影响高速局域网（如吉位以太网）的传输性能。此外，张力过大还可能导致线对散开，损坏导线。

线缆最大允许的拉力如下：

一根 4 对线电缆，拉力为 100N；

二根 4 对线电缆，拉力为 150N；

三根 4 对线电缆，拉力为 200N；

*N* 根线电缆，拉力为 *N*×5+50N；不管多少根线对电缆，最大拉力不能超过 400N。

（2）电缆弯曲半径

避免电缆过度弯曲。因为这可能导致线对散开，引起阻抗不匹配及不可接受的回波损耗性能。另外，弯曲过度还会影响电缆中的线对绞距，电缆内部 4 个线对绞距的改变将导致噪声抑制问题。一般情况下，电缆制造商都建议，安装后的电缆弯曲半径不得低于电缆直径的 8 倍。对典型的六类电缆，弯曲半径应大于 50mm。

在安装过程中，最可能出现电缆弯曲的区域是配线柜。大量的电缆引入配线架，为保持布线整洁，可能将某些电缆压得过紧、弯曲过度，而这种情况通常是看不见的，因而常常被疏忽，从而降低布线系统的性能。如果制造商提供了背面线缆管理设备，那么就要根据制造商的建议使用这些设备。

（3）电缆压缩

避免使电缆扎线带过紧而压缩电缆。在大的成捆电缆或电缆设施中最可能发生这个问题，其中成捆电缆外面的电缆会比内部的电缆承受更多的压力。压力过大会使电缆内部的绞线变形，影响其性能，一般会使回波损耗处于不合格状态。回波损耗的效应会积累起来，

例如，在挂在悬挂线上的长走线电缆中，每隔 300mm 就要使用一条电缆扎线带，如果挂在悬挂线上的电缆长 40m，那么扎线次数为 134 次，其中的每个过紧的电缆扎线所引起的回波损耗都会积累起来，提高总损耗。因此在使用电缆扎线带时，要特别注意扎线带使用的压力大小。扎线带的强度只要能够支撑成捆电缆即可，图 4-38 是捆扎对照图。

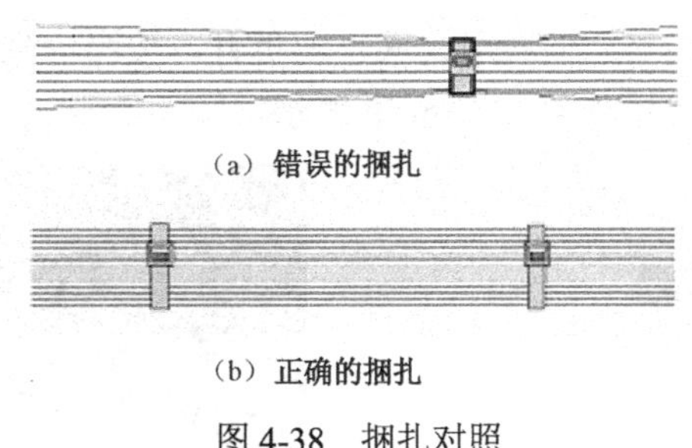


图 4-38　捆扎对照

（4）电缆重量

在使用悬挂线支撑电缆时，必须考虑电缆重量。电缆的重量因制造商而异，比如 Molex 企业布线网络部 23 号（直径为 0.6mm）六类电缆的重量大约是五类电缆的两倍，如果采用这种 1m 长的 24 条六类电缆，其重量接近 1kg，而相同数量的五类或超五类电缆的重量仅 0.6kg，因此，每个悬挂线支撑点每捆最多支撑 24 条电缆。

（5）电缆打结

在从卷轴上拉出电缆时，要注意电缆可能会打结。电缆打结，就应视为损坏，应更换电缆。因为即使弄直电缆结，损坏也已经发生，这一点可以通过对电缆的测试得到验证。尽管一个电缆结不可能导致测试不合格，但是，所有这些效应会积累在一起，当它们与电缆扎线带引起的性能下降等其他因素综合在一起时，会导致系统测试不合格。

（6）成捆电缆中的电缆数量

在任意数量的电缆以很长的平行长度捆在一起时，其中具有相同绞距的不同电缆的线对电容耦合（如蓝线对到蓝线对）会导致串扰明显提高。这称为“外来串扰”，这一指标还有待布线标准的规范或精确定义。消除外来串扰不利影响的最佳方式是最大限度地降低并行线缆的长度，以伪随机方式安装成捆电缆。长期以来，一直采用的方法是在走线中使用“梳状”布线方式（以保持整洁）。把电缆捆在一起是避免不同电缆的任何两个线对在有效长度内存在平行敷设可能性的最佳方式。这一点没有捷径或其他有效方法。

（7）环境温度

环境温度在五类和超五类布线中已经是个问题，在六类布线中，它更为严重。环境温度会影响电缆的传输特点，所以，应尽量避免可能遇到的高温环境，如>60℃。如果天花板上的屋顶处于阳光直射下，就很容易发生这种情况。一般来说，在温度提高时，电缆的衰减会提高，其对长链路的影响是可能导致参数勉强合格或不合格。

## 工作任务 4　端接双绞线缆

### 1．信息模块的端接

通常信息模块标注有双绞线的颜色标号，与双绞线压接时，注意颜色标号配对就能够正确地压接。安装方法如下：

（1）把双绞线从布线底盒中拉出，剪至合适的长度。使用电缆准备工具剥除外层绝缘皮，如图 4-39 所示，用剪刀剪掉抗拉线。

（2）将信息模块的 RJ-45 接口向下，置于桌面、墙面等较硬的平面上。

（3）分开网线中的 4 对线对，但线对之间不要拆开，按照信息模块上所指示的线序，稍稍用力将导线一一置入相应的线槽内，如图 4-40 所示。

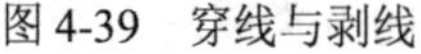
图 4-39　穿线与剥线

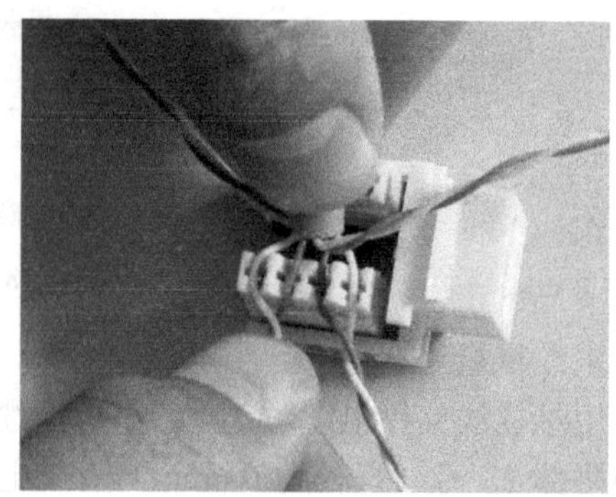
图 4-40　理线

（4）将打线工具的刀口对准信息模块上的线槽和导线，垂直向下用力，听到“喀”的一声，模块外多余的线会被剪断。重复这一操作，可将 8 条芯线一一打入相应颜色的线槽中，如图 4-41 所示。

（5）将模块的塑料防尘片沿缺口插入模块，并牢牢固定于信息模块上，模块端接完成。

（6）将信息模块插入信息面板中相应的插槽内，如图 4-42 所示。再用螺丝钉将面板牢牢地固定在信息插座的底盒上即可完成信息插座的端接。

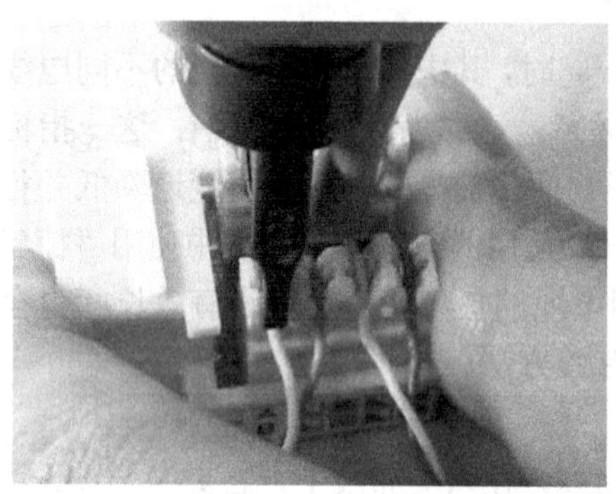
图 4-41　压线

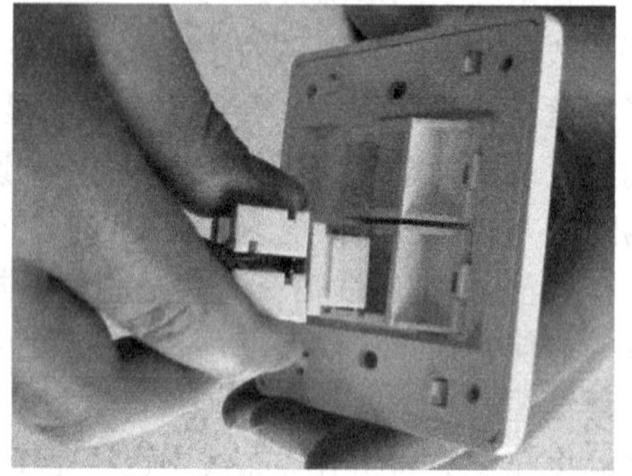
图 4-42　卡入信息面板

### 2．配线架的安装与端接

（1）按照机柜布局设计图纸，机柜的反面方向安装 1U 高度的机柜方螺母，如图 4-43 所示，用配套螺丝固定网络配线架。

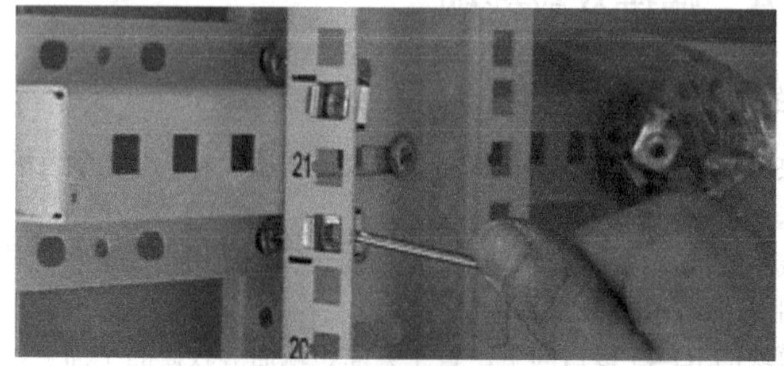

图 4-43　安装机柜方螺母

（2）把要端接的电缆放到机柜里，电缆一般从柜底或柜顶进线，为了将来便于维护和管理，按照双绞线电缆标识单双编号分开，理好线，使其整齐后，分两边扎在机柜前端支柱槽里，如果有扎线环就扎在环上。

（3）用剥线器将双绞线电缆的外皮剥除合适的长度，将双绞线电缆按白蓝、蓝、白橙、橙、白绿、绿、白棕、棕的顺序依次按压在配线架的 V 字槽内，如图 4-44 所示。一般 8 条网络线为一个单元。

（4）使用打线刀将双绞线缆打压在配线架的模块上，并将多余的电缆打断，如图 4-45 所示。

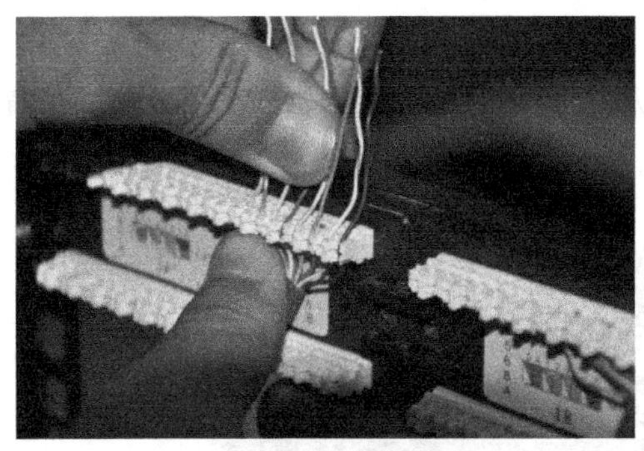

图 4-44　双绞线的端接

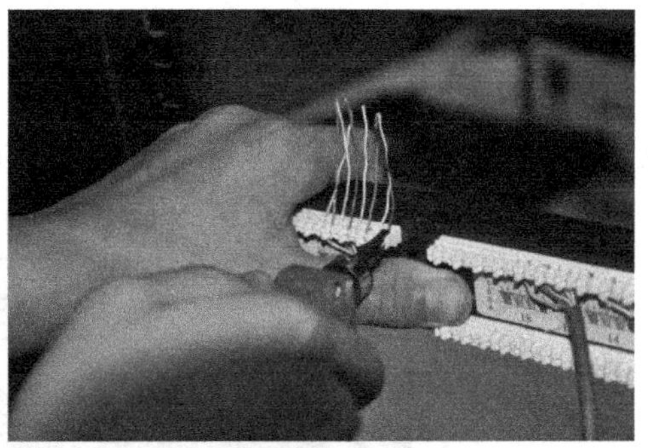

图 4-45　打压双绞线缆

（5）完成打压之后，使用绑扎带整理线缆，将线缆整齐地排列到机柜的垂直理线区域，注意美观有序。所有线缆端接后，用绑扎带整理到机柜的垂直理线区域，如图 4-46 所示。

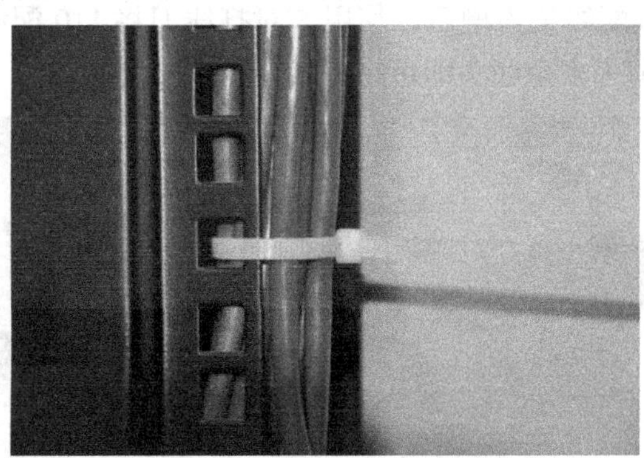

图 4-46　理线

### 3．110 配线架的端接

一般语音系统使用 110 配线架和大对数电缆，110 配线架的安装与网络配线架的安装方法相同，用配套螺丝将配线架固定到机柜的对应位置。

（1）将大对数电缆布放到 110 配线架的前端，如图 4-47 所示。

图 4-47　将大对数电缆布放到配线架前端

（2）使用美工刀将大对数电缆的外表皮割开，剥去其外表皮，如图 4-48 所示。

图 4-48　剥去外表皮

（3）将大对数电缆按照主色加配色排序，以 25 对大对数电缆为例，主色为白红黑黄紫，配色为蓝橙绿棕灰。排列方式为：白、蓝、白、橙、白、绿、白、棕、白、灰、红、蓝、红、橙、红、绿，以此类推，如图 4-49 所示。

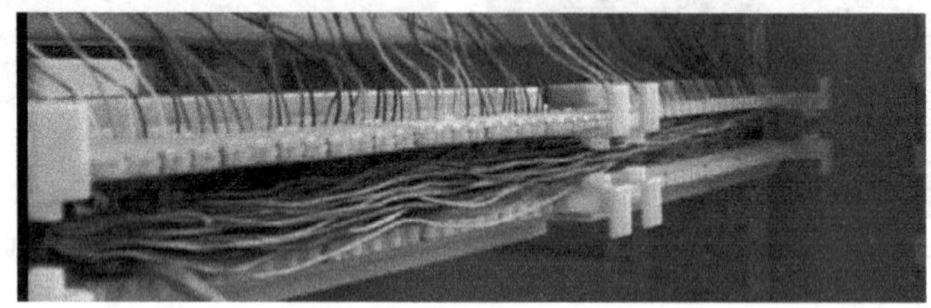

图 4-49　大对数电缆的排列

（4）大对数电缆卡入配线架内槽后，使用 5 对打线刀将 110 配线架 5 对连接块卡入，如图 4-50 所示，再用剪刀剪去多余线头即可完成 110 配线架的端接。

图 4-50　5 对连接块卡入

## 小试牛刀

将班级学生分为若干个小组，在网络布线实训室各小组完成以下练习：

（1）在开放式配线实训架上安装网络配线架和 110 配线架，两个配线架之间间隔 1U，如图 4-51 所示；

（2）在安装好的配线架上完成如图 4-52 所示的复杂链路的端接练习；

（3）使用简易线缆测试仪测试通断情况。

**要求：**每个小组成员均要完成一组复杂链路的端接。每个成员完成的链路不要拆除，全部完成后，再进行全班比较。

图 4-51　配线架安装示意图

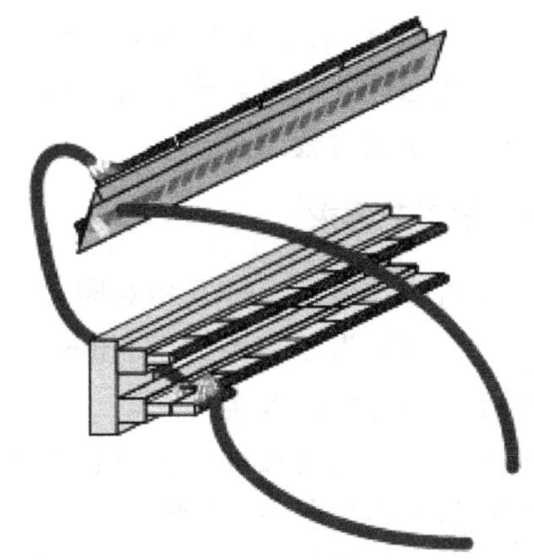

图 4-52　复杂链路端接示意图

## 一比高下

1．以小组自评与小组之间交叉打分为评价方式，评分表格如表 4-1 所示，每一个链路 50 分，分项分由教师根据情况确定。

表 4-1　复杂链路练习评分表

| 组员 | 自评 | | | 交叉评价 1 | | | 交叉评价 2 | | | 交叉评价 3 | | | 交叉评价 4 | | |
|---|---|---|---|---|---|---|---|---|---|---|---|---|---|---|---|
| | 通畅 | 正确 | 质量 | 通畅 | 正确 | 质量 | 通畅 | 正确 | 质量 | 通畅 | 正确 | 质量 | 通畅 | 正确 | 质量 |
| | | | | | | | | | | | | | | | |
| | | | | | | | | | | | | | | | |
| | | | | | | | | | | | | | | | |
| | | | | | | | | | | | | | | | |

2．每个小组推荐 1 位学生，在规定的时间内完成 2 个复杂链路的端接展示，以这位学生的成绩作为小组的附加成绩，每位同学的成绩是个人成绩和附加成绩之和。

## 开动脑筋

1．信息模块可以重复使用，网线配线架可以吗？水晶头呢？

2．110 配线架在网络布线中的作用是什么？

3．如果网络配线架是安装在机柜中的，线缆的端接与配线架的安装顺序是怎样的？

## 课外阅读

### 1．双绞线电缆端接中常见的错误

电缆安装是一个以安装工艺为主的工作，很难做到完全无误地工作。这里列出一些常见的连接错误，以提醒读者在实际工作避免或方便查找故障原因：

（1）反接。同一对线在两端针位接反，例如，一端为 1-2，另一端为 2-1。

（2）错对。将一对线接到另一端的另一对线上，例如，一端是 1-2，另一端接在 5-5 上。

（3）串绕。所谓串绕，是指将原来的两对线分别拆开后又重新组成新的线对。由于出现这种故障时端对端的连通性并未受影响，所以用普通的万用表不能检查出故障原因，只有通过使用专用的电缆测试仪才能检查出来。

### 2. 线架安装的工艺要求

（1）配线架位置应与电缆上线孔相对应。

（2）各直列垂直倾斜误差应不大于 3mm，底座水平误差每米应不大于 2mm。

（3）接线端子各种标记应齐全。

（4）安装机架、配线设备接地体应符合设计要求，并保持良好的电器连接。

（5）尽可能保持双绞线对的扭绞形状，使电缆中的每个线对的绞距尽可能靠近模块接线夹，减少去扭绞的长度，去扭绞的长度不能大于 12mm，如图 4-53 所示。

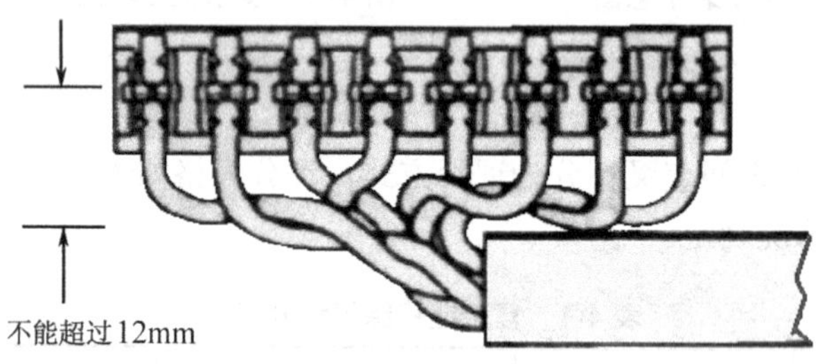


图 4-53　配线架打线要求

（6）保留的双绞线电缆长度要合适，要留有足够的余量，防止留下的电缆过短导致电缆变形或超出最小弯曲半径，又不要过长导致电缆在配线架通道四周卷曲。

（7）在电缆端接点上，双绞线电缆的外套不能剥离过多，剥离的目的只是可以舒适地把导线接到模块接线夹上。使剥开的护套长度达到最小，可以更好保持电缆内部的线对绞距，以实现最有效的传输通路。

（8）线缆扣不能扣太紧。

（9）电缆弯曲半径不能小于允许的最小弯曲半径，如图 4-54 所示。

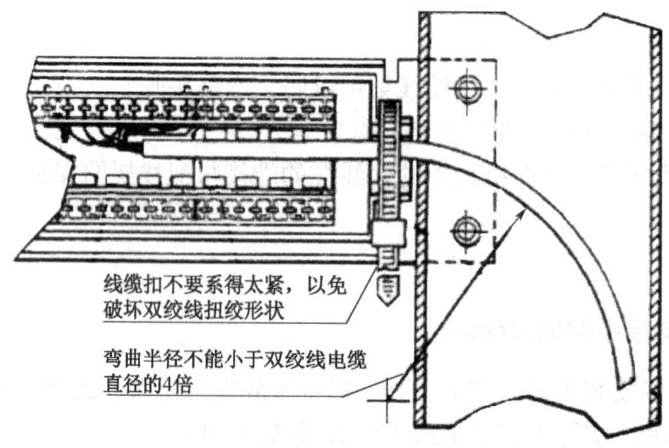


图 4-54　双绞线端接的工艺要求

# 工作任务 5　端接光缆系统

## 1．光纤的端接

在结构化布线项目中，双绞线都是简洁地使用压线工具端接到配线架和模块上，无论类别或厂商的差异。相比之下，光纤端接的方式要复杂一些，也会受光连接器的类型不同、供应厂商所能够提供产品线的影响。

（1）纤对纤。纤对纤是指铺设光纤与在工厂已端接了一端光连接器的尾纤相连接。分两种方式：熔接和机械接续。

熔接是相对较快的光纤端接方式，使用辅助工具将铺设的光纤与尾纤均剥去外皮、切割、清洁后，使用光熔接机在熔接保护套的保护下将两段光纤“熔”为一体即成。在光纤熔接机中，两段光纤靠近并对准后，在电极产生的电弧加热下，纤芯熔化连接在一起。熔接方式的优点是稳定可靠，损耗很低，失败率在 1%以下，缺点是在现场要有电源，并且设备价格相对昂贵。

机械接续是将铺设光纤与尾纤均剥去外皮、切割、清洁后，插入接续匹配盘中对准、相切并锁定。机械接续过程可逆，速度也较快，失败率略高于熔接，工具简易投入小，但接续匹配盘通常不便宜。

“纤对纤”这两种方式共同的好处是光纤端接方式不受光连接器类型选择的影响，并且尾纤上光连接器是在工厂组装成的，经过检验，性能有保障。

（2）纤对接头。纤对接头是指铺设光纤与光连接器直接相连接。将铺设好的光纤剥去外皮、清洁后穿入光连接器，光纤与连接器之间由黏合剂接合，常用的黏合剂是环氧树脂，需要在烘炉上加热 15～20min 后才固化（也有使用催化剂“冷”固化的，时间较短），再沿光连接器末端面切割并按一定的程序手工打磨（在工厂环境下制作尾纤或跳线则用机器成批打磨）。根据研磨成的端面形状，端面分为 FC 形和 PC 形两种，FC 形的端面是平面形的，容易受微小灰尘影响而产生反射，PC 形的端面是拱形的，性能较好。

光纤纤芯和连接器用黏结剂牢固地连接在一起，是为了防止光纤在连接器中松动，导致线路中断甚至损坏。（目前还出现了一种不使用黏结剂而是用工具将套管打上褶皱卷边的办法来固定纤芯的连接器，是否能够被市场接受并普及还有待观察。此外，有些厂家还提供一些预研磨光的连接器，不需在现场对插头研磨，但对光纤截断的断面质量要求较高，需使用更好的工具。）

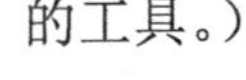

## 2．光纤的熔接（以迪威普光纤熔接机为例说明）

光纤熔接需要专业的工具——光纤熔接机，它主要用于光通信中的光缆的施工和维护。其工作原理是利用放出电弧将两根光纤接头处熔化，以达到连接光纤的目的。国产的光纤熔接机厂家主要有中电 41 所、南京吉隆、南京迪威普、深圳瑞研、上海祥和、南京天信通等，品牌也比较多。国外品牌的熔接机主要是日本和韩国的，价格上比较高，质量上与国产熔接机相比并没有特别的优势。图 4-55 所示为国产的 DVP 牌熔接机。

图 4-55　光纤熔接机

迪威普光纤熔接机的操作键盘分为左右两个部分，右键盘有三个控制键如图 4-56 所示，其功能如表 4-2 所示。

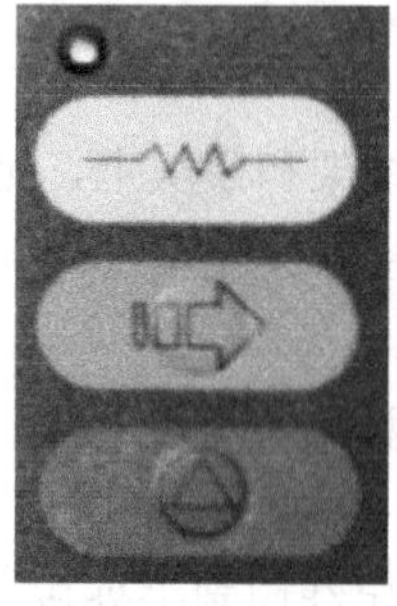

图 4-56　右键盘

表 4-2　迪威普光纤熔接机右键盘功能表

| KEY | 名　称 | 功　能 |
|---|---|---|
| | 加热键 | 热缩管加热器开关 |
| | 开始键 | 开始光纤熔接程序 |
| | 复位键 | 熔接机复位 |

左键盘由 7 个功能键组成，如图 4-57 所示，其功能如表 4-3 所示。

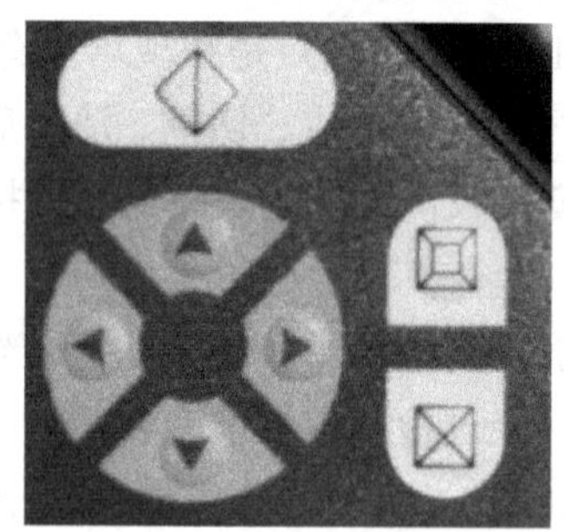

图 4-57　左键盘

表 4-3　迪威普光纤熔接机左键盘功能表

| KEY | 名　称 | 功　能 |
|---|---|---|
| | 左右转换键 | 手动方式下转换左右操作 |
| | 菜单键 | 1．进入菜单设置程序<br>2．确认菜单 |
| | 退出键 | 1．退出菜单设置程序<br>2．退回上一级菜单 |
| | 向下键 | 1．菜单方式下向下滚动菜单条<br>2．手动方式下控制电机调芯方向 |
| | 向上键 | 1．菜单方式下向上滚动菜单条<br>2．手动方式下控制电机调芯方向 |
| | 向右键 | 1．修改程序值，向上递增<br>2．手动方式下控制电机推进方向 |
| | 向左键 | 1．修改程序值，向下递增<br>2．手动方式下控制电机推进方向 |

光纤熔接工作不仅需要专业的熔接工具，还需要很多普通的工具辅助完成这项任务，如剪刀、光纤切割刀、光纤剥线钳、酒精棉花和热缩套管等，如图 4-58、图 4-59 所示。

工具准备完成后，要打开光纤熔接机，设置成需要熔接的光纤类型模式，如图 4-60 所示。

图 4-58　光线切割刀

图 4-59　热缩套管

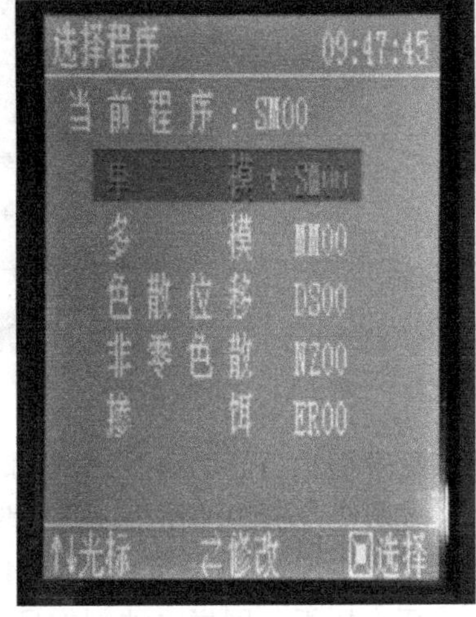


图 4-60　选择光纤类型

用光纤剥线钳的外口在光纤的水平和垂直方向各剪一刀，将光纤外表皮剥去，用剪刀将凯夫拉线剪断，如图 4-61 所示。选定需要熔接的光纤套入热缩套管，如图 4-62 所示。

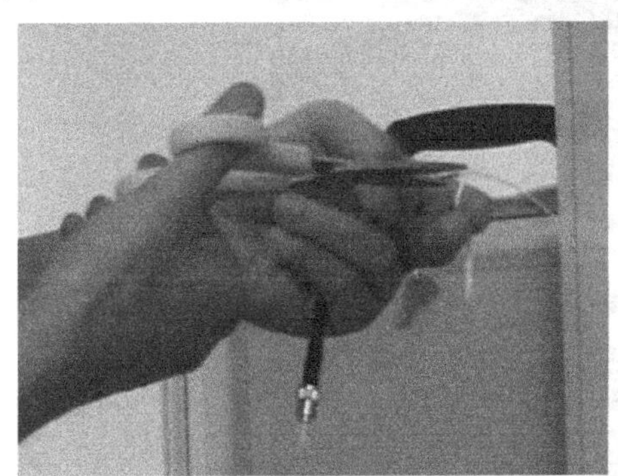

图 4-61　剪断凯夫拉线

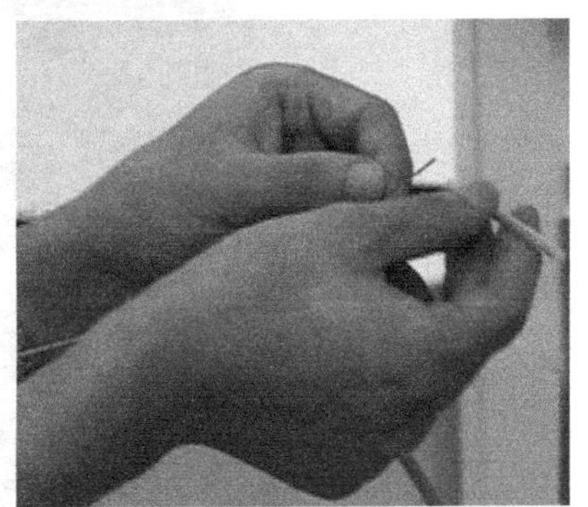

图 4-62　套入热缩套管

使用光纤剥线钳小口在垂直方向上剪下，再将光纤剥线钳逆时针旋转一定角度，一只手拉紧光纤，慢慢将光纤剥线钳向外剥线，直到将光纤外皮和涂敷层全部剥去，如图 4-63 所示。

光纤外皮和涂敷层全部剥去后，用酒精棉蘸些酒精将剥好的光纤擦拭后，使用光纤切割刀切割光纤。打开左右两个压片，将切割滑块从下方移动到上方，将剥好的光纤放入切割刀，将光纤的外皮放在切割刀 16 到 20 刻度之间的位置，把压片压下，如图 4-64 所示。

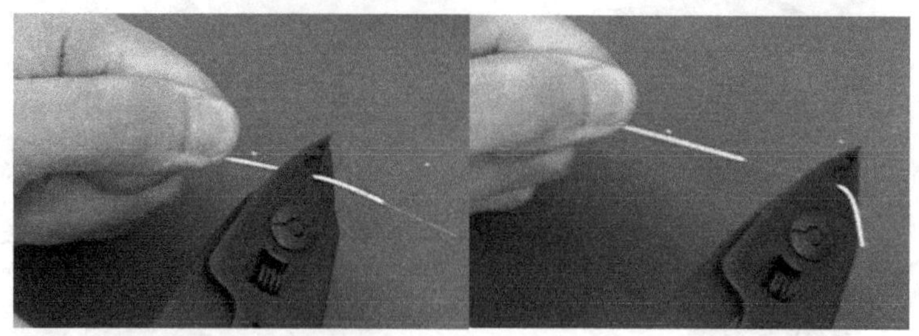

图 4-63　剥光纤外皮

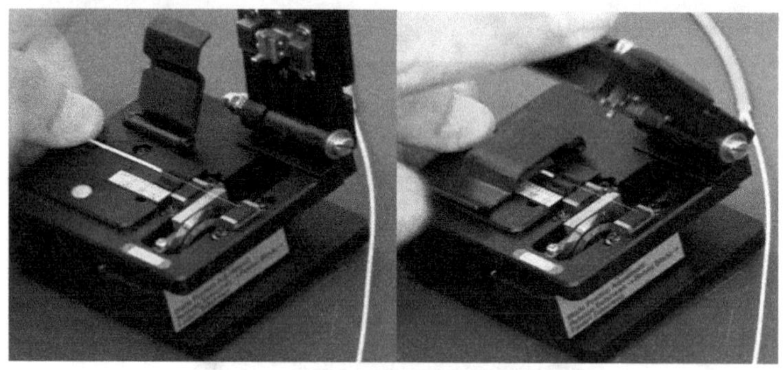

图 4-64　切割光纤

将切割滑块从下方推至上方，打开切割刀的两个压片，此时光纤纤芯已经切割完成。打开光纤熔接机的防风罩，打开中央区域两个电极边的压板，将切割好的光纤小心翼翼地放入一个压板下的 V 字槽内（注意光纤不能接触其他任何东西），如图 4-65 所示。此时光纤纤芯的位置应该在上下两个电极的左右两侧，压上压板。同样方法制作另一根光纤并放入光纤熔接机内，盖上防风罩。

图 4-65　将光纤放入熔接机

按下熔接按键，屏幕显示 X、Y 轴两个方向的射影情况，熔接机自动对准纤芯放电熔接，如图 4-66 所示，待熔接完成之后，打开防风罩，打开压板，将光纤小心取出。

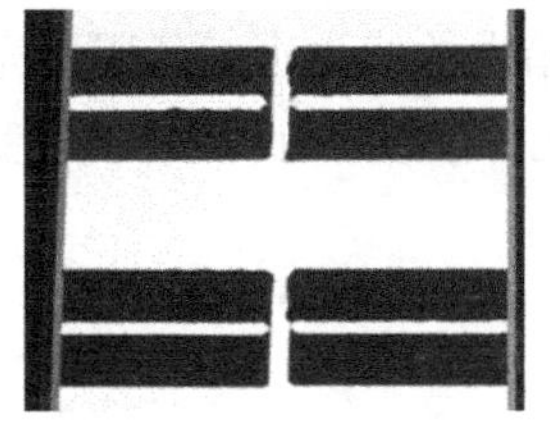
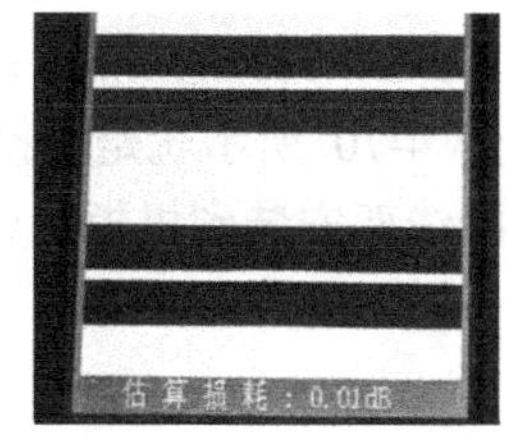


图 4-66　光纤熔接过程的屏幕提示

将热缩管慢慢地套入被熔接区域后，将光纤放入熔接机的加热槽，如图 4-67 所示，按下加热按键，对热缩管进行加热，加热指示灯熄灭后，打开加热槽将光纤取出冷却，一根光纤熔接完成。

图 4-67　加热热缩管

### 3. 光纤配线架的安装

光纤需要被端接在光纤配线箱或配线架上，光纤配线箱和配线架的区别不大。图 4-68 所示就是常见的光纤配线架。

常见的 24 口光纤配线架按以下步骤安装。

（1）光纤耦合器（又称为光纤适配器）安装在光纤配线架上，要注意光纤耦合器的类型要与光纤上端接的连接器的类型一致，图 4-69 所示是常见光纤耦合器。

（2）将连接了光纤的光纤连接器插在光纤配线架的光纤适配器上，再用光纤跳线接到相应的网络设备上。

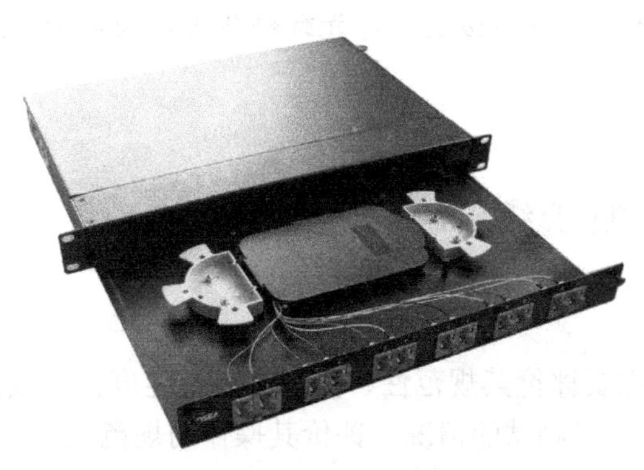

图 4-68　常见的光纤配线架

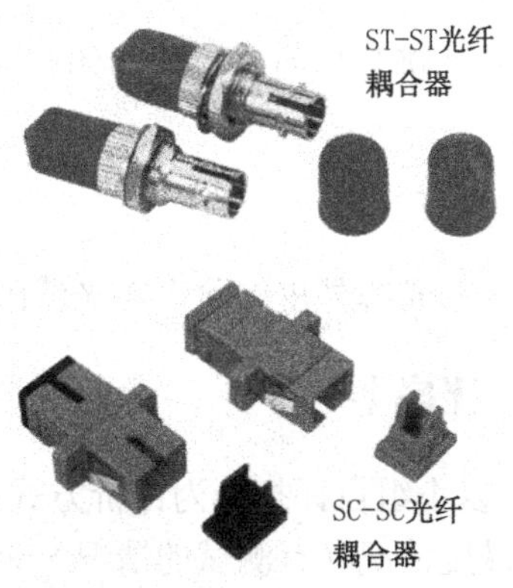


图 4-69　常见的光纤耦合器

（3）多余的备用光纤盘在接线箱内的线盘上，备用的光纤不要留得太长，盘两圈多就可以了。如图 4-70 所示就是端接好的光纤配线架示意图，端接完成后，盖上光纤配线架的盒盖，将光纤配线架安装到机柜中即可。

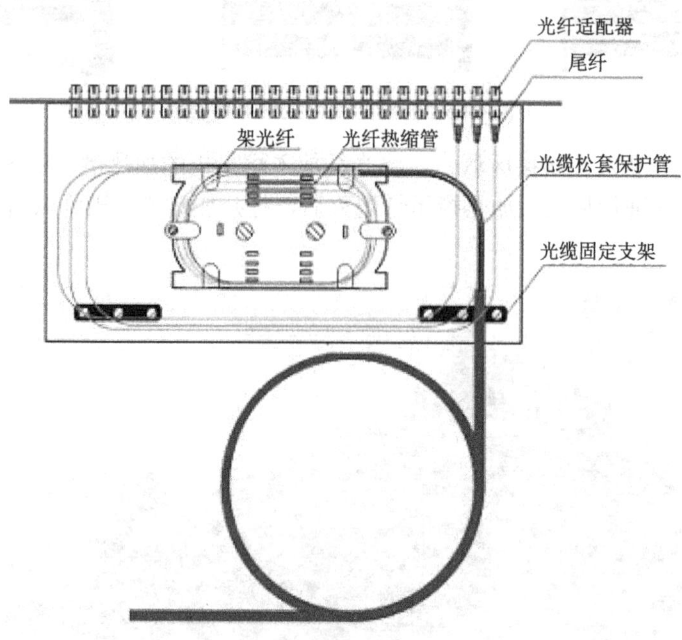


图 4-70　端接光纤配线架示意图

## 小试牛刀

将班级学生分为若干个小组，在网络布线实训室各小组完成以下练习（在条件许可的情况下）。

**材料准备：**

2m 长左右的 8 芯光缆若干根，12 芯的法兰盘（光纤配线架）若干个，0.5m 光纤尾纤若干根（或光纤跳线），光纤熔接机若干台（一台以上），光纤工具箱若干个。

**分组完成：**

### 1. 光纤尾纤的熔接

将光纤跳线切断，再使用熔接机将切断的光纤熔接起来，光纤跳线可以被多个学生重复使用。

### 2. 盘纤

将 8 芯光缆外皮剥除，在光纤配线架上进行盘纤练习。

## 一比高下

1. 以小组自评打分为评价方式，盘纤主要评价其规范性、美观度以及速度；熔接评价主要从衰减度情况（有测试的情况）来评定，不能测试的情况，评价其操作的规范性。

2. 每个小组推荐 1 位学生，在规定的时间内完成盘纤与光纤熔接练习的展示，以这位学生的成绩作为小组的附加成绩，每位同学的成绩是个人成绩和附加成绩之和。（在条件许可的情况下，可以对熔接后的光纤进行衰减测试，以此作为评定成绩的依据）

## 开动脑筋

1．单模光纤和多模光纤可以熔接起来使用吗？
2．不同芯径的光纤可以熔接在一起使用吗？
3．光纤熔接后，信号一定会衰减吗？

## 课外阅读

### 光纤的熔接损耗

光纤传输具有传输频带宽、通信容量大、损耗低、不受电磁干扰、光缆直径小、重量轻、原材料来源丰富等优点，因而正成为新的传输媒介。光在光纤中传输时会产生损耗，这种损耗主要是由光纤自身的传输损耗和光纤接头处的熔接损耗组成的。光缆一经定购，其光纤自身的传输损耗也基本确定，而光纤接头处的熔接损耗则与光纤的本身及现场施工有关。努力降低光纤接头处的熔接损耗，则可增大光纤中继放大传输距离和提高光纤链路的衰减裕量。

#### 1．影响光纤熔接损耗的主要因素

影响光纤熔接损耗的因素较多，大体可分为光纤本征因素和非本征因素两类。

（1）光纤本征因素是指光纤自身因素，主要有四点。

① 光纤模场直径不一致；

② 两根光纤芯径失配；

③ 纤芯截面不圆；

④ 纤芯与包层同心度不佳。

其中光纤模场直径不一致影响最大，按 CCITT（国际电报电话咨询委员会）建议，单模光纤的容限标准如下：

模场直径：（9～10μm）±10%，即容限约±1μm。

包层直径：125±3μm。

模场同心度误差≤6%，包层不圆度≤2%。

（2）影响光纤接续损耗的非本征因素，即接续技术。

① 轴心错位：单模光纤纤芯很细，两根对接光纤轴心错位会影响接续损耗。当错位 1.2μm 时，接续损耗达 0.5dB。

② 轴心倾斜：当光纤断面倾斜 1°时，约产生 0.6dB 的接续损耗，如果要求接续损耗≤0.1dB，则单模光纤的倾角应为≤0.3°。

③ 端面分离：活动连接器的连接不好，很容易产生端面分离，造成连接损耗较大。当熔接机放电电压较低时，也容易产生端面分离，此情况一般在有拉力测试功能的熔接机中可以发现。

④ 端面质量：光纤端面的平整度差时也会产生损耗，甚至气泡。

⑤ 接续点附近光纤物理变形：光缆在架设过程中的拉伸变形，接续盒中夹固光缆压力太

大等，都会对接续损耗有影响，甚至熔接几次都不能改善。

（3）其他因素的影响。

接续人员操作水平、操作步骤、盘纤工艺水平、熔接机中电极清洁程度、熔接参数设置、工作环境清洁程度等均会影响到熔接损耗的值。

#### 2. 降低光纤熔接损耗的措施

（1）一条线路上尽量采用同一批次的优质名牌裸纤

对于同一批次的光纤，其模场直径基本相同，光纤在某点断开后，两端间的模场直径可视为一致，因而在此断开点熔接可使模场直径对光纤熔接损耗的影响降到最低程度。所以要求光缆生产厂家用同一批次的裸纤，按要求的光缆长度连续生产，在每盘上顺序编号并分清 A、B 端，不得跳号。敷设光缆时须按编号沿确定的路由顺序布放，并保证前盘光缆的 B 端要和后一盘光缆的 A 端相连，从而保证接续时能在断开点熔接，并使熔接损耗值达到最小。

（2）光缆架设按要求进行

在光缆敷设施工中，严禁光缆打小圈及折、扭曲，3km 的光缆必须 80 人以上施工，4km 必须 100 人以上施工，并配备 6～8 部对讲机；另外“前走后跟，光缆上肩”的放缆方法，能够有效地防止打背扣的发生。牵引力不超过光缆允许的 80%，瞬间最大牵引力不超过 100%，牵引力应加在光缆的加强件上。敷放光缆应严格按光缆施工要求，从而最低限度地降低光缆施工中光纤受损伤的概率，避免光纤芯受损伤导致的熔接损耗增大。

（3）挑选经验丰富训练有素的光纤接续人员进行接续

现在熔接大多是熔接机自动熔接，但接续人员的水平直接影响接续损耗的大小。接续人员应严格按照光纤熔接工艺流程图进行接续，并且熔接过程中应一边熔接一边用 OTDR 测试熔接点的接续损耗。不符合要求的应重新熔接，对熔接损耗值较大的点，反复熔接次数以 3～4 次为宜，多根光纤熔接损耗都较大时，可剪除一段光缆重新开缆熔接。

（4）接续光缆应在整洁的环境中进行

严禁在多尘及潮湿的环境中露天操作，光缆接续部位及工具、材料应保持清洁，不得让光纤接头受潮，准备切割的光纤必须清洁，不得有污物。切割后光纤不得在空气中暴露时间过长尤其是在多尘潮湿的环境中。

（5）选用精度高的光纤端面切割器来制备光纤端面

光纤端面的好坏直接影响到熔接损耗大小，切割的光纤应为平整的镜面，无毛刺，无缺损。光纤端面的轴线倾角应小于 1°，高精度的光纤端面切割器不但提高光纤切割的成功率，也可以提高光纤端面的质量。这对 OTDR 测试不着的熔接点（即 OTDR 测试盲点）和光纤维护及抢修尤为重要。

（6）熔接机的正确使用

熔接机的功能就是把两根光纤熔接到一起，所以正确使用熔接机也是降低光纤接续损耗的重要措施。根据光纤类型正确合理地设置熔接参数、预放电电流、时间及主放电电流、主放电时间等，并且在使用中和使用后及时去除熔接机中的灰尘，特别是夹具、各镜面和 V 形槽内的粉尘和光纤碎末的去除。每次使用前应使熔接机在熔接环境中放置至少 15 分钟，特别是在放置与使用环境差别较大的地方（如冬天的室内与室外），根据当时的气压、温度、湿度等环境情况，重新设置熔接机的放电电压及放电位置，以及使 V 形槽驱动器复位等调整。

## 本项目小结

本项目通过 5 个工作任务介绍了综合布线施工的主要技术，主要内容有施工前的安全教育、线管与线槽的敷设技术、双绞线缆的布放技术、双绞线系统的端接技术以及光缆的熔接与布放方法等。本项目的教学内容基本上都需要在综合布线实训室内完成，学生学习与掌握的重点内容是双绞线系统的布放与端接通技术，光缆的布放的熔接技术可以根据学校的硬件配置情况有选择地学习。通过本项目的学习，使学生能够对综合布线的施工基本技术有所了解与掌握，为今后适应工作岗位的技术要求打下基础。

## 思考与练习

1．工程施工前，为什么要对施工人员进行安全教育？
2．要做到安全施工，需要注意哪些方面的事项？
3．桥架的安装方式主要有哪几种？我们平常最常见的是什么方式？
4．金属管明敷有什么要求？
5．电缆布线时需要注意什么？
6．线槽敷设的支撑保护要求是什么？
7．安装信息模块时，线缆的顺利怎么排列的？
8．光纤的切割可以使用我们平时使用的剪刀吗？为什么？
9．光纤熔接完成后，为什么要套上热缩管？
10．布线系统中的线管管径非常大时，还可以使用弯管器吗？

# 项目 5　交换机与路由器的基本配置

## 项目描述

任何一个网络工程如果抛开其技术层面的内容，单纯从物理连接观点考虑，网络工程是由传输介质、网络互联设备和资源设备三大块组成的。不同的组网工程其实就是这三大块设备不同的排列组合而已。而这三大块中，作为网络核心的是网络互联设备中的交换机或路由器，从某种意义上说核心交换机或核心路由器的性能决定着一个网络的整体性能，掌握交换机和路由器的基本配置是每一个网络工程师最基本的技术要求。

## 项目分解

工作任务 1　认识交换机
工作任务 2　Packet Tracer 模拟器的使用
工作任务 3　对交换机进行基本配置
工作任务 4　认识路由器
工作任务 5　对路由器进行基本配置

## 工作任务 1　认识交换机

### 1. 交换与交换机

交换是根据通信两端传输信息的需要，用人工或设备自动完成的方式，将需要传输的信息送到符合要求的相应路由上的技术统称。交换与交换机最早起源于电话通信系统，如图 5-1 所示。中间的交换如果是人工进行的就是人工交换机，这种场面在现在的一些展示解放初期的一些电影中还能看到，一方拿起话筒一阵猛摇，局端是一排插满线头的机器，戴着耳麦的话务员接到连接要求后，将线头插在相应的出口，为两个用户端建立起连接，直到通话结束。不过，由于现在早已普及程控交换机，图中的交换过程是自动完成的。

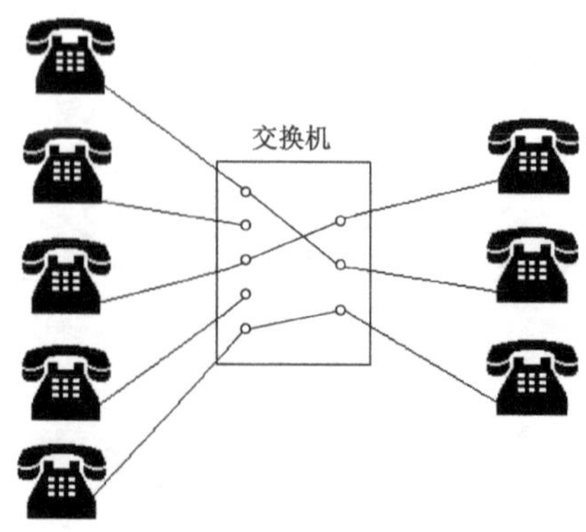


图 5-1　交换机示意图

在计算机网络系统中，交换概念的提出主要是为了改进共享工作模式。集线器就是一种共享设备，一般集线器对数据包的处理，都是简单地将数据包复制并重制后，送往目前连接该集线器的各项设备上，因此数据包充斥在整个连通的网络中，而且同时仅有一组数据交换的信号。如果整个网络内部数据传输负载相当大，那么将造成整个区域内的带宽被各式各样的数据包所占据，因而容易发生冲突，同时导致网络传输的速率明显降低与不足。

交换机又称为网络开关，是专门设计的、使计算机能够相互高速通信的独享带宽的网络设备，常见的交换外形如图 5-2 所示。拥有一条带宽很高的背部总线和内部交换矩阵，所有的端口都挂接在这条背部总线上，控制电路接收到数据包后，处理端口会查找内存中的地址对照表以确定目的地址挂接在哪个端口上，通过内部交换矩阵迅速地将数据包传送到目的端口，如果目的地址在地址表中不存在，才将数据包发往所有的端口，接收端口回应后，交换机将把它的地址添加到内部地址表中。

图 5-2　常见交换机外形图

### 2. 交换机的接口类型

（1）RJ-45 接口

这种接口就是现在最常见的网络设备接口，专业术语为 RJ-45 连接器，属于双绞线以太网接口类型，如图 5-3 所示。RJ-45 插头只能沿固定方向插入，设有一个塑料弹片与 RJ-45 插槽卡住以防止脱落。

图 5-3　交换机的 RJ-45 接口

这种接口在 10Base-T 以太网、100Base-TX 以太网、1000Base-TX 以太网中都可以使用，传输介质都是双绞线，不过根据带宽的不同对介质也有不同的要求，特别是 1000Base-TX 千兆以太网连接时，至少要使用超五类线，要保证稳定高速的话还要使用 6 类线。

（2）SC 光纤接口

光纤接口类型很多，SC 光纤接口主要用于局域网交换环境，在一些高性能千兆交换机和路由器上提供了这种接口。该接口通常不是交换机的标准配置，需要外接通光纤模块才能使用，图 5-4 所示为 SC 光纤模块，它与 RJ-45 接口看上去很相似，不过 SC 接口显得更扁些，其明显区别还是里面的触片，如果是 8 条细的铜触片，则是 RJ-45 接口，如果是一根铜柱则是 SC 光纤接口。

（3）Console 接口

可进行网络管理的交换机上一般都有一个“Console”端口，它是专门用于对交换机进行配置和管理的。通过 Console 端口连接并配置交换机，是配置和管理交换机必须经过的步骤，所以 Console 端口是最常用、最基本的交换机管理和配置端口。

不同类型的交换机 Console 端口所处的位置并不相同，有的位于前面板，而有的则位于后面板。通常是模块化交换机大多位于前面板，而固定配置交换机则大多位于后面板。在该端口的上方或侧方都会有“Console”字样的标识。

除位置不同之外，Console 端口的类型也有所不同，绝大多数交换机都采用 RJ-45 端口，但也有少数采用 DB-9 串口端口或 DB-25 串口端口，图 5-5 所示为 DB-9 串口的 Console 口。

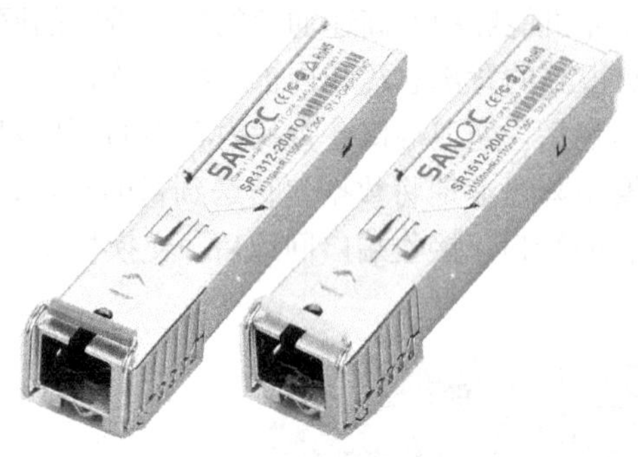

图 5-4　SC 光纤接口

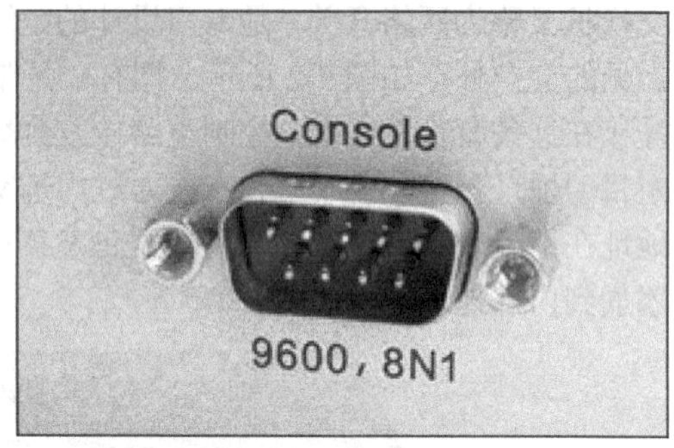


图 5-5　DB-9 串口端口

无论交换机采用 DB-9 或 DB-25 串行接口，还是采用 RJ-45 接口，都需要通过专门的 Console 线连接至配置方计算机的串行口。与交换机不同的 Console 端口相对应，Console 线也分为两种：一种是串行线，即两端均为串行接口（两端均为母头），两端可以分别插入至计算机的串口和交换机的 Console 端口，如图 5-6 所示；另一种是两端均为 RJ-45 接头（RJ-45 to RJ-45）的扁平线。由于扁平线两端均为 RJ-45 接口，无法直接与计算机串口进行连接，因此，必须同时使用一个 RJ-45 to DB-9（或 RJ-45to DB-25）的适配器，如图 5-7 所示。通常情况下，在交换机的包装箱中都会随机赠送一条 Console 线和相应的 DB-9 或 DB-25 适配器。

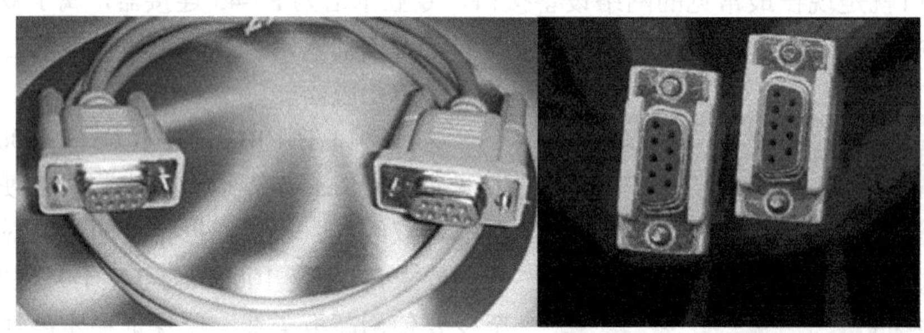

图 5-6　串行线及接口形状

现在有些网络设备厂商为了方便用户制作了配置线提供给用户，此配置线一头为 RJ-45 接头，一头为串行 DB-9 接口，用户可以直接使用，如图 5-8 所示。

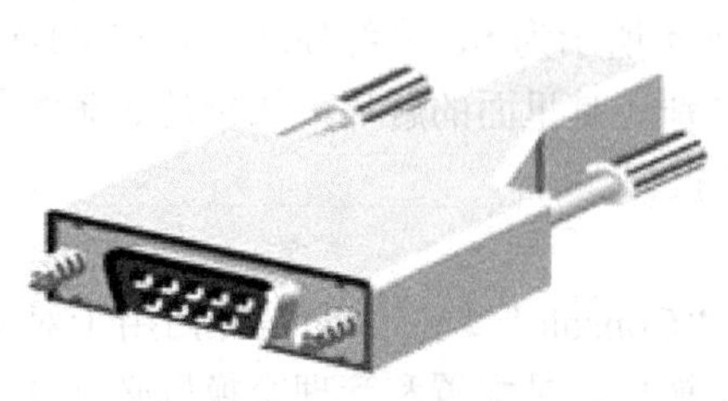

图 5-7　RJ-45 to DB-9 适配器

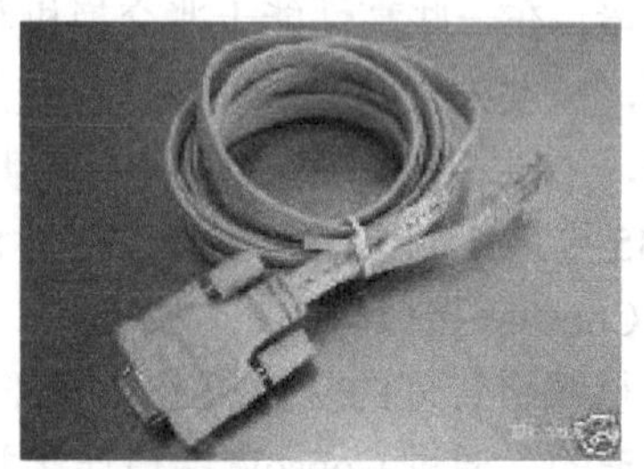

图 5-8　配置线

### 3．交换机的主要技术指标

交换机的基本技术指标较多，这些技术指标全面地反映了交换机的技术性能及其主要功能，是用户选购产品时的重要参考依据。其中主要的技术指标如下。

（1）端口数量

端口是指交换机连接网络传输介质的接口部分。目前交换机的端口大多数都是 RJ-45 端口，外观上与集线器的端口一样，交换机的端口主要有 8 端口、16 端口、24 端口以及 48 端口。

（2）端口速率

目前百兆交换到桌面已经是网络发展的一个趋势，因此用户应尽量选择 10/100Mbps 自适应的交换机。每个端口独享 10Mbps 或者 100Mbps 带宽。端口的实际速率并不只取决于交换机，它还取决于网卡。

（3）机架插槽数和扩展槽数

机架插槽数是指机架式交换机所能安插的最大模块数；扩展槽数是指固定配置式带扩展槽交换机所能安插的最大模块数。

（4）背板带宽

背板是整个交换机的交通干线，类似于计算机的总线，它的值越大，则在各端口同时传输数据时，给每个端口提供的带宽也就越大，传输速率也就越大，交换机的性能也要高一些。一般情况下，每个端口平均分配的背板带宽需要在 100Mbps 以上。

（5）支持的网络类型

一般情况下，固定配置式不带扩展槽的交换机仅能支持一种类型的网络，机架式交换机和固定配置式带扩展槽的交换机可以支持一种以上的网络。一台交换机所支持的网络类型越多，其可用性和可扩展性越强。

（6）MAC 地址表大小

连接到局域网上的每个端口或设备都需要一个 MAC 地址，其他设备要用此地址来定位特定的端口及更新路由表和数据结构。一个交换机的 MAC 地址表的大小反映了连接到该设备能支持的最大结点。

（7）最大可堆叠数

“可堆叠”是指交换机可以通过堆叠模块，将两台或两台以上的交换机逻辑上合并成一台交换机，相当于扩展了端口数量，背板带宽也同步扩展。此参数说明了一个堆叠单元中所能提供最大端口密度与信息点的连接能力。堆叠与级联不同，堆叠相当于并联电路，级联相当于串联电路。

（8）可网管

网管是指网络管理员通过网络管理程序对网络上的资源进行集中化的管理，包括配置管理、性能和记账管理、问题管理、操作管理和变化管理等。一般交换机厂商会提供管理软件或第三方管理软件来远程管理交换机。

可网管交换机是指符合 SNMP 规范（简单网络管理协议）、能够通过软件手段进行诸如查看交换机的工作状态、开通或封闭某些端口等管理操作的交换机。网络管理界面分为命令行方式（CLI）与图形用户界面（GUI）方式，不同的管理程序反映了该设备的可管理性及可操作性。

（9）最大 SONET 端口数

SONET（同步光传输网络）是一种高速同步传输网络规范，最大速率可达 2.5Gbps。一台交换机的最大 SONET 端口数是指这台交换机的最大传输的 SONET 接口数。

（10）支持的协议和标准

交换机支持的协议和标准内容，直接决定了交换机的网络适应能力。局域网交换机所支持的协议和标准内容，直接决定了交换机的网络适应能力。这些协议和标准一般是指由国际标准化组织所制定的联网规范和设备标准。由于交换机工作在第二层或第三层上，工作中要涉及第三层以下的各类协议。

（11）缓冲区大小

有时又称为包缓冲区大小，是一种队列结构，被交换机用来协调不同网络设备之间的速度匹配问题。突发数据可以存储在缓冲区内，直到被慢速设备处理为止。缓冲区大小要适度，过大的缓冲空间会影响正常通信状态下数据包的转发速度（因为过大的缓冲空间需要相对多一点的寻址时间），并增加设备的成本。而过小的缓冲空间在发生拥塞时又容易丢包出错。所以，适当的缓冲空间加上先进的缓冲调度算法是解决缓冲问题的合理方式。

### 4．交换机的工作原理

当交换机控制电路从某一端口收到一个数据帧后，将立即在其内存的地址表中进行查找，以确认该目的地址的网卡连接在哪一个端口，然后将该帧转发至该端口。如果在地址表中没有找到该物理地址，也就是说，该目的物理地址是首次出现，则将其广播到所有端口。拥有该物理地址的网卡在接收到该广播帧后，将会立即做出应答，从而使交换机将其端口号物理地址添加到交换机中的地址表中。

在交换机刚刚打开电源时，其地址表是一片空白。那么，交换机的地址表是怎样建立起来的呢？交换机根据以太网帧中的源物理地址来更新地址表。当一台计算机打开电源后，安装在该计算机中的网卡会定期发出空闲包或信号，交换机即可据此得知它的存在以及其物理地址。由于交换机能够自动根据收到的以太网帧中的源物理地址更新地址表的内容，所以交换机使用的时间越长，地址表中存储的物理地址就越多，未知的物理地址就越少，因而广播包就越少，速度就越快。

交换机不会永久性地记住所有的端口号物理地址关系，由于交换机中的内存毕竟有限，因此，能够记忆的物理地址数量也是有限的。在交换机内有一个忘却机制，当某一物理地址在一定时间内不再出现（该时间由网络工程师设定，默认为 300 秒），交换机自动将该地址从地址表中清除，当下一次该地址重新出现时，交换机将其作为新地址处理，重新记入地址表中。

## 小试牛刀

### 1．了解交换机的品牌

现在市场上交换机的品牌有很多种，请各小组利用业余时间收集交换机的品牌信息，并按表 5-1 的格式编写“交换机品牌信息表”。

表 5-1 交换机品牌信息表

| 品　　牌 | 主要产品型号 | 主要端口类型 | 端 口 速 率 |
|---|---|---|---|
| | | | |
| | | | |
| | | | |

续表

| 品　牌 | 主要产品型号 | 主要端口类型 | 端 口 速 率 |
|---|---|---|---|
| | | | |
| | | | |
| | | | |
| …… | | | |

2．认识交换机的端口

教师准备几款交换机，或收集多种交换机的清晰图片制作成电子文稿演示给学生看，请学生认真观察交换机的端口情况，按表 5-2 格式填写“交换机端口情况表”。

表 5-2　交换机端口情况表

| 品　牌 | 型　号 | 端 口 类 型 | 端 口 特 征 |
|---|---|---|---|
| | | | |
| | | | |
| | | | |
| | | | |
| | | | |
| | | | |
| | | | |

3．某品牌交换机的性能指标

查找锐捷 3750-24、神州数码、华三交换机的性能指标资料，并填写表 5-3。

表 5-3　三款交换机的性能指标

| 品　牌<br>性 能 指 标 | 锐捷<br>RG-S3760-24 | 神州数码<br>DCRS-5650-28 | 华三<br>H3C S3600-28P-SI |
|---|---|---|---|
| 端口数量 | | | |
| 端口速率 | | | |
| | | | |
| | | | |
| | | | |
| | | | |

## 一比高下

1．每小组选派一名代表或教师指定一名代表谈一谈对交换机的认识。

2．每小组选派一名代表介绍某国产品牌交换的情况（含公司的发展、现在的规模、主要的市场空间、主要的产品等）。

## 开动脑筋

1．交换机在网络是一种什么设备？交换机主要应用于局域网还是广域网中？
2．没有配置过的交换机能使用吗？
3．平时我们说三层交换机、二层交换机是什么意思，有没有五层交换机？
4．所有的交换机都有 Console 口吗？
5．交换机在网络中主要作用是什么？

## 课外阅读

### 1．集线器

集线器的英文称为“Hub”，外形如图 5-9 所示。集线器的主要功能是对接收到的信号进行再生整形放大，以扩大网络的传输距离，同时把所有结点集中在以它为中心的结点上。它工作于 OSI（开放系统互联参考模型）参考模型第一层，即“物理层”。集线器与网卡、网线等传输介质一样，属于局域网中的基础设备，采用 CSMA/CD（一种检测协议）访问方式。

图 5-9　集线器外形图

集线器属于纯硬件网络底层设备，基本上不具有类似于交换机的“智能记忆”能力和“学习”能力。它也不具备交换机所具有的 MAC 地址表，所以它发送数据时都是没有针对性的，而是采用广播方式发送。当它要向某结点发送数据时，不是直接把数据发送到目的结点，而是把数据包发送到与集线器相连的所有结点。这种广播发送数据方式有以下几个方面不足：

（1）用户数据包向所有结点发送，很可能带来数据通信的不安全因素，一些别有用心的人很容易就能非法截获他人的数据包。

（2）由于所有数据包都是向所有结点同时发送，加上以上所介绍的共享带宽方式，就更加可能造成网络塞车现象，更加降低了网络执行效率。

（3）非双工传输，网络通信效率低。集线器的同一时刻每一个端口只能进行一个方向的数据通信，而不能像交换机那样进行双向双工传输，网络执行效率低，不能满足较大型网络通信需求。

由于其自身的缺点，集线器技术也在不断改进，加入了一些交换机技术，发展到了今天的具有堆叠技术的堆叠式集线器，有的集线器还具有智能交换机功能。可以说集线器产品已在技术上向交换机技术进行了过渡，具备了一定的智能性和数据交换能力。但随着交换机价格的不断下降，仅有的价格优势已不再明显，集线器的市场越来越小，处于淘汰的边缘。尽管如此，集线器对于家庭或者小型企业来说，在经济上还是有一点诱惑力的，特别适合家庭几台机器的网络中或者中小型公司作为分支网络使用。

### 2. 交换机与集线器的区别

交换机与集线器的区别主要分为以下三点。

(1) 从 OSI 体系结构来看，集线器属于 OSI 的第一层（物理层）设备，而交换机属于 OSI 的第二层（数据链路层）设备。集线器只对数据的传输起到同步、放大和整形的作用，对数据传输中的短帧、碎片等无法进行有效的处理，不能保证数据传输的完整性和正确性；而交换机不但可以对数据的传输做到同步、放大和整形，而且可以过滤短帧、碎片等。

(2) 从工作方式来看，集线器是一种广播模式，集线器的某个端口工作的时候，其他所有端口都能够收听到信息，容易产生广播风暴，当网络较大时网络性能会受到很大的影响。使用交换机就不会有这种现象发生，当交换机工作的时候，只有发出请求的端口和目的端口之间相互之间响应而不影响其他端口，因此交换机能够隔离冲突域和有效地抑制广播风暴的产生。

(3) 从带宽来看，集线器不管有多少个端口，所有的端口都是共享一条带宽，在同一时间只能有两个端口传送数据，其他端口只能等待，同时集线器只能工作在半双工模式下；而对于交换机而言，每个端口都有一条端口独占的带宽，当两个端口工作时并不影响其他端口的工作，同时交换机不但可以工作在半双工模式下而且可以工作在全双工模式下。

## 工作任务 2 Packet Tracer 模拟器的使用

### 1. Packet Tracer

Packet Tracer 是由 Cisco 公司发布的一个辅助学习工具，为希望掌握 Cisco 网络设备使用的网络初学者去设计、配置、排除网络故障提供了网络模拟环境。使用者可以在软件的图形用户界面上直接使用拖曳方法建立网络拓扑，模拟配置网络设备；并可提供数据包在网络中行进的详细处理过程，观察网络实时运行情况。虽然这款软件中的设备和命令只针对 Cisco 网络设备，但是学习者可以举一反三，对学习和掌握其他品牌的网络设备同样有很大的借鉴价值。

### 2. 初识 Packet Tracer

启动 Packet Tracer 后，系统直接进入图 5-10 所示的工作界面。

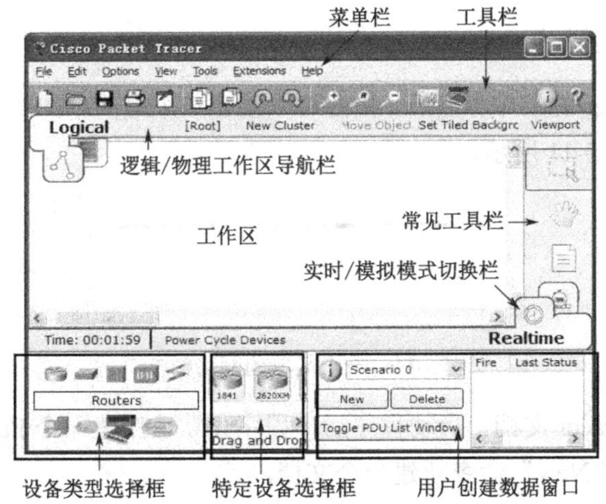


图 5-10 Packet Tracer 的工作界面

（1）菜单栏

菜单栏由文件、编辑、选项、视图、工具、扩展和帮助菜单所构成。用户既可以在这些菜单中使用诸如打开、保存、属性配置等基本命令，也可以利用扩展菜单中的“Activity Wizard”，为其他用户搭建一个具体的网络环境，让其完成具体的搭建和配置，从而考查用户的技能掌握情况。

（2）工具栏

工具栏提供了文件、编辑等菜单命令的快捷按钮，可以进行保存、打印、复制、粘贴、撤销、重做、缩放等操作。在工具栏的最右边，系统还提供了“网络信息按钮”，用户可以输入用来描述当前创建网络的信息以及其他任何文本内容。

（3）常用工具栏

系统在最右侧的常用工具栏中，列出了一些常见的操作，如对象的选择、移动、删除、创建文本框、查看等，让用户使用起来更加方便。

（4）工作区

工作区是用户创建网络、配置网络的主要区域，还可以查看各种信息和统计。

（5）实时/模拟模式切换栏

Packet Tracer 提供了两种模式，实时模式和模拟模式。实时模式也就是真实模式，即所有操作的效果和真实的环境是一致的，例如，Ping 测试是瞬间完成的，这就是实时模式；而模拟模式下，会模拟 Ping 测试的过程，逐步显示，便于用户的学习和理解。

（6）设备类型选择框和特定设备选择框

这是创建网络时所必须进行选择的内容，在设备类型选择框中可以选择要拖放在工作区的网络设备的类型，可以选择的类型有路由器、交换机、集线器、无线网络设备、线缆、各种终端设备和广域网设备等，单击某一类型后，在其右边的特定设备选择框中会出现具体的该类型的 Cisco 设备的型号。例如，单击交换机按钮后，在右侧显示各种 Cisco 交换机的具体设备，如 2950-24、2950T、2960 等，也允许拖放一个虚拟的通用设备。

（7）用户创建数据包窗口

在此区域，用户可以查看数据包在网络中模拟时更多的信息。

### 3．Packet Tracer 的使用

熟悉了 Packet Tracer 的工作界面后，我们可以创建一个最简单的网络拓扑熟悉一下软件的使用，该网络拓扑如图 5-11 所示。

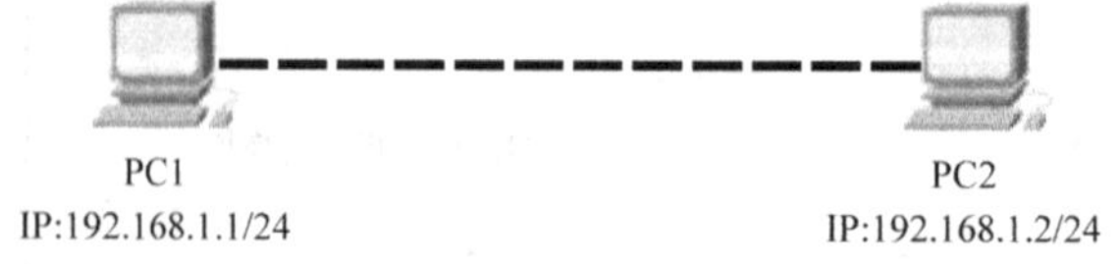


图 5-11　一个简单的网络拓扑

（1）新建 Packet Tracer 文档。启动程序后，程序会默认新建一个 Packet Tracer 文档，也可以执行“File”菜单的“New”命令新建一个文档。

（2）拖放网络设备。在左下方的设备类型选择框中，单击图标，即选中终端设备类型，

在右侧的特定设备选择框中，选中第一个图标，即普通的 PC，将其拖动到工作区，完成第一台 PC 的放置，使用同样的方法再放置一台 PC。

（3）连接设备。在设备类型选择框中，单击图标，选中线缆类型，在右侧出现的特定设备选择框中，单击交叉线图标，在 PC 上单击，在弹出的菜单中，选择“FastEthernet”，移至鼠标到另一台 PC 上单击，仍旧选择“FastEthernet”，如图 5-12 所示，完成两台 PC 的设备连接。

图 5-12　选择 PC 的端口

（4）设置显示选项。在菜单栏中，执行“Options”菜单中的“Preferences”命令，出现如图 5-13 的“Options”对话框。在“Interface”选项卡中，不选中“Show Link Lights”复选框，选中“Hide Device Label”、“Port Labels Always Shown”复选框，意为不显示连接指示灯、隐藏设备标签、显示端口标签，其余默认。

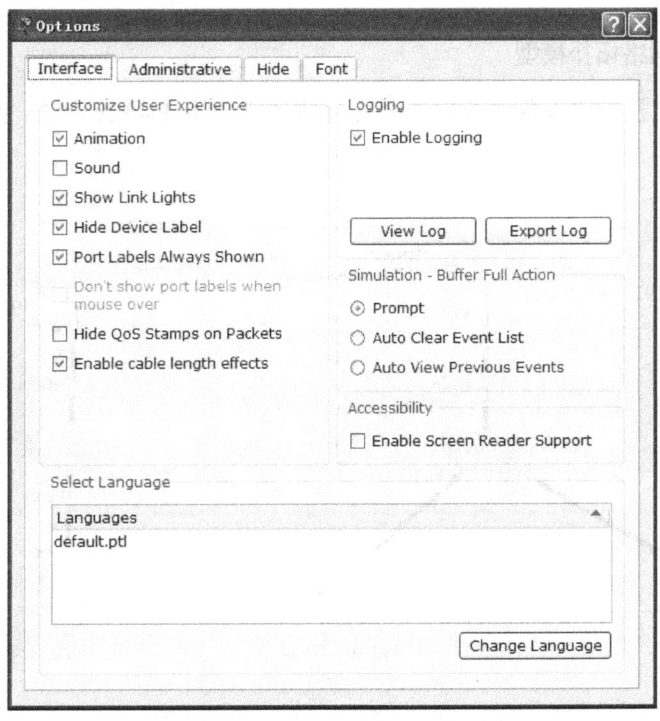


图 5-13　“Options”对话框

（5）为设备添加文本标签。在右侧的常用工具栏中，单击图标，在工作区需要放置文本的地方单击，输入 PC 的显示名称和 IP 地址等文本内容。

（6）配置 PC 的 IP 地址和子网掩码。在工作区，双击 PC 图标，出现 PC1 的配置对话框，进入“Desktop”选项卡，单击“IP Configuration”，分别输入 PC1 的 IP 地址和子网掩码，如图 5-14 所示。同样的方法，完成 PC2 的 IP 的配置。

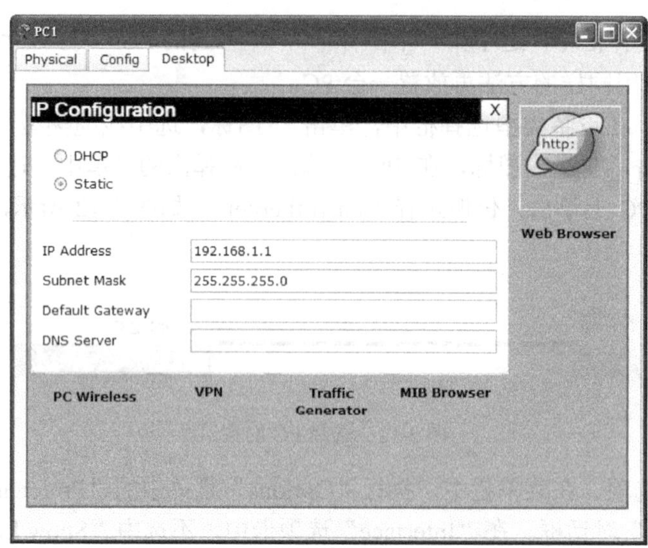


图 5-14　PC 的 IP 地址的配置

（7）保存该文档。

### 4．创建一个网络拓扑模型

熟悉了 PC 和交换机等设备的管理界面后，我们再次利用 Packet Tracer 来创建一个如图 5-15 所示的网络模型。

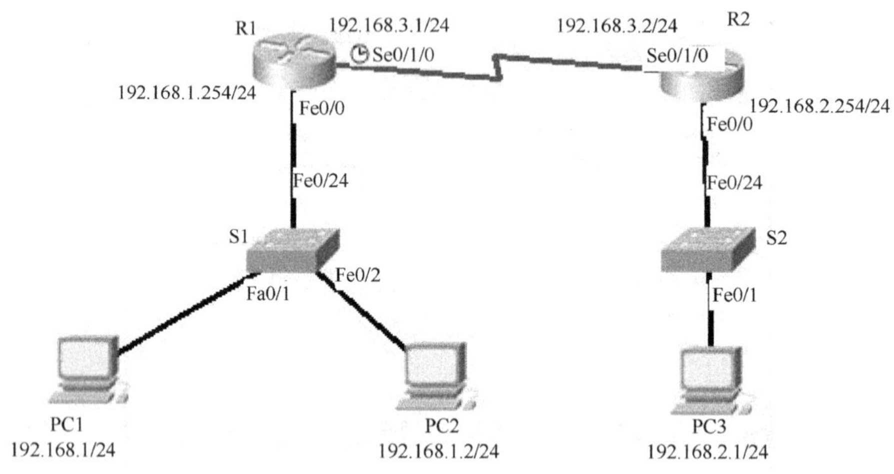


图 5-15　一个复杂的网络拓扑模型

（1）拖放设备

单击设备类型选择框中左边第一个路由器的图标，选择 1841 路由器，将其拖放到工作区。双击该图标，进入“Physical”选项卡，关闭电源，单击左侧的“WIC-2T”，如图 5-16 所示，从下方将模块的图标拖至设备的模块放置处，修改设备显示名称为“R1”，重启电源。同样的方法，放置 R2。

单击设备类型选择框中的交换机，选择“2950-T”，拖动 2 台到工作区的相应位置，修改名称分别为“S1”“S2”。类似的方法放置三台 PC，显示名称命名为 PC1、PC2、PC3。

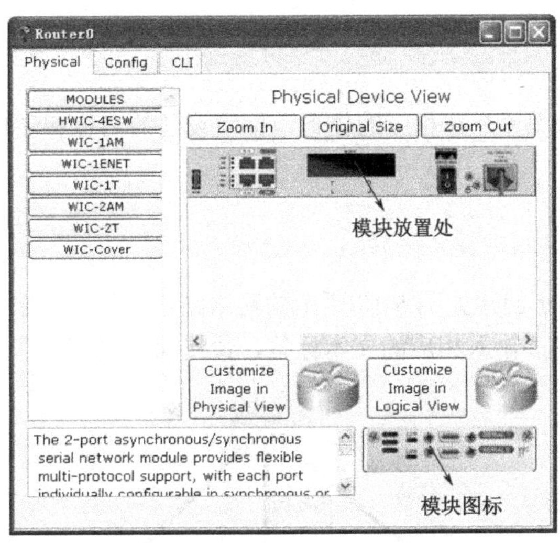


图 5-16　添加路由器的串口模块

（2）连接设备

单击线缆图标，选择⚡，即 DCE 串口线缆，在 R1 上单击，选择“Serial0/1/0”端口，移动鼠标到 R2，单击“Serial0/1/0”端口。

单击线缆图标，选择╱，即直通线缆，类似的方法，连接相应设备的相应的端口。

（3）设置选项

在菜单栏中，执行“Options”菜单中的“Preferences”命令，显示指示灯，显示端口，隐藏标签。

（4）设置端口的 IP

对于路由器等网络设备来讲，它们都是多端口的转发设备，其 IP 是针对端口设置的，比如此处路由器的 IP 设置，就需要对其 Serial0/1/0 端口与 FastEthernet0/0 端口分别设置，如图 5-17 所示。当然此处路由器 IP 的设置只是模拟设置的方法。在真实的交换机配置中，我们是通过输入 CLI 命令来实现的，在后面会进行学习。

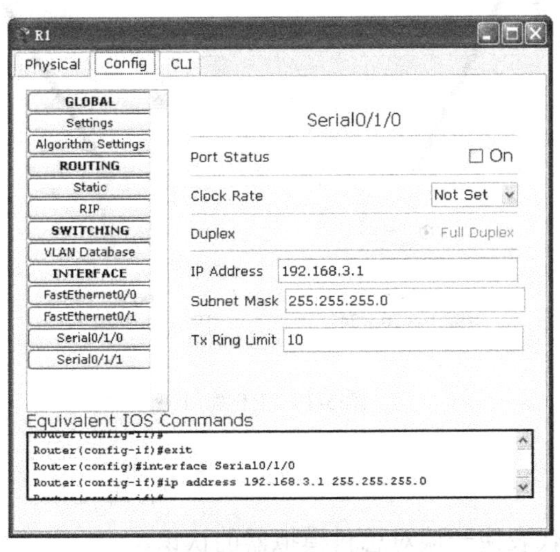


图 5-17　路由器的 Serial 口的 IP 设置

双击 PC 的图标，进入 PC“Desktop”选项卡，单击“IP Configure”，设置 PC 的 IP 地址。

（5）添加标签及说明

使用“文本标签”工具，在相应的位置，标明设备的名称和端口的 IP 地址，如图 5-15 所示。

## 小试牛刀

1．使用 Packet Tracer 创建如图 5-18 所示的网络结构，即将三台 PC 共同连接在一台集线器上，要求显示设备标签，输入相应的文本标签，最终保存文档。

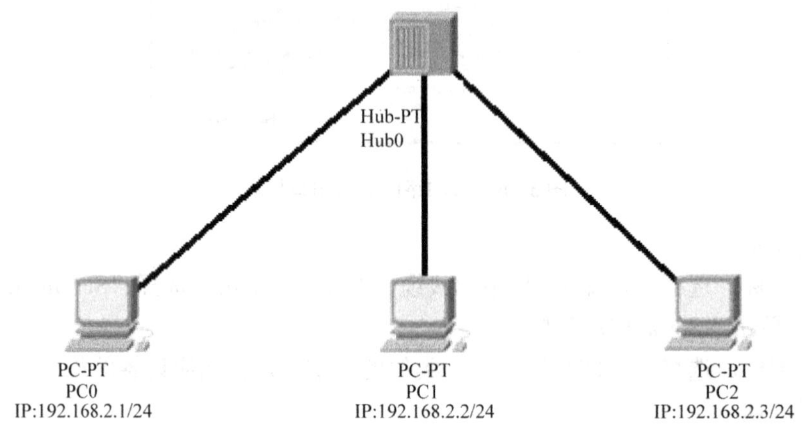


图 5-18　集线器与计算机的相连

2．使用 Packet Tracer 软件，创建如图 5-19 所示的拓扑结构，修改设备名称，添加必要的标签说明，并保存为 pkt 文件。

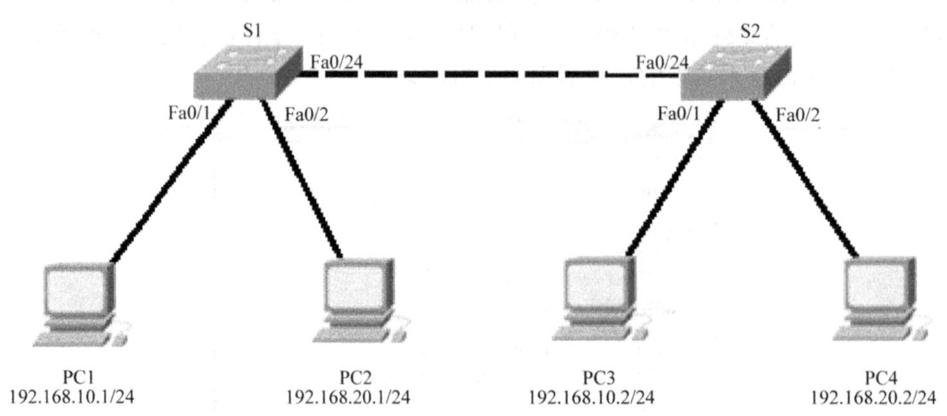


图 5-19　PT 练习

## 一比高下

1．各小组选派一名代表谈一谈对思科模拟器的认识。

2．各小组在规定的时间内完成图 5-20 的绘制。

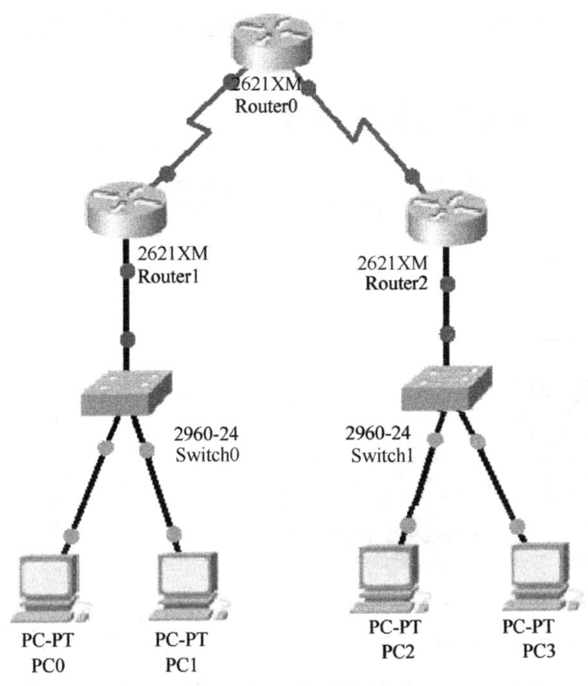


图 5-20　复杂的网络拓扑

## 开动脑筋

1．Packet Tracer 模拟器可以模拟所有的网络设备吗？

2．Packet Tracer 模拟器有自我检查功能吗？

## 课外阅读

### Packet Tracer 中的设备管理

#### 1．PC 的管理

在设备类型选择框单击图标，在特定设备选择框中选择第一项“PC-PT”，将其拖放在工作区，双击该设备，进入 PC 的管理界面，如图 5-21 所示，系统同类型的设备编号默认从“0”开始的，所以该 PC 的默认名称为“PC0”。

在 PC 的管理界面有三个选项卡，分别是“Physical”（物理），“Config”（配置）和“Desktop”（桌面）。

“Physical”选项卡中，用户可以更改该设备拥有的网络模块，支持的模块有无线网卡模块、RJ11-Modem 模块、以太网网卡、快速以太网网卡和光纤模块等。更改时，首先在模拟的计算机面板上关闭电源按钮，将面板下方的已有的网络模块移走，再从下方将已选择的添加的网络模块拖放至面板下方的空留位置，即完成模块的更改。

“Config”选项卡中，用户可以修改该设备的基本的配置。单击左侧的“GLOBAL”，可以进行 PC 的全局性的设置，比如修改 PC 的默认名称，设置 PC 的网关和 DNS 等。“INTERFACE”

中列出了这台 PC 的现有的网络接口，选择后可以进行该网络接口的设置，如 IP 地址、子网掩码等，如图 5-22 所示。

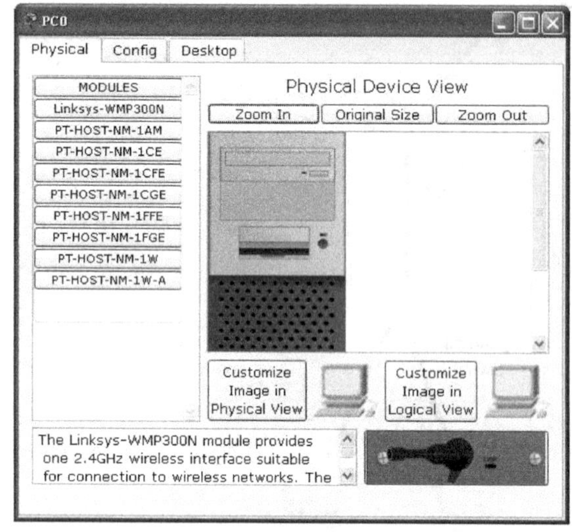


图 5-21　PC 的管理界面

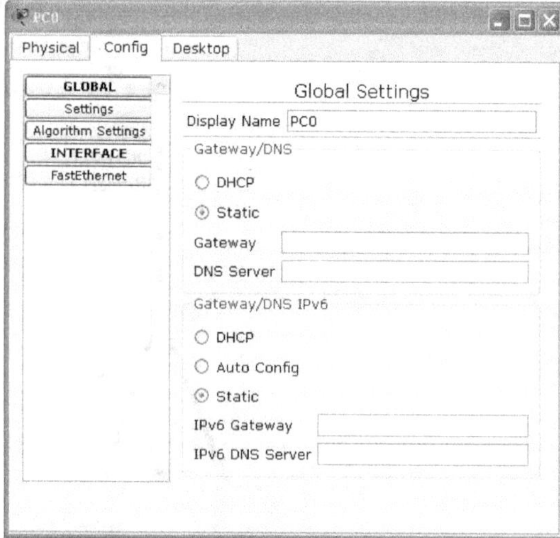


图 5-22　PC 的全局参数的设置

"Desktop"中模拟了 PC 操作系统中常见的网络功能，可以进行拨号、终端、命令行、Web 浏览器和无线网络功能，如图 5-23 所示。

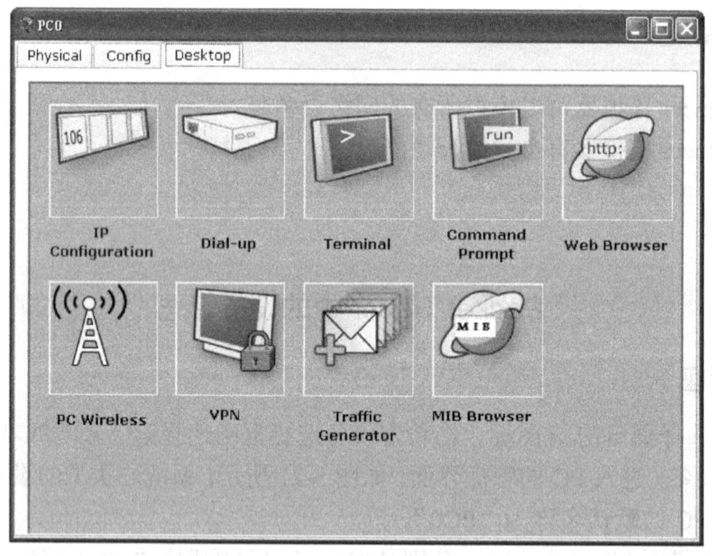


图 5-23　PC 的虚拟桌面

## 2. 交换机的管理

在工作区放置交换机的图标后，双击进入交换机的管理界面，与 PC 类似，也有三个选项卡，但由于交换机没有虚拟的桌面的网络功能，但是具有特有的 IOS，所以第三个选项卡被换成了"CLI"（命令行界面）。在"Physical"中，用户可以更改交换机的硬件，为交换机添加或者删除不同的网络接口。在"Config"中，除了修改名称等一些常见的配置外，还可以单击"SWITCH"，再单击其下方出现的"VLAN Database"，这时在右侧允许为该交换机添加和删除

VLAN。选择“INTERFACE”，由于这台交换机是一台 24 口的快速以太网交换机，因此逐步列出了 24 个快速以太网的网络接口，编号从 0/1 至 0/24。单击就可以查看某一个网络接口的具体信息。

为了方便操作，Packet Tracer 允许用户通过此处的“CLI”选项卡进入命令行界面，用户可以在此输入各种命令，完成对交换机的各项配置，如图 5-24 所示。

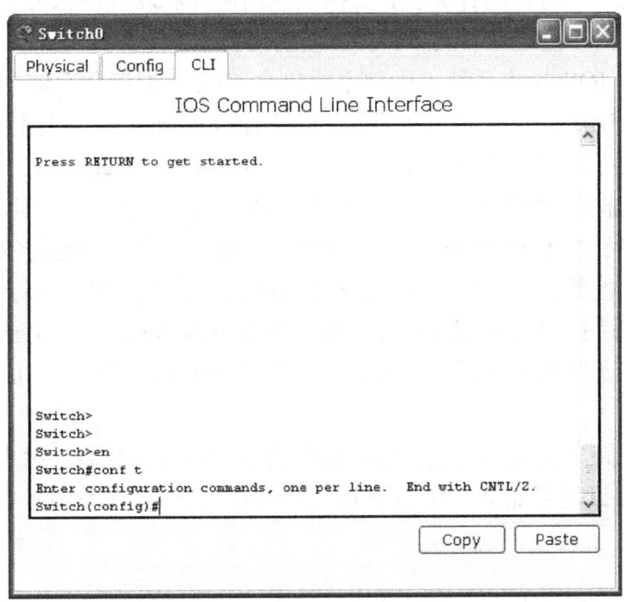


图 5-24　交换机的 CLI 选项卡界面

### 3. 线缆选择

在 Packet Tracer 的设备类型选择框中单击 图标，在其右侧出现支持的线缆的类型，具体图标及作用如表 5-4 所示。

表 5-4　Packet Tracer 中支持的线缆选择

| 图　标 | 线　缆 | 作　用 |
|---|---|---|
| | 自适应选择线缆 | 系统能根据两端设备自己调整线缆的类型 |
| | Console 配置线缆 | 用来连接设备的 Console 端口与计算机的 RS232 串口 |
| | 铜质直通线缆 | 用来连接交换机与计算机、交换机与路由器等不同设备之间的普通 RJ-45 端口 |
| | 铜质交叉线缆 | 用来连接交换机与交换机、计算机与计算机等相同设备之间的普通 RJ-45 端口 |
| | 光纤 | 用来实现光缆端口之间的连接 |
| | 电话线缆 | 实现语音电话模块的连接 |
| | 同轴电缆 | 实现 BNC、AUI 等同轴电缆端口之间的连接 |
| | 串行 DCE 线缆 | 用来连接两台路由器的串行端口，当选择该项时，先连接这根线缆的路由器端口为 DCE 端，需要对其配置时钟频率 |
| | 串行 DTE 线缆 | 用来连接两台路由器的串行端口，当选择该项时，可以对任意一端的路由器的串口配置时钟频率，配置后，即为 DCE 端 |

# 工作任务 3 对交换机进行基本配置

### 1. 交换机的组成

交换机相当于是一台特殊的计算机，交换机也由硬件和软件两部分组成，同样有 CPU、存储介质和操作系统，只不过这些都与 PC 有些差别而已。

软件部分主要是 IOS 操作系统，硬件主要包含 CPU、端口和存储介质。交换机的端口主要有以太网端口（Ethernet）、快速以太网端口（Fast Ethernet）、吉比特以太网端口（Gigabit Ethernet）和控制台端口。存储介质主要有 ROM（Read-Only Memory，只读储存设备）、Flash（闪存）、NVRAM（非易失性随机存储器）和 DRAM（动态随机存储器）。

其中，ROM 相当于 PC 的 BIOS，交换机加电启动时，将首先运行 ROM 中的程序，以实现对交换机硬件的自检并引导启动 IOS。该存储器在系统掉电时程序不会丢失。

Flash 是一种可擦写、可编程的 ROM，Flash 包含 IOS 及微代码。Flash 相当于 PC 的硬盘，但速度要快得多，可通过写入新版本的 IOS 来实现对交换机的升级。Flash 中的程序，在掉电时不会丢失。

NVRAM 用于存储交换机的配置文件，该存储器中的内容在系统掉电时也不会丢失。

DRAM 是一种可读写存储器，相当于 PC 的内存，其内容在系统掉电时将完全丢失。

### 2. 超级终端

超级终端是一个通用的串行交互软件程序，通过这些程序，可以通过超级终端与嵌入式系统交互，使超级终端成为嵌入式系统的“显示器”。其原理是将用户输入随时发向串口，但并不显示输入，它显示的是从串口接收到的字符。而嵌入式系统的相应程序便将自己的启动信息、过程信息主动发到运行有超级终端的主机，将接收到的字符返回到主机，同时发送需要显示的字符（如命令的响应等）到主机。这样在主机端看来，就是有输入命令，又有命令运行状态信息。超级终端成了嵌入式系统的显示器。

### 3. 终端会话的建立

交换机在没有使用时，内部只有其自身的一些信息，需要用户对其进行相应的设置。设置方法通常是通过交换机的 Console 端口，使用超级终端软件在交换机与 PC 之间建立终端会话，对交换机进行初始化的设置。操作方法如下

（1）用控制台线缆将交换机控制台端口（Console）与计算机的串行通信端口进行物理连接，如图 5-25 所示。

（2）启动计算机，进入系统。将交换机加电自检，通过自检后电源指示灯显示为绿色，交换机进入正常工作状态。

（3）在计算机上启动超级终端，单击“开始”→“程序”→“附件”→“通信”→“超级终端”，打开“新建连接-超级终端”窗口，同时会打开“新建连接”对话框，如图 5-26 所示，此时用户可以开始建立与交换机的连接。

（4）在新建连接“名称”栏中输入连接的名称，这里输入“cisco”，并在“图标”栏选择代表该连接的图标。

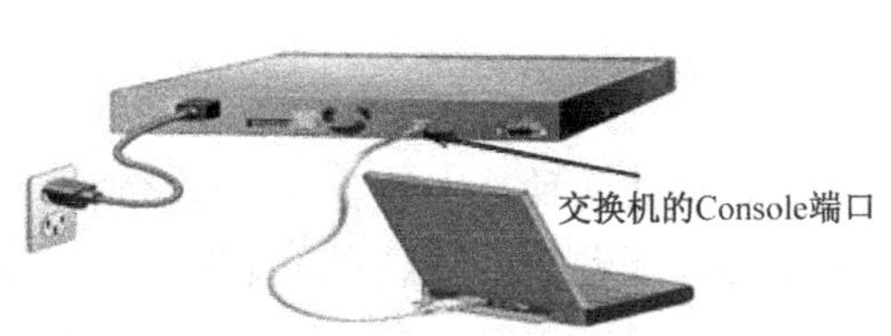

图 5-25　计算机通过 Console 端口与交换机连接

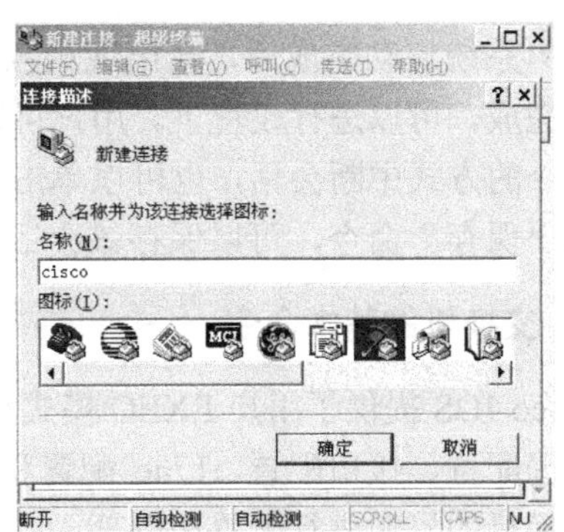


图 5-26　新建超级终端连接

（5）单击“确定”按钮后，系统会弹出“连接到”对话框，如图 5-27 所示。在“连接时使用”栏选择控制台线缆所连接的计算机串口，选择“COM1”，表示连接的是计算机的第一个串口。

（6）单击“确定”按钮后出现“COM1 属性”对话框，如图 5-28 所示。在“每秒位数”栏中选择“9600”，在“数据流控制”栏选择“无”，其他选项采用默认值的设置。

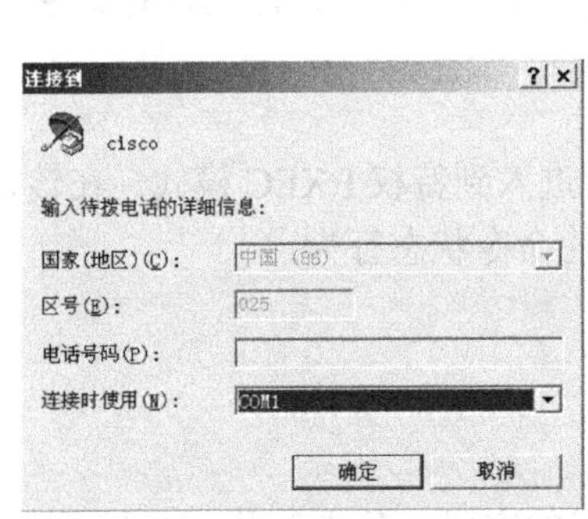


图 5-27　选择连接端口

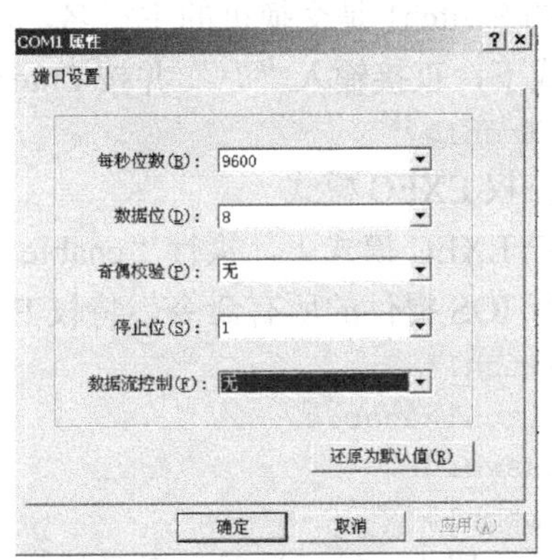


图 5-28　设置端口属性

（7）单击“确定”按钮后进入“超级链接”的连接会话。按 Enter 键几次后可看到交换机的启动时的自检信息，如图 5-29 所示。

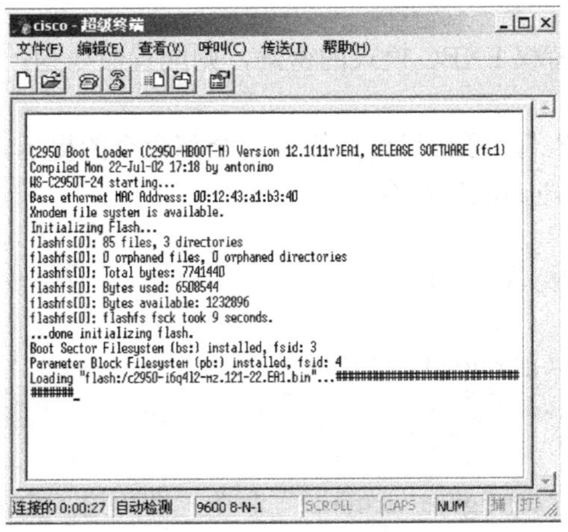


图 5-29　交换机启动信息

（8）系统启动完成后，会出现相应的提示，提示形式为：“主机名>”。此时表明交换机已经启动完成，可以进行设置了。用户可以通过单击“断开”图标或选择“文件”菜单下的“退出”命令的方式中断会话，也可以单击“呼叫”图标重新开始一个会话。如果选择“文件”菜单下的“保存”命令，可以保存该会话。

### 4．交换机的基本命令

Cisco IOS 提供了用户 EXEC 模式和特权 EXEC 模式两种基本的命令执行级别，同时还提供了全局配置、接口配置、Line 配置和 VLAN 数据库配置等多种级别的配置模式，以允许用户对交换机的资源进行配置和管理。

（1）用户 EXEC 模式

当用户通过交换机的控制台端口或 Telnet 会话连接并登录到交换机时，此时所处的命令执行模式就是用户 EXEC 模式。在该模式下，只执行有限的一组命令，这些命令通常用于查看显示系统信息、改变终端设置和执行一些最基本的测试命令，如 ping、traceroute 等。

用户 EXEC 模式的命令状态行是：

```
Switch1>
```

其中的 Switch1 是交换机的主机名，对于未配置的交换机默认的主机名是 Switch。在用户 EXEC 模式下，直接输入“？”并按 Enter 键，可获得在该模式下允许执行的命令帮助。

```
Switch1>?
```

（2）特权 EXEC 模式

在用户 EXEC 模式下，执行“enable”命令，将进入到特权 EXEC 模式。在该模式下，用户能够执行 IOS 提供的所有命令。特权 EXEC 模式的命令状态行为：

```
Switch1#
Switch1>enable
Password:
Switch1#
```

在启动配置中，如果设置了登录特权 EXEC 模式的密码，系统会提示输入用户密码，密码输入时不回显，输入完毕按 Enter 键，密码校验通过后，即进入特权 EXEC 模式。若进入特权 EXEC 模式的密码未设置，则不会要求用户输入密码。

```
Switch1>enable
Switch1#
```

若要设置或修改进入特权 EXEC 模式的密码，则配置命令为：

```
enable secret
```

在特权模式下键入“？”，可获得允许执行的全部命令的提示。离开特权模式，返回用户模式，可执行“exit”或“disable”命令。

```
Switch1#?
Switch1# disable 或 exit
Switch1>
```

重新启动交换机，可执行 reload 命令。

```
Switch1#reload
```

（3）全局配置模式

在特权模式下，执行“configure terminal”命令，即可进入全局配置模式。在该模式下，只要输入一条有效的配置命令并按 Enter 键，内存中正在运行的配置就会立即改变生效。该模式下的配置命令的作用域是全局性的，是对整个交换机起作用。

全局配置模式的命令状态行为：

```
Switch1#config terminal
Switch1(config)#
```

在全局配置模式，还可进入接口配置、line 配置等子模式。从子模式返回全局配置模式，执行“exit”命令；从全局配置模式返回特权模式，执行“exit”命令；若要退出任何配置模式，直接返回特权模式，则要直接执行“end”命令或按 Ctrl+Z 组合键。

若要设置或修改进入特权 EXEC 模式的密码为“123456”，则在全局模式下使用“enable secret”命令。

```
Switch1>enable
Switch1#config terminal
Switch1(config)#enable secret 123456
```

或

```
Switch1(config)#enable password 123456
```

其中“enable secret”命令设置的密码在配置文件中是加密保存的，强烈推荐采用该方式；而“enable password”命令所设置的密码在配置文件中是采用明文保存的。

此时，用户再进入特权模式下，就需要输入密码。

```
Switch1>enable
Password:
Switch1#
```

若要设交换机名称为 Switch2，则可使用全局模式下的“hostname”命令来设置，其配置命令为：

```
Switch1(config)#hostname Switch2
Switch2(config)#
```

对配置进行修改后，为了使配置在下次掉电重启后仍生效，需要将新的配置保存到 NVRAM 中，其配置命令为：

```
Switch1(config)#exit
Switch1#write
```

（4）接口配置模式

在全局配置模式下，执行“interface”命令，即进入接口配置模式。在该模式下，可对选定的接口（端口）进行配置，并且只能执行配置交换机端口的命令。接口配置模式的命令行提示符为：

```
Switch1(config-if)#
```

若要设置 Cisco Catalyst 2950 交换机的 0 号模块上的第 3 个快速以太网端口的端口通信速度设置为 100M，全双工方式，则配置命令为：

```
Switch1(config)#interface  fastethernet 0/3
Switch1(config-if)#speed 100
Switch1(config-if)#duplex full
Switch1(config-if)#end
Switch1#write
```

（5）Line 配置模式

在全局配置模式下，执行“line vty”或“line console”命令，将进入 Line 配置模式。该模式主要用于对虚拟终端（VTY）和控制台端口进行配置，其配置主要是设置虚拟终端和控制台的用户级登录密码。

Line 配置模式的命令行提示符为：

```
Switch1(config-line)#
```

交换机有一个控制端口（Console），其编号为 0，通常利用该端口进行本地登录，以实现对交换机的配置和管理。为安全起见，应为该端口的登录设置密码，设置方法为：

```
Switch1#config terminal
Switch1(config)#line console 0
Switch1(config-line)#?
exit        exit from line configuration mode
login       Enable password checking
password    Set a password
```

从帮助信息可知，设置控制台登录密码的命令是“password”，若要启用密码检查，即让所设置的密码生效，则还应执行“login”命令。退出 Line 配置模式，执行“exit”命令。

下面设置控制台登录密码为“654321”，并启用该密码，则配置命令为：

```
Switch1#config terminal
Switch1(config)#line console 0
Switch1(config-line)#password  654321
Switch1(config-line)#login
Switch1(config-line)#end
Switch1#write
```

设置该密码后，以后利用控制台端口登录访问交换机时，就会首先询问并要求输入该登录密码，密码校验成功后，才能进入到交换机的用户 EXEC 模式。

交换机支持多个虚拟终端，一般为 16 个（0～15）。设置了密码的虚拟终端，就允许登录，没有设置密码的，则不能登录。如果对 0～4 条虚拟终端线路设置了登录密码，则交换机就允许同时有 5 个 Telnet 登录连接，其配置命令为：

```
Switch1(config)#line vty 0 4
Switch1(config-line)#password  123456
Switch1(config-line)#login
Switch1(config-line)#end
Switch1#write
```

若要设置不允许 Telnet 登录，则取消对终端密码的设置即可，为此可执行“no password”和“no login”命令来实现。

在 Cisco IOS 命令中，若要实现某条命令的相反功能，只需在该条命令前面加 no，并执行前缀有 no 的命令即可。

为了防止空闲的连接长时间的存在，通常还应给通过 Console 端口的登录连接和通过 VTY 线路的 Telnet 登录连接，设置空闲超时的时间，默认空闲超时的时间是 10 分钟。

设置空闲超时时间的配置命令为：

```
exec-timeout 分钟数 秒数
```

例如，要将 vty 0-4 线路和 Console 的空闲超时时间设置为 3 分钟 0 秒，则配置命令为：

```
Switch1#config t
Switch1(config)#line vty 0 4
Switch1(config-line)#exec-timeout 3 0
Switch1(config-line)#line console 0
Switch1(config-line)#exec-timeout 3 0
```

```
Switch1(config-line)#end
Switch1#
```

（6）VLAN 数据库配置模式

在特权 EXEC 模式下执行“vlan database”配置命令，即可进入 VLAN 数据库配置模式，此时的命令行提示符为：

```
Switch1(vlan)#
```

在该模式下，可实现对 VLAN（虚拟局域网）的创建、修改或删除等配置操作。退出 VLAN 配置模式，返回到特权 EXEC 模式，可执行“exit”命令。

① 设置主机名。设置交换机的主机名可在全局配置模式，通过“hostname”配置命令来实现，其用法为：

```
hostname自定义名称
```

默认情况下，交换机的主机名默认为“Switch”。当网络中使用了多个交换机时，为了以示区别，通常应根据交换机的应用场地，为其设置一个具体的主机名。例如，若要将交换机的主机名设置为“Switch1-1”，则设置命令为：

```
Switch (config)#hostname Switch1-1
Switch1-1(config)#
```

② 配置管理 IP 地址。在 2 层交换机中，IP 地址仅用于远程登录管理交换机，对于交换机的正常运行不是必需的。若没有配置管理 IP 地址，则交换机只能采用控制端口进行本地配置和管理。默认情况下，交换机的所有端口均属于 VLAN 1，VLAN 1 是交换机自动创建和管理的。每个 VLAN 只有一个活动的管理地址，因此，对 2 层交换机设置管理地址之前，首先应选择 VLAN 1 接口，然后再利用“ip address”配置命令设置管理 IP 地址，其配置命令为：

```
Switch (config)#interface vlan vlan-id
Switch (config-if)#ip address address netmask
```

参数说明：

vlan-id 代表要选择配置的 VLAN 号。

address 为要设置的管理 IP 地址，netmask 为子网掩码。

Interface　vlan 配置命令用于访问指定的 VLAN 接口。2 层交换机，如 2900/3500XL、2950 等没有 3 层交换功能，运行的是 2 层 IOS，VLAN 间无法实现相互通信，VLAN 接口仅作为管理接口。若要取消管理 IP 地址，可执行“no ip address”配置命令。

（7）配置默认网关

为了使交换机能与其他网络通信，需要给交换机设置默认网关。网关地址通常是某个 3 层接口的 IP 地址，该接口充当路由器的功能。设置默认网关的配置命令为：

```
Switch1(config)#ip default-gateway gatewayaddress
```

在实际应用中，2 层交换机的默认网关通常设置为交换机所在 VLAN 的网关地址。假设 Switch1 交换机为 192.168.168.0/24 网段的用户提供接入服务，该网段的网关地址为 192.168.168.1，则设置交换机的默认网关地址的配置命令为：

```
Switch1(config)#ip default-gateway 192.168.168.1
Switch1(config)#exit
Switch1#write
```

对交换机进行配置修改后，不能忘记在特权模式执行“write”或“copy run start”命令，对配置进行保存。若要查看默认网关，可执行“show ip route default”命令。

（8）查看交换机信息

对交换机信息的查看，使用“show”命令来实现。

① 查看 IOS 版本。查看命令：

```
show version
```

② 查看配置信息。要查看交换机的配置信息，需要在特权模式运行“show”命令，其查看命令为：

```
Switch1#show running-config          ！显示当前正在运行的配置
Switch1#show startup-config          ！显示保存在NVRAM中的启动配置
```

例如，若要查看当前交换机正在运行的配置信息，则查看命令为：

```
Switch1#show run
```

（9）选择多个端口

对于 Cisco 2900、Cisco2950 和 Cisco 3550 交换机，支持使用 range 关键字，来指定一个端口范围，从而实现选择多个端口，并对这些端口进行统一的配置。同时选择多个交换机端口的配置命令为

```
interface range typemod/startport - endport
```

startport 代表要选择的起始端口号，endport 代表结尾的端口号，用于代表起始端口范围的连字符“-”的两端，应注意留一个空格，否则命令将无法识别。

例如，若要选择交换机的第 1 至第 24 口的快速以太网端口，则配置命令为：

```
Switch1#config t
Switch1(config)#interface range fa0/1 - 24
```

## 小试牛刀

### 1．建立终端连接（在条件许可的情况下，也可以使用模拟器进行）

每个小组分配交换机一台（型号根据学校实训条件定），配置线一根，计算机一台。要求：

（1）学生仔细观察配置线的结构，特别是 RJ-45 接口，看一看线序是否与平时使用的双绞线线序相同，记录下线序。

（2）将交换机与计算机通过配置线实现物理连接。

（3）在计算机上每位小组成员建立以自己名字命名的超级终端，并接入交换机，查看交换机的启动情况。

### 2．交换机的基本配置（建议使用模拟器）

学生计算机上安装 Packet Tracer 5.0 模拟器，启动该模拟器完成以下的操作：

（1）将一台计算机和一台 2950T 交换机拖放到工作窗口中，并使用配置线连接，如图 5-30 所示。单击交换机图标，打开交换机的配置窗口，如图 5-31 所示。

（2）将交换机的工作模式由用户模式切换到特权模式。

（3）将交换机的工作模式由特权模式切换到全局模式。

（4）设置交换机的主机名为“Cisco2950T”。

（5）设置进入特权模式的密码为“ABC123”。

（6）设置交换机的 0 号模块上的第 13 个快速以太网端口的端口通信速度设置为 100Mbps，全双工方式。

（7）设置交换机的 0 号模块上的第 20 个快速以太网端口的端口通信速度设置为 100Mbps，全双工方式。

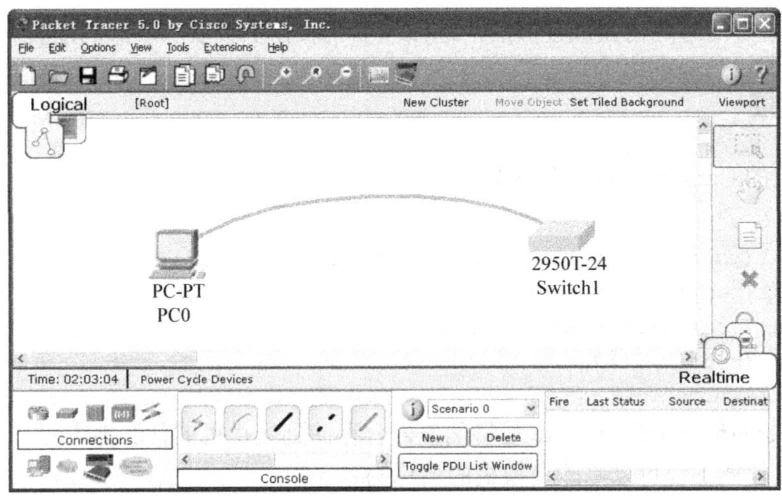

图 5-30　配置实训环境

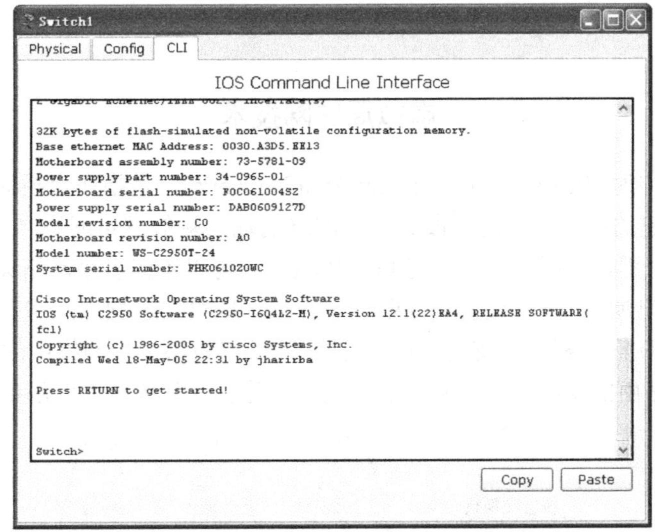

图 5-31　模拟器中交换机的配置窗口

（8）设置控制台的登录密码为“abc123”，验证控制台的登录密码。

## 一比高下

以下有三个实际的工作需求情况，请各小组根据情况自行设计方案，并进行交换机的配置以实现实际需求，使用思科模拟器完成。

1．假设某单位的网络管理员第一次对单位的交换机初次配置后，希望以后在办公室或出差时也可以对设备进行远程管理，现要在交换机上做适当配置，使他可以实现这一愿望。

2．假设某一交换机是宽带小区城域网中的一台楼道交换机，住户 PC1 连接在交换机的 0/4 口；住户 PC2 连接在交换机的 0/17 口，现在实现各家各户的端口隔离。

3．假设某企业有 2 个主要部门：销售部和技术部，其中销售部门的个人计算机系统分散连接在 2 台交换机上，他们之间需要相互进行通信，但为了数据安全起见，销售部和技术部需要进行相互隔离，现要在交换机上做适当配置来实现这一目标。

各小组在规定的时间内完成任务后，选派一名代表在班级展示所做的配置。

## 开动脑筋

1．交换机的 Console 口的作用是什么？

2．

```
Switch1(config)#interface  fastethernet 0/13
Switch1(config-if)#speed 100
Switch1(config-if)#duplex full
Switch1(config-if)#end
Switch1#write
```

这一串命令的最一条命令 write 是将配置内容存储到交换机的什么地方？

3．在特权模式下，可以修改交换机的名称吗？

4．交换机的配置线的线序与普通网线有区别吗？

## 课外阅读

### 虚拟局域网技术

虚拟局域网又称为 VLAN（Virtual Local Area Network），是指在交换局域网的基础上，采用网络管理软件构建的可跨越不同网段、不同网络的端到端的逻辑网络，如图 5-32 所示。一个 VLAN 组成一个逻辑子网，即一个逻辑广播域，它可以覆盖多个网络设备，允许处于不同地理位置的网络用户加入到一个逻辑子网中。VLAN 是建立在物理网络基础上的一种逻辑子网，因此建立 VLAN 需要相应的支持 VLAN 技术的网络设备。当网络中的不同 VLAN 间进行相互通信时，需要路由的支持，要实现路由功能，可采用路由器，也可采用三层交换机来完成。

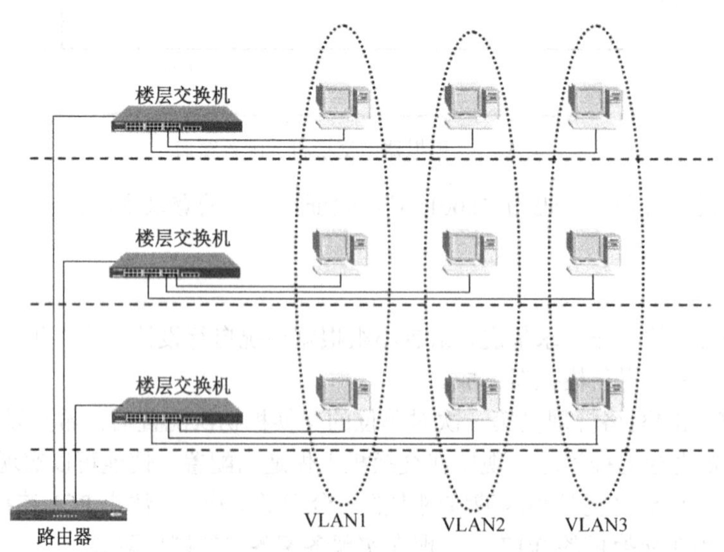


图 5-32　虚拟局域网

使用 VLAN 具有以下优点：

（1）控制广播风暴

一个 VLAN 就是一个逻辑广播域，通过对 VLAN 的创建，隔离了广播，缩小了广播范围，可以控制广播风暴的产生。

（2）提高网络整体安全性

通过路由访问列表和 MAC 地址分配等 VLAN 划分原则，可以控制用户访问权限和逻辑网段大小，将不同用户群划分在不同 VLAN，从而提高交换式网络的整体性能和安全性。

（3）网络管理简单、直观

对于交换式以太网，如果对某些用户重新进行网段分配，需要网络管理员对网络系统的物理结构重新进行调整，甚至需要追加网络设备，增大网络管理的工作量。而对于采用 VLAN 技术的网络来说，一个 VLAN 可以根据部门职能、对象组或者应用将不同地理位置的网络用户划分为一个逻辑网段。在不改动网络物理连接的情况下可以任意地将工作站在工作组或子网之间移动。利用虚拟网络技术，大大减轻了网络管理和维护工作的负担，降低了网络维护费用。在一个交换网络中，VLAN 提供了网段和机构的弹性组合机制。

从技术角度讲，VLAN 的划分可依据不同原则，一般有以下三种划分方法：

（1）基于端口的 VLAN 划分

这种划分是把一个或多个交换机上的几个端口划分一个逻辑组，这是最简单、最有效的划分方法。该方法只需网络管理员对网络设备的交换端口进行重新分配即可，不用考虑该端口所连接的设备。

（2）基于 MAC 地址的 VLAN 划分

MAC 地址其实就是指网卡的标识符，每一块网卡的 MAC 地址都是唯一且固化在网卡上的。MAC 地址由 12 位十六进制数表示，前 8 位为厂商标识，后 4 位为网卡标识。网络管理员可按 MAC 地址把一些站点划分为一个逻辑子网。

（3）基于路由的 VLAN 划分

路由协议工作在网络层，相应的工作设备有路由器和路由交换机（即三层交换机）。该方式允许一个 VLAN 跨越多个交换机，或一个端口位于多个 VLAN 中。

现在对于 VLAN 的划分主要采取上述第（1）、（3）种方式，第（2）种方式为辅助性的方案。

## 工作任务 4　认识路由器

### 1. 路由与路由器

路由是路径的选择，路由概念一般用在计算机网络中，是把信息从源穿过网络传递到目的地的行为，在传递过程中至少遇到一个中间结点。在网络中这种行为的实现是通过路由器这一网络设备来完成的，路由器的外形如图 5-33 所示。

路由器的概念出现于 20 世纪 70 年代，但是由于当时的计算机网络都是非常简单的网络，因此，路由器并没有引起很大的重视。随着网络技术的发展，尤其是最近二十年来，由于大规模的计算机互联网络迅速发展，路由器在计算机网络互联应用领域得到了很好的应用，为 Internet 的普及做出了应有的贡献。

图 5-33　路由器

路由器是一种可以在速度不同的网络和不同媒体之间数据转换的，基于在网络层协议上保持信息、管理局域网至局域网的通信，适用于运行多种网络协议的大型网络中使用的互联设备。

路由器具有判断网络地址和选择网络路径的功能，它能在多网络互联环境中建立灵活的连接，可用完全不同的数据分组和介质访问方法连接各种子网。它只接收源站或其他路由器的信息，而不关心各子网所使用的硬件设备，但要求运行与网络层协议相一致的软件。作为网络层设备，它的功能比网桥强，它除了具有网桥的全部功能外，还具有路由选择的功能。

#### 2．路由器的功能

路由器最主要的功能是路径选择。对于路径选择问题来说，路由器是在支持网络层寻址的网络协议及其结构上进行的，其工作就是要保证把一个进行网络寻址的报文传送到正确的目的网络中。完成这项工作需要路由信息协议支持。

路由信息协议简称路由协议，其主要的目的就是在路由器之间保证网络连接。每个路由器通过收集到的其他路由器的信息，建立起自己的路由表以决定如何把其所控制的本地系统的通信报表传送到网络中的其他位置。

路由器的功能还包括过滤、存储转发、流量管理、媒体转换等，其基本功能如下：

（1）连接功能

路由器能支持单段局域网间的通信，并可提供不同网络类型(如局域网或广域网)、不同速率的链路或子网接口，如在连接广域网时，可提供 X.25、FDDI、帧中继、SMDS 和 ATM 等接口。另外，通过路由器，可以在不同的网段之间定义网络的逻辑边界，从而将网络分成各自独立的广播网域。路由器也可用来做流量隔离以实现故障的诊断，并将网络中潜在的问题限定在某一局部，避免扩散到整个网络。

（2）网络地址判断、最佳路由选择和数据处理功能

路由器为每一种网络层协议建立并维护路由表。路由表可以由人工静态配置；也可利用距离向量或链路状态路由协议来动态产生。在路由表生成之后，路由器要判别每帧的协议类型，取出网络层的目的地址，并按指定协议路由表中的数据决定数据的转发与否。

路由器还可根据链路速率、传输开销、延迟和链路拥塞情况等参数，来确定最佳的数据包转发路由。

在数据处理方面，其加密和优先级等处理功能可有效地利用宽带网的带宽资源；它的数据过滤功能，可限定对特定数据的转发，发现所不支持的协议数据包、以未知网络为信宿的数据包和广播信息等，从而起到了防火墙的作用，避免了广播风暴的出现。但由于路由器需依靠多帧操作，增加了传输延时，与相对简单的网桥相比，数据传输的实时性方面的性能要相对差些。

（3）设备管理功能

由于路由器工作在 OSI 第三层，因此可以了解更多的高层信息，路由器可以通过软件协议本身的流量控制参量来控制所转发的数据的流量，以解决拥塞问题；还可以支持网络配置管理、容错管理和性能管理。

除此之外，路由器还可支持复杂的网络拓扑结构。路由器对网络拓扑结构可不加限制，甚至对冗余路径和活动环路拓扑结构也不加限制。而路由器能够执行相等开销路径上的负载平衡操作，以便最佳地利用有效信道。

### 3．路由器的端口

路由器具有非常强大的网络连接和路由功能，它可以与各种各样的不同网络进行物理连接，这就决定了路由器的端口技术非常复杂，越是高档的路由器其端口种类也就越多。路由器既可以对不同局域网段进行连接，也可以对不同类型的广域网络进行连接，所以路由器的端口类型一般可以分为局域网端口和广域网端口两种。

（1）局域网端口

路由器局域网端口有多种，如 AUI 端口、BNC 端口、RJ-45 端口、FDDI、ATM 和光纤端口，现在主要使用的是 RJ-45 端口和光纤端口。

① RJ-45 端口。RJ-45 端口是我们最常见的端口了，它是我们常见的双绞线以太网端口，这里不再做介绍。

② 光纤端口。光纤端口有 ST 和 SC 两种类型，在路由器中主要使用 SC 端口。

SC 端口用于与光纤的连接，一般来说这种光纤端口是不太可能直接用光纤连接至工作站，一般是通过光纤连接到快速以太网或千兆以太网等具有光纤端口的交换机。这种端口一般高档路由器才具有，一般都用“100b FX”标注，如图 5-34 所示。

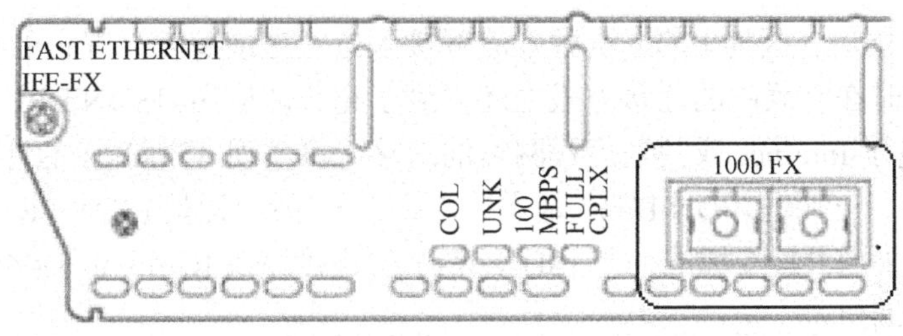


图 5-34　SC 端口

（2）广域网端口

路由器不仅能实现局域网之间连接，更重要的应用还是在于局域网与广域网、广域网与广域网之间的互联。但因为广域网规模大，网络环境复杂，所以也就决定了路由器用于连接广域网的端口的速率要求非常高，在以太网中一般都要求在 100Mbps 快速以太网以上。

① RJ-45 端口。利用 RJ-45 端口也可以建立广域网与局域网之间的 VLAN 之间，以及与远程网络或 Internet 的连接。如果使用路由器为不同 VLAN 提供路由时，可以直接利用双绞线连接至不同的 VLAN 端口。

② 高速同步串口。在路由器的广域网连接中，应用最多的端口是“高速同步串口”（SERIAL），这种端口主要是用于连接目前应用非常广泛的 DDN、帧中继（Frame Relay）、X.25、

PSTN（模拟电话线路）等网络连接模式。在企业网之间有时也通过 DDN 或 X.25 等广域网连接技术进行专线连接。这种同步端口一般要求速率非常高，因为一般来说通过这种端口所连接的网络的两端都要求实时同步。图 5-35 所示为高速同步串口。

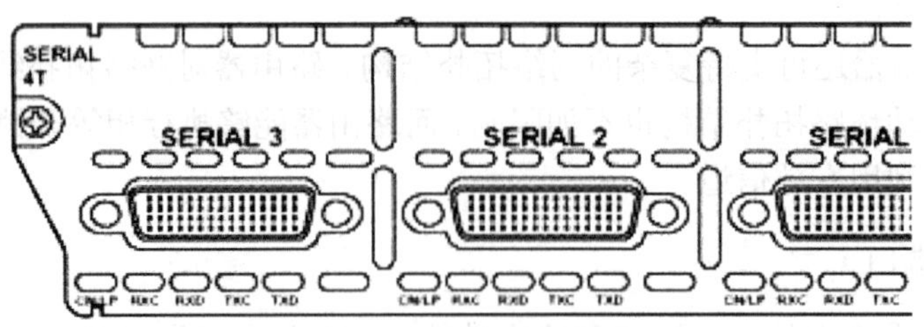


图 5-35　高速同步串口

③ 异步串口。异步串口（ASYNC）主要是应用于 MODEM 或 MODEM 池的连接，用于实现远程计算机通过公用电话网拨入网络。这种异步端口相对于同步端口来说，在速率上要求宽松许多，因为它并不要求网络的两端保持实时同步，只要求能连续即可。图 5-36 所示为异步串口。

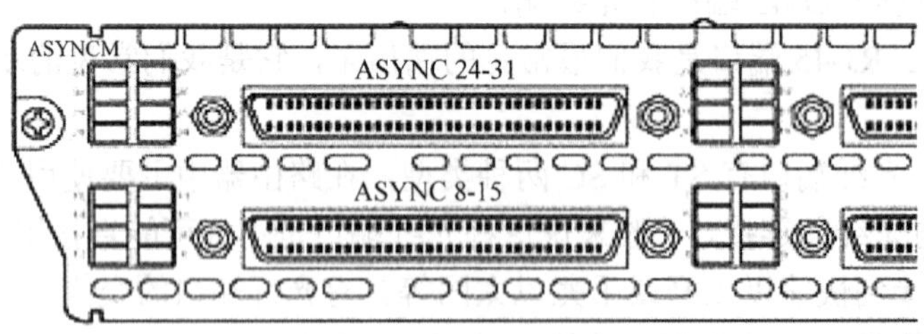


图 5-36　异步串口

④ ISDN BRI 端口。因为 ISDN 这种互联网接入方式连接速度上有它独特的一面，所以在当时 ISDN 刚兴起时在互联网的连接方式上还得到了充分的应用。ISDN BRI 端口用于 ISDN 线路通过路由器实现与 Internet 或其他远程网络的连接，可实现 128Kbps 的通信速率。ISDN 有两种速率连接端口，一种是 ISDN BRI（基本速率接口），另一种是 ISDN PRI（基群速率接口），ISDN BRI 端口是采用 RJ-45 标准，与 ISDN NT1 的连接使用 RJ-45 to RJ-45 直通线。图 5-37 所示为 ISDN BRI 端口。

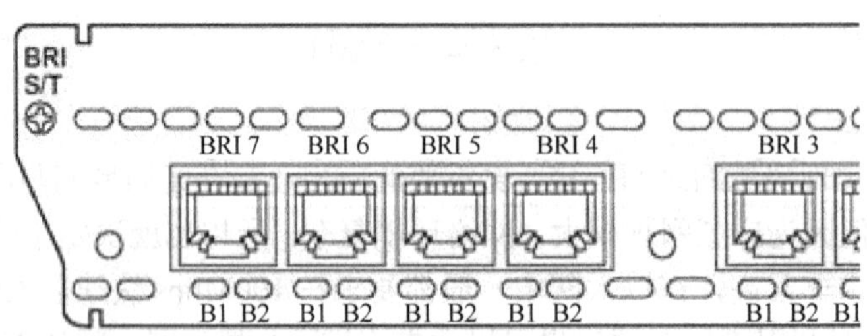


图 5-37　ISDN BRI 接口

## 4．路由器的性能指标

（1）全双工线速转发能力

路由器最基本且最重要的功能是数据包转发。在同样端口速率下转发小包是对路由器包转发能力最大的考验。全双工线速转发能力是指以最小包长（以太网 64 字节、POS 口 40 字节）和最小包间隔（符合协议规定）在路由器端口上双向传输同时不引起丢包。该指标是路由器性能重要指标。

（2）设备吞吐量

设备吞吐量是指设备整机包转发能力，是设备性能的重要指标。路由器的工作在于根据 IP 包头或者 MPLS 标记选路，所以性能指标是每秒转发包数量。设备吞吐量通常小于路由器所有端口吞吐量之和。

（3）端口吞吐量

端口吞吐量是指端口包转发能力，通常使用 pps（包每秒）来衡量，它是路由器在某端口上的包转发能力。通常采用两个相同速率接口测试。但是测试接口可能与接口位置及关系相关。例如，同一插卡上端口间测试的吞吐量可能与不同插卡上端口间吞吐量值不同。

（4）路由表能力

路由器通常依靠所建立及维护的路由表来决定如何转发。路由表能力是指路由表内所容纳路由表项数量的极限。由于 Internet 上执行 BGP 协议的路由器通常拥有数十万条路由表项，所以该项目也是路由器能力的重要体现。

（5）背板能力

背板能力是路由器的内部实现。背板能力能够体现在路由器吞吐量上：背板能力通常大于依据吞吐量和测试包场所计算的值。但是背板能力只能在设计中体现，一般无法测试。

（6）丢包率

丢包率是指测试中所丢失数据包数量占所发送数据包的比率，通常在吞吐量范围内测试。丢包率与数据包长度以及包发送频率相关。在一些环境下可以加上路由抖动或大量路由后进行测试。

（7）时延

时延是指数据包第一个比特进入路由器到最后一比特从路由器输出的时间间隔。在测试中通常使用测试仪表发出测试包到收到数据包的时间间隔。时延与数据包长相关，通常在路由器端口吞吐量范围内测试，超过吞吐量测试该指标没有意义。

（8）VPN 支持能力

通常路由器都能支持 VPN。其性能差别一般体现在所支持 VPN 数量上。专用路由器一般支持 VPN 数量较多。

### 5. 路由器的工作过程

为了说明路由器的工作原理，现在假设有这样一个简单的网络，如图 5-38 所示。

P1、P2、P3、P4 四个网络通过路由器连接在一起，现在来看一下在如图 5-38 所示网络环境下路由器又是如何发挥其路由、数据转发作用的。现假设网络 P1 中一个用户 P11 要向 P2 网络中的 P23 用户发送一个请求信号时，信号传递的步骤如下。

（1）用户 P11 将目的用户 P23 的地址，连同数据信息以数据帧的形式通过交换机以广播的形式发送给同一网络中的所有结点，当路由器 P1 端口侦听到这个地址后，分析得知所发目的结点不是本网段的，需要路由转发，就把数据帧接收下来。

（2）路由器 P1 端口接收到用户 P11 的数据帧后，先从报头中取出目的用户 P23 的 IP 地址，并根据路由表计算出发往用户 P23 的最佳路径。因为从分析得知到 P2 的网络 ID 号与路由器的 P2 网络 ID 号相同，所以由路由器的 P1 端口直接发向路由器的 P2 端口应是信号传递的最佳路径。

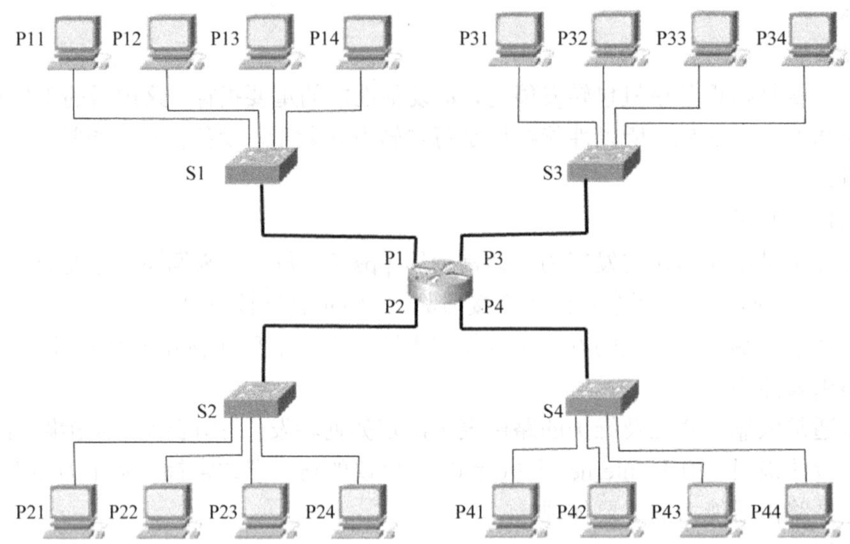


图 5-38　简单网络示意图

（3）路由器的 P2 端口再次取出目的用户 P23 的 IP 地址，找出 P23 的 IP 地址中的主机 ID 号，如果在网络中有交换机则可先发给交换机，由交换机根据 MAC 地址表找出具体的网络结点位置；如果没有交换机设备则根据其 IP 地址中的主机 ID 直接把数据帧发送给用户 P23，这样一个完整的数据通信转发过程就完成了。

## 小试牛刀

### 1．了解路由器的品牌

现在市场上交换机的品牌有很多种，请各小组利用业余时间收集路由器的品牌信息，并按表 5-5 的格式编写“路由器品牌信息表”。

表 5-5　路由器品牌信息表

| 品　　牌 | 主要产品型号 | 主要端口类型 | 端 口 速 率 |
|---|---|---|---|
| | | | |
| | | | |
| | | | |
| | | | |
| | | | |
| | | | |
| …… | | | |

### 2．认识路由器的端口

教师准备几款路由器，或收集多种路由器的清晰图片制作成电子文稿演示给学生看，请学生认真观察路由器的端口情况，按表 5-6 格式填写“路由器端口情况表”。

表 5-6　路由器端口情况表

| 品　牌 | 型　号 | 端 口 类 型 | 端 口 特 征 |
|---|---|---|---|
| | | | |
| | | | |
| | | | |
| | | | |
| | | | |
| | | | |
| …… | | | |

## 一比高下

1．图 5-39 是一个简单网络示意图，PC1 需要与 PC2 通信，请各小组根据图中标注说明路由器的工作过程，并选派一名代表在班级交流。

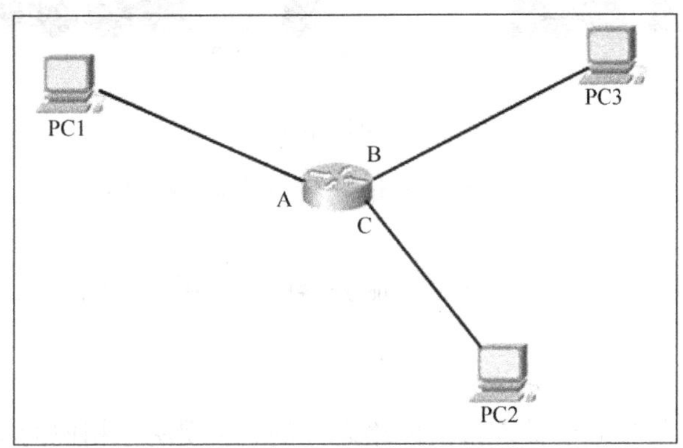


图 5-39　简单网络示意图

2．图 5-40 所示为思科 2611MX 路由器的端口示意图，请各小组选派一名代表说出该路由器共安装了几种端口，各端口的基本功能是什么。

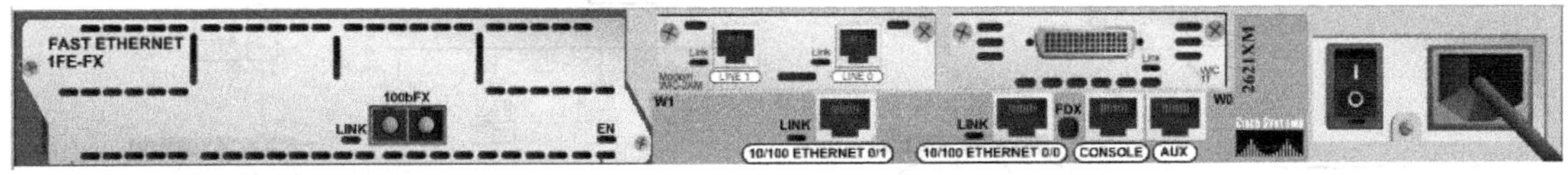


图 5-40　2611MX 路由器的端口示意图

## 开动脑筋

1．路由器主要应用于局域网还是广域网中？

2．没有配置过的路由器能使用吗？

3．可以使用计算机实现路由器的一些功能吗？

4．在什么情况下，网络中要使用路由器。

5．有没有二层路由器与三层路由器的说法，为什么？

## 课外阅读

### 网　桥

网桥又称为桥接器，如图 5-41 所示。是连接两个局域网的一种存储—转发设备，它可以将一个较大的局域网分割成为多个网段，或者将两个以上的局域网互联为一个逻辑上的局域网，使网络上的所有用户均可以访问服务器。它是工作在 OSI 第二层（数据链路层），具有在不同网段之间再生信号的功能，根据 MAC 地址来转发帧，它可以有效地连接两个局域网，可以将其看成一个“低层的路由器”。

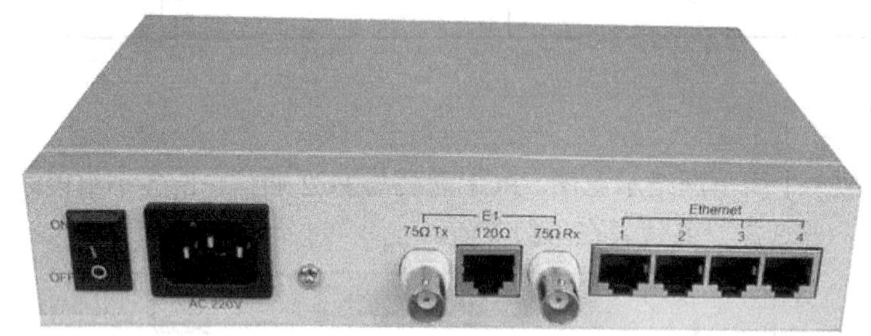


图 5-41　网桥

网桥分为本地网桥和远程网桥两类，本地网桥分为内桥和外桥两类。

（1）内桥

内桥是文件服务器的一部分，它在文件服务器中，利用不同网卡把局域网连接起来，内桥结构如图 5-42 所示。

（2）外桥

外桥不同于内桥，是独立于被连接的网络之外的、实现两个相似的不同网络之间连接的设备。通常用连接在网络上的工作站作为外桥。外桥工作站可以是专用的，也可以是非专用的。外桥结构如图 5-43 所示。

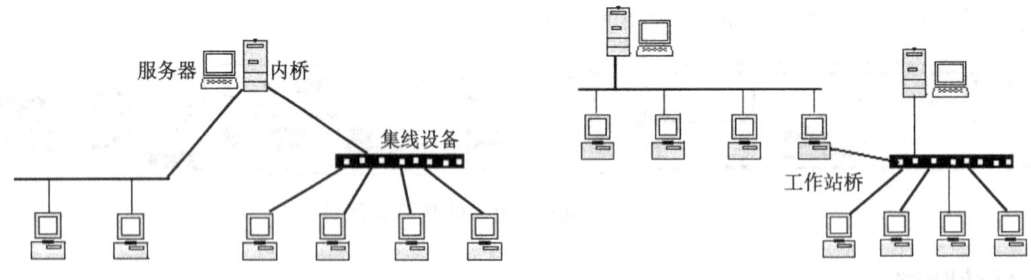


图 5-42　内桥结构　　图 5-43　外桥结构

（3）远程桥

远程桥是实现远程网之间连接的设备，通常是用调制解调器与通信媒体连接，如用电话线实现两个局域网的连接。远程桥结构如图 5-44 所示。

随着无线网络的兴起，无线网桥也开始流行。无线网桥是类似于路由器的设备，一般都是配对出现。有些无线网桥可以在建筑物之间建立起高速的远程户外连接，它可以连接两个或者多个网络，可以为数据密集型视距内应用提供很高的数据传输速率和出色的吞吐率。两个无线网桥之间必须是可视的，没有遮挡。

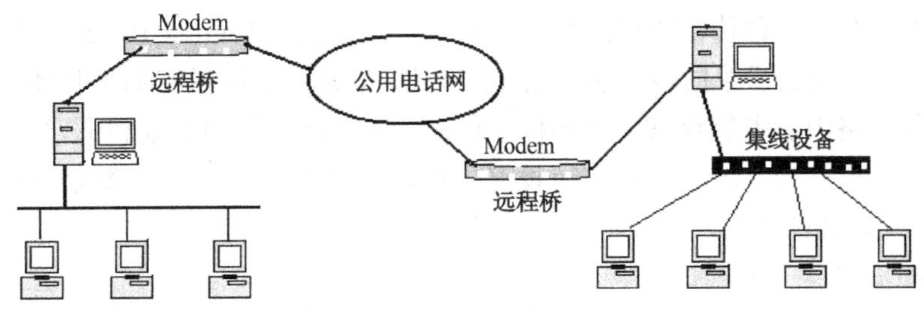


图 5-44　远程桥结构

## 工作任务 5　对路由器进行基本配置

### 1．静态路由

静态路由是指由网络管理员手工配置的路由信息。当网络的拓扑结构或链路的状态发生变化时，网络管理员需要手工去修改路由表中相关的静态路由信息。

静态路由一般适用于比较简单的网络环境，在这样的环境中，网络管理员易于清楚地了解网络的拓扑结构，便于设置正确的路由信息。

大型和复杂的网络环境通常不宜采用静态路由。一方面，网络管理员难以全面地了解整个网络的拓扑结构；另一方面，当网络的拓扑结构和链路状态发生变化时，路由器中的静态路由信息需要大范围地调整，这一工作的难度和复杂程度非常高。

在所有的路由中，静态路由优先级最高，当动态路由与静态路由发生冲突时，以静态路由为准。

### 2．动态路由

动态路由是网络中的路由器之间相互通信，传递路由信息，利用收到的路由信息更新路由表的过程。它能实时地适应网络结构的变化，如果路由更新信息表明发生了网络变化，路由选择软件就会重新计算路由，并发出新的路由更新信息。这些信息引起路由器重新启动其路由算法，并更新各自的路由表以动态地反映网络拓扑变化。动态路由适用于网络规模大、网络拓扑复杂的网络。

### 3．默认路由

默认路由是当数据在查找方向时，没有可以使用的明显的路由选择信息时为数据指定的路由。如果路由器有一个连接到小型网络段的连接和一个具有多个不同 IP 子网的大型互联网络的连接，那么连接到多个不同子网的接口将是设置为默认路由的最好的接口。这样，路由器收到的任何数据包，如果它们的目的不是紧邻的网络段，则它们将通过默认路由从接口发出。

### 4．路由表

路由表是路由器或者其他互联网络设备上存储的表，该表中存有到达特定网络终端的路径，在某些情况下，还有一些与这些路径相关的度量。

路由器的主要工作就是为经过路由器的每个数据报寻找一条最佳传输路径，并将该数据有效地传送到目的站点。选择最佳路径的策略即路由算法是路由器的关键所在。为了完成这项工作，在路由器中保存着各种传输路径的相关数据——路由表（Routing Table），供路由选择时使用，表中包含的信息决定了数据转发的策略。打个比方，路由表就像我们平时使用的地图一样，标识着各种路线，路由表中保存着子网的标志信息、网上路由器的个数和下一个路由器的名字等内容。路由表可以是由系统管理员固定设置好的，也可以由系统动态修改，可以由路由器自动调整，也可以由主机控制。

（1）静态路由表

由系统管理员事先设置好固定的路由表称为静态路由表，一般是在系统安装时就根据网络的配置情况预先设定的，它不会随未来网络结构的改变而改变。

（2）动态路由表

动态路由表是路由器根据网络系统的运行情况而自动调整的路由表。路由器根据路由选择协议提供的功能，自动学习和记忆网络运行情况，在需要时自动计算数据传输的最佳路径

#### 5. 路由器的配置

（1）路由器的基本设置方式

一般来说，可以有 5 种方式对路由器进行设置，如图 5-45 所示。

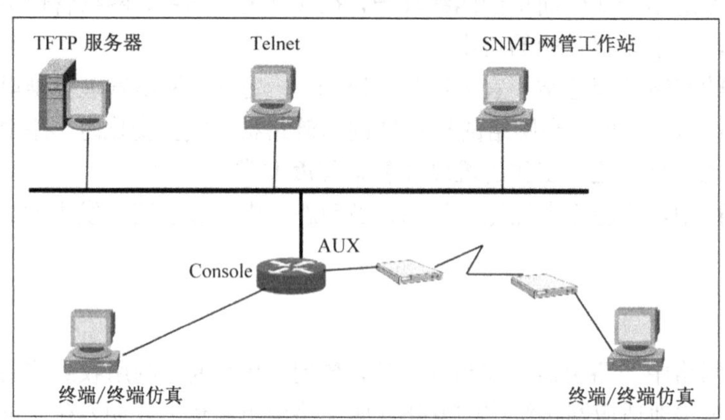


图 5-45　路由器的设置方法

① Console 口接终端或运行终端仿真软件的微机。

② AUX 口接 MODEM，通过电话线与远方的终端或运行终端仿真软件的微机相连。

③ 通过 Ethernet 上的 TFTP 服务器。

④ 通过 Ethernet 上的 Telnet 程序。

⑤ 通过 Ethernet 上的 SNMP 网管工作站。

路由器的第一次设置必须通过第一种方式进行。

（2）路由器配置中的三种模式

① 用户模式

```
router>
```

路由器处于用户命令状态，这时用户可以查看路由器的连接状态，访问其他网络和主机，

但不能看到和更改路由器的设置内容。

② 特权模式

```
router#
```

在 router>提示符下输入“enable”，路由器进入特权命令状态 router#，这时不但可以执行所有的用户命令，还可以看到和更改路由器的设置内容。

③ 全局模式

```
router(config)#
```

在 router#提示符下输入“configure terminal”，出现提示符 router(config)#，此时路由器处于全局设置状态，这时可以设置路由器的全局参数。

（3）路由器的基本配置

① 工作模式的切换：

```
router> enbale
router# configure terminal
router(config)#
```

② 主机名的配置：

```
router(config)# hostname ×××
```

每种品牌的路由器都有一个默认的路由器名，在实际工作中会有一些不方便，用户可以在全局模式下给路由器重新命名。

```
router> enbale
router# configure terminal
router(config)# hostname Router A
router A(config)# exit              ！退出全局配置模式
router A#write                      ！保存当前配置
```

③ 口令配置

路由器是网络上比较重要的设备，设置一些访问密码可以提高它的安全性。

配置特权模式口令：

```
router> enable
router# configure terminal
router(config)#
router(config)#enable secret 123456        ！启用加密口令（口令以密文方式显示）
router(config)#enable password 654321      ！设置加密口令（口令以明文方式显示）
router(config)#exit
router#write
router#show startup-config
```

此时，路由器配置窗口会显示配置信息，一种口令是明文方式，一种口令是密文方式，如图 5-46 所示。

```
enable secret 5 $1$mERr$H7PDx17VYMqaD3id4jJVK/
enable password 654321
```

图 5-46　两种口令的显示方式

（4）静态路由的配置

在网络中使用静态路由可以节省路由器和网络资源，代价是需要耗费网络管理员的大量精力。如果网络拓扑发生变化，管理员必须修改网络中受影响的静态路由。

用于配置静态路由的命令是一个全局命令，其配置命令是：

```
Router(config)# ip router prefix mask ip-address
```

prefix 是指目标网络的 IP 路由前缀。

mask 是指目标网络的前缀掩码。

ip-address 是可用于到目标网络的下一跳的 IP 地址。

静态路由的具体配置，拓扑图如图 5-47 所示。

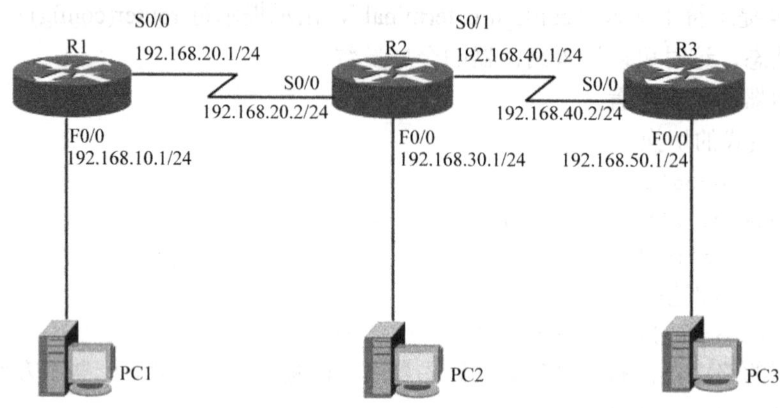


图 5-47　静态路由配置拓扑图

三个路由器的基本配置：

```
R1(config) #interface fa0/0
R1(config-if)# ip address 192.168.10.1 255.255.255.0
R1(config-if)# no shutdown
R1(config-if)#exit
R1(config)# interface s 0/0
R1(config-if)# ip address 192.168.20.1 255.255.255.0
R1(config-if)# no shutdown
R1(config-if)#exit

R2(config) #interface fa0/0
R2(config-if)# ip address 192.168.30.1 255.255.255.0
R2(config-if)# no shutdown
R2(config-if)#exit
R2(config)# interface s 0/0
R2(config-if)# ip address 192.168.20.2 255.255.255.0
R2(config-if)# clock rate 64000
R2(config-if)# no shutdown
R2(config)# interface s 0/1
R2(config-if)# ip address 192.168.40.1 255.255.255.0
R2(config-if)# clock rate 64000
R2(config-if)# no shutdown
R2(config-if)#exit
```

```
R3(config) #interface fa0/0
R3(config-if)# ip address 192.168.50.1 255.255.255.0
R3(config-if)# no shutdown
R3(config-if)#exit
R3(config)# interface s 0/0
R3(config-if)# ip address 192.168.40.2 255.255.255.0
R3(config-if)# no shutdown
R3(config-if)#exit
```

配置静态路由：

路由器 1 了解自己的网络 192.168.10.0 和 192.168.20.0（直接相连），所以路由表必须加入 192.168.30.0、192.168.40.0 和 192.168.50.0 的信息。

```
R1(config) #ip router 192.168.30.0 255.255.255.0 192.168.20.2
R1(config) #ip router 192.168.40.0 255.255.255.0 192.168.20.2
R1(config) #ip router 192.168.50.0 255.255.255.0 192.168.20.2

R2(config) #ip router 192.168.10.0 255.255.255.0 192.168.20.1
R2(config) #ip router 192.168.50.0 255.255.255.0 192.168.40.2

R3(config) #ip router 192.168.10.0 255.255.255.0 192.168.40.1
R3(config) #ip router 192.168.30.0 255.255.255.0 192.168.40.1
R3(config) #ip router 192.168.30.0 255.255.255.0 192.168.40.1
```

### 6．两个路由协议

（1）RIP 路由协议

RIP 路由信息协议是一种简单的路由选择协议，适用于不太可能有重大扩容或变化的小型网络。作为一种距离矢量路由选择协议，使用跳数作为度量值，跳计数允许的最大值是 15 跳。它每隔 30 秒送一条更新。这些更新中包含整个路由选择表。RIP 目前有两个版本：RIPv1 和 RIPv2。RIPv1 是一个有类路由协议，而 RIPv2 是一个无类路由协议。有类与无类的关键差别在于有类路由协议不在更新中发送子网掩码，而无类路由协议在更新中发送子网掩码。

RIP 路由的具体配置，拓扑图如图 5-48 所示。

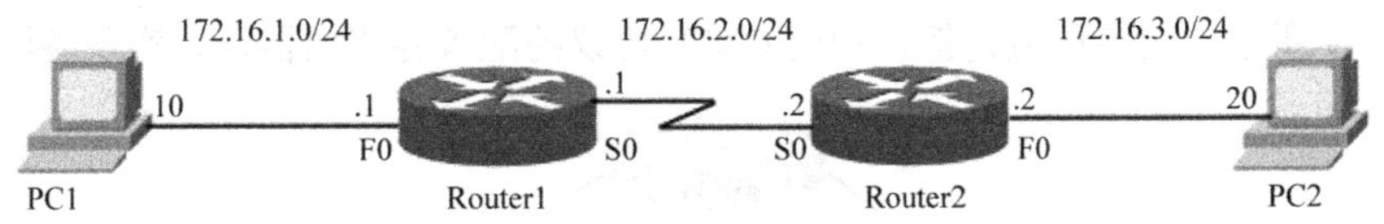


图 5-48　RIP 协议的实训环境

```
Router1(config)# interface fastethernet 0/0
Router1(config-if)# ip address 172.16.1.1 255.255.255.0
Router1(config-if)# no shutdown
Router1(config-if)#exit
```

```
Router1(config)# interface serial 0/0
Router1(config-if)# ip address 172.16.2.1 255.255.255.0
Router1(config-if)#clock rate 64000
Router1(config-if)# no shutdown
Router2(config)# interface fastethernet 0/0
Router2(config-if)# ip address 172.16.3.1 255.255.255.0
Router2(config-if)# no shutdown
Router2(config-if)#exit
Router2(config)# interface serial 0/0
Router2(config-if)# ip address 172.16.2.2 255.255.255.0
Router2(config-if)# no shutdown
```

Router1 配置 RIPv2 协议：

```
Router1(config)# router rip
Router1(config-router)#network 172.16.1.0
Router1(config-router)#network 172.16.2.0
Router1(config-router)#version2              !定义 RIP 协议 v2
Router1(config-router)#no auto-summary      !关闭路由信息的自动汇总功能
```

Router2 配置 RIPv2 协议：

```
Router2(config)# router rip
Router2(config-router)#network 172.16.1.0
Router2(config-router)#network 172.16.2.0
Router2(config-router)#version2              !定义 RIP 协议 v2
Router2(config-router)#no auto-summary      !关闭路由信息的自动汇总功能
```

（2）OSPF 协议

OSPF（Open Shortest Path First，开放最短路径优先）路由协议是目前 Internet 广域网和 Intranet 企业网采用最多、应用最广泛的路由协议之一，它是一种链路状态路由选择协议。

OSPF 用于将路由选择信息传递给组织网络中的所有路由器，使用链路状态技术，使得传播更新的效率非常高，使网络具有可扩展性。

运行 OSPF 的路由器维持了三张表：

① 邻居表：存储了邻居路由器的信息。如果一个 OSPF 路由器和它的邻居路由器失去联系，在几秒钟的时间内，它会标记所有到达那条路由无效，并重新计算到达目标网络的路径。

② 拓扑表：一般叫做 LSDB。OSPF 路由器通过 LSA 学习到其他路由表和网络状况，LSA 存储在 LSDB 中。

③ 路由表：包含了到达目标网络的最佳路径的信息。

以图 5-49 所示的网络环境为例，利用 OSPF 协议的配置各路由器，以实现各网络连通。

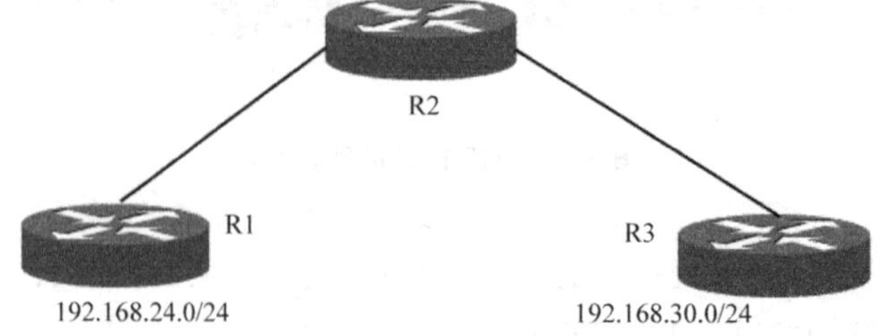


图 5-49　OSPF 实训环境

```
R1(config)# interface fastethernet 0/0
R1(config-if)# ip address 192.168.24.1 255.255.255.0
R1(config-if)# no shutdown
R1(config-if)#exit
R2(config)# interface fastethernet 0/0
R2(config-if)# ip address 192.168.24.2 255.255.255.0
R2(config-if)# no shutdown
R2(config)# interface fastethernet 0/1
R2(config-if)# ip address 192.168.30.1 255.255.255.0
R2(config-if)# no shutdown
R2(config-if)#exit

R3(config)# interface fastethernet 0/0
R3(config-if)# ip address 192.168.30.2 255.255.255.0
R3(config-if)# no shutdown
R3(config-if)#exit
```

Router1 配置 OSPF：

```
R1(config)# router ospf
R1(config-router)#network 192.168.24.0 0.0.0.255 area 0
```

R2 配置 OSPF：

```
R2(config)#router ospf
R2(config-router)#network 172.16.24.0 0.0.0.255 area 0
R2(config-router)#network 172.16.30.0 0.0.0.255 area 0
R2(config-router)#end
```

R3 配置 OSPF：

```
R3(config)# router ospf
R3(config-router)#network 192.168.30.0 0.0.0.255 area 0
```

## 小试牛刀

### 1. 路由器的基本配置

各小组同学使用模拟器配置 Cisco2611XM 路由器。配置内容如下：

（1）以自己的名字作为路由器的主机名；

（2）设置进入用户模式的密码为“123456”；

（3）设置进入特权模式的密码为“654321”；

（4）配置两个以太网口的 IP 地址为：192.168.1.10　　子网掩码为 255.255.255.0

192.168.8.10　　子网掩码为 255.255.255.0

（5）人工开启两个以太网口。

### 2. 静态路由的配置

各小组同学使用模拟器按如图 5-50 所示的拓扑结构以静态路由的方式配置，实现网络的连通。

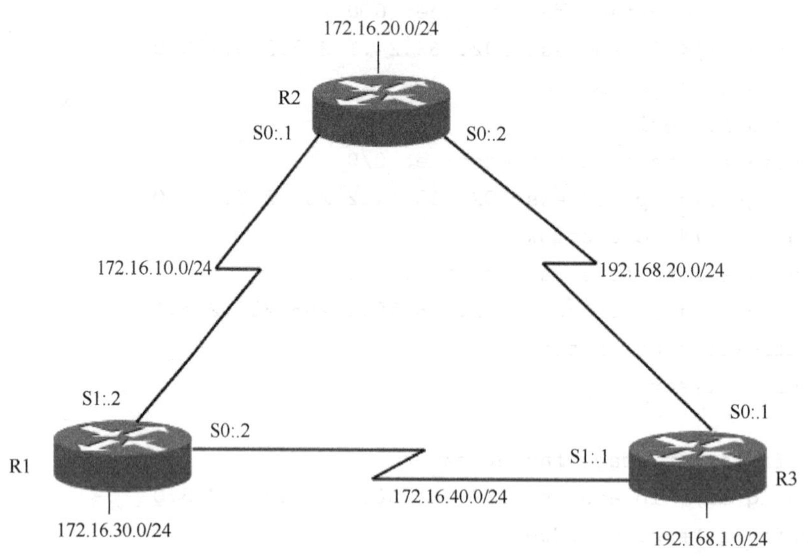


图 5-50　静态路由实验拓扑

### 3．动态路由的配置

各小组同学使用模拟器按如图 5-39 所示的拓扑结构以动态路由的方式配置，实现网络的连通。

##  一比高下

以下有三个实际的工作需求情况，请各小组根据情况自行设计方案，并进行路由器的配置以实现实际需求，使用思科模拟器完成。

1．两所学校的校园相邻，都建有自己的校园网络，各自使用了一套私有 IP 地址：192.168.24.0 和 192.168.10.0。两校经过协商决定通过两台路由器将两所学校的校园网络互联互通，以实现部分教学资源的共享。（使用静态路由）

2．假设校园网通过一台路由器连接到校园外的另一台路由器上，现要在路由器上做适当配置，实现校园网内部主机与校园网外部主机的相互通信。（使用动态路由）

*3．你是一个公司的网络管理员，公司的经理部门、财务部门和销售部门分属于不同的三个网段，三部门之间使用一台路由器进行信息传递。为了安全起见，公司领导要求销售部门不能对财务部门进行访问，但经理部门可以对财务部门进行访问。

各小组在规定的时间内完成任务后，选派一名代表在班级进行展示。

## 开动脑筋

1．一个新的交换机不经过配置可以使用吗？那路由器呢？

2．动态路由和静态路由，分别在什么情况下使用方便？

3．一个路由器中可以同时配置动态路由与静态路由吗？

4．路由器在网络中可以替代交换机吗？

## 课外阅读

### 路由器的访问控制列表

访问控制列表（Access Control List，ACL）是路由器接口的指令列表，用来控制端口进出的数据包。ACL 适用于所有的被路由协议，如 IP、IPX、AppleTalk 等。ACL 的定义是基于每一种协议的。如果路由器接口配置成为支持三种协议（IP、AppleTalk 以及 IPX）的情况，那么，用户必须定义三种 ACL 来分别控制这三种协议的数据包。

ACL 可以限制网络流量、提高网络性能。例如，ACL 可以根据数据包的协议，指定数据包的优先级。ACL 可以提供对通信流量的控制手段。例如，ACL 可以限定或简化路由更新信息的长度，从而限制通过路由器某一网段的通信流量。ACL 是提供网络安全访问的基本手段。ACL 可以允许主机 A 访问某些资料，而拒绝主机 B 访问。ACL 可以在路由器端口处决定哪种类型的通信流量被转发或被阻塞。例如，用户可以允许 E-mail 通信流量被路由，拒绝所有的 Telnet 通信流量。

ACL 可以分为标准 ACL 和扩展 ACL。标准 ACL 只检查数据包的源地址；扩展 ACL 既检查数据包的源地址，也检查数据包的目的地址，同时还可以检查数据包的特定协议类型、端口号等。

在 Cisco 设备上配置访问控制列表分为两个步骤：创建 ACL；将 ACL 绑定到指定的网络接口。

**第一步：创建 ACL**

创建 ACL 访问控制列表的命令是：

```
Router(config)#access-list access-list-number {permit | deny | test conditions}
```

access-list 命令用于定义 ACL 的一条规则语句；

参数 access-list-number 指定列表号，可以是 1～99 的标准 ACL 号，或者 100～199 的扩展 ACL 号；

permit 与 deny 定义本规则匹配后应该采取的动作——允许还是拒绝；

test conditions 是测试条件，一旦符合该条件，则说明本规则匹配。

**第二步：将 ACL 绑定到某个接口**

IOS 软件中必须在子接口配置模式下绑定关联到本接口的访问控制列表，其命令是：

```
Router(config-if)#{protocol} access-group access-list-number {in|out}
```

protocol 指定 ACL 基于何种协议，可以是 IP、IPX 等；

access-group 命令声明在本接口绑定 ACL；

access-list-number 参数是需要绑定 ACL 的列表号；

参数 in 和 out 可选，声明本 ACL 用于入站还是出站访问控制，如果不写，默认为 out。

标准访问控制列表实例如下。

配置任务：禁止 172.16.4.13 计算机对 172.16.3.0/24 网段的访问，而 172.16.4.0/24 中的其他计算机可以正常访问。其拓扑结构图如图 5-51 所示。

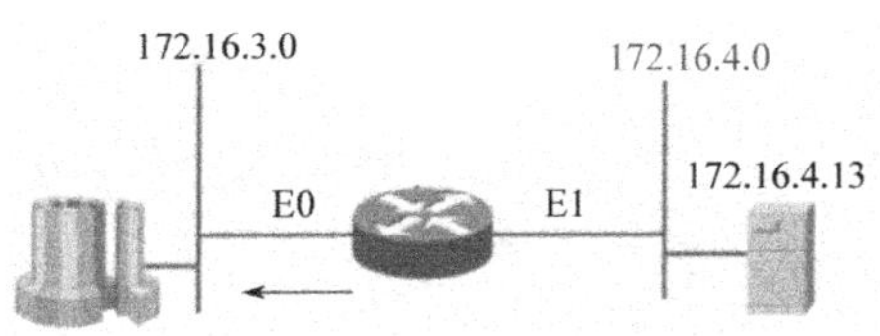


图 5-51　拓扑结构图

路由器配置命令：

```
access-list 1 deny host 172.16.4.13        ！设置ACL，禁止172.16.4.13的数据包通过
access-list 1 permit any                   ！设置ACL，容许其他地址的计算机进行通信
int e 1                                    ！进入E1端口
ip access-group 1 in
```

将 ACL1 宣告，同理可以进入 E0 端口后使用 ip access-group 1 out 来完成宣告。

配置完毕后除了 172.16.4.13 其他 IP 地址都可以通过路由器正常通信，传输数据包。

## 本项目小结

本项目通过 5 个工作任务思科模拟器的使用以及网络基本设备交换机和路由器的知识以及基本的配置方法。在交换机与路由器的基本配置中介绍了不同模式下的交换机与路由器的配置技术以及网络中使用频率很高的基本配置命令的使用，通过学习这些知识，学生可以掌握最基本的网络配置技术与配置方法，可以完成基本的网络配置工作。

## 思考与练习

1．交换机的硬件主要由哪几个部分组成？
2．通常情况下，交换机工作于 OSI 参考模型的第几层？
3．交换机与集线器的主要区别是什么？
4．三层交换机是指具有什么功能的交换机？有没有四层交换机？
5．什么是虚拟局域网？其主要优点是什么？
6．依据不同原则 VLAN 的划分有哪几种划分方式？
7．路由器是工作于 OSI 什么层的网络设备？
8．什么叫静态路由？什么叫动态路由？
9．路由器的基本配置方式有哪几种？
10．路由器的访问控制列表的主要作用是什么？

# 项目 6　组建局域网

## 项目描述

随着计算机网络技术、现代通信技术的飞速发展以及计算机的大量普及，各种不同类型的局域网在人们日常生活中大量的组建，为人们的生活带来了便利。家庭、学校、社区、公司都可以看到局域网的身影。这些网络中，最常见的是规模较小的公司的对等网络、家庭无线网线以及规划较大的校园网或社区网。这些网络在组建上有一定的差异，使用的网络设备以及网络配置也有较大的差异。

## 项目分解

工作任务 1　组建对等网络
工作任务 2　组建可管理的局域网
工作任务 3　配置无线网络接入

## 工作任务 1　组建对等网络

### 1．对等网

对等网又称工作组网，网络上各台计算机有相同的地位，无主从之分，采用分散管理的方式，任一台计算机都是即可作为服务器，设定共享资源供网络中其他计算机所使用，又可以作为工作站，访问其他计算机中的资源。用户之间可以直接通信、共享资源、协同工作。对等网络是小型局域网常用的组网方式，非常适合组建家庭、宿舍、小型办公网络。对等网通常采用星型拓扑结构。

### 2．对等网的特点

对等网主要有如下特点：

（1）网络用户较少，一般在 20 台计算机以内，适合人员少，应用网络较多的中小企业。

（2）网络用户都处于同一区域中。

（3）对于网络来说，网络安全不是最重要的问题。

它的主要优点有网络成本低、网络配置和维护简单。它的缺点也相当明显的，主要有网络性能较低、数据保密性差、文件管理分散、计算机资源占用大。

### 3．对等网的组建

对等网络一般适用于家庭或小型办公室中的几台或十几台计算机的互联，不需要太多的公共资源，只需简单地实现几台计算机之间的资源共享即可。对等网的组建通常需要做以下几个方面的工作。

（1）选择拓扑结构

在组建对等型网络时，用户可选择总线型网络结构或星型网络结构，若要进行互联的计算机在同一个房间内，可选择总线型网络结构；若要进行互联的计算机不在同一个区域内，分布较为复杂，可采用星型网络结构，通过集线设备实现互联。但为了方便管理与组建，现在通常使用星型网络结构，如图 6-1 所示。

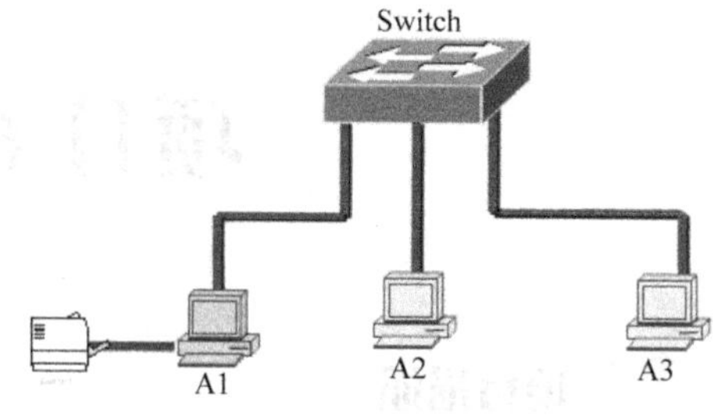

图 6-1　对等网的拓扑结构

（2）准备硬件设备

一般情况下，对等网的规模非常小，需要使用的硬件设备也不会很多，在一个小型办公网络中，可能使用到的硬件除了正常的办公计算机及打印机外，还需要使用 1～2 台交换机及一定数量的网络连接线缆。

（3）规划 IP 地址

IP 地址可以分为私有 IP 和公有 IP。直接与 Internet 相连的所有主机都必须有唯一的公有 IP 地址。只要网络中的主机不直接连接到 Internet，它们便可使用私有地址，因此多个网络可以使用相同的私有地址集。在局域网中 IP 地址通常使用 192.168.x. 0 段的 C 类网络地址，根据网络中计算机的数量情况，用户自行规划主机地址，规划时可以参照表 6-1 所示进行。

表 6-1　规划 IP 地址

| 计　算　机 | IP 地址 | 子 网 掩 码 |
|---|---|---|
| A1 | 192.168.0.1 | 255.255.255.0 |
| A2 | 192.168.0.2 | 255.255.255.0 |
| A3 | 192.168.0.3 | 255.255.255.0 |
| A4 | 192.168.0.4 | 255.255.255.0 |
| A5 | 192.168.0.5 | 255.255.255.0 |
| … | … | … |

（4）硬件连接

硬件连接是用直通网线将计算机与交换机连接起来，以实现计算机间的物理连接。

（5）配置网络属性

网络连接的属性内容比较多，在这里主要是设置 IP 地址，以方便网络通信。

选中桌面上的“网上邻居”图标，单击鼠标右键，在弹出的快捷菜单中选择“属性”命令，打开“网络连接”对话框，在此对话框中选中“本地连接”图标，单击鼠标右键，在弹出的快捷菜单中选择“属性”命令，打开“本地连接属性”对话框，如图 6-2 所示。

在“此连接使用下列项目”列表中选中“Internet 协议”项，单击“属性”按钮，打开“Internet 协议（TCP/IP）属性”对话框，在此对话框中设置计算机的 IP 地址和子网掩码地址，如图 6-3 所示。设置完成后单击“确定”按钮退出。按照规划好的 IP 地址采用同样的方法设置其他计算机的 IP 地址。

在计算机 A2 上单击“开始”菜单，选择“运行”选项，在打开的“运行”对话框中输入“cmd”，进入命令控制界面。在提示符下输入“ping 192.168.0.1”，检查网络连接情况，当出现图 6-4 所示界面时表明网络已经连通。

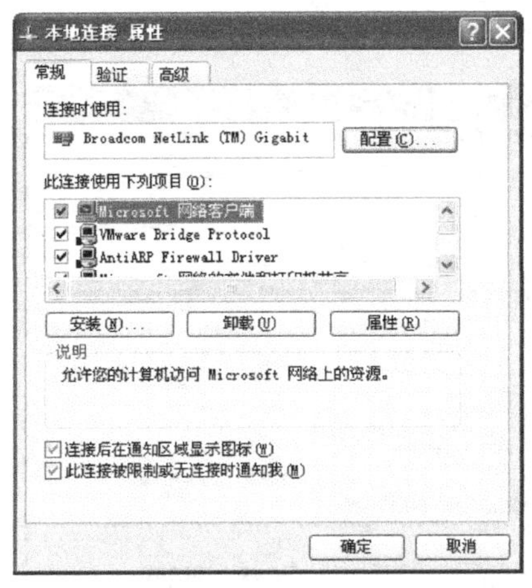


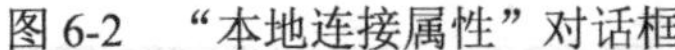
图 6-2　“本地连接属性”对话框

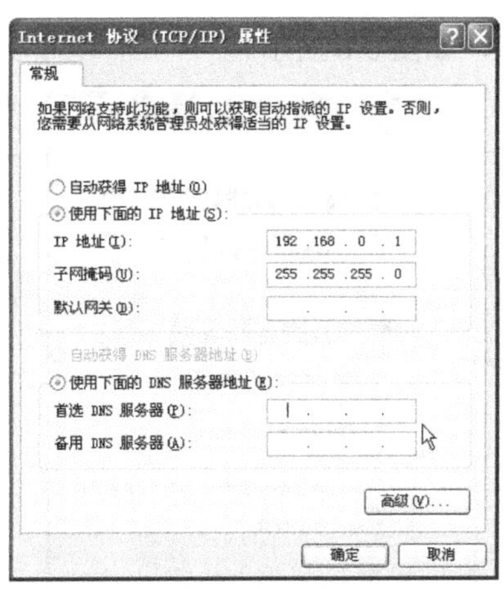


图 6-3　“Internet 协议（TCP/IP）属性”对话框

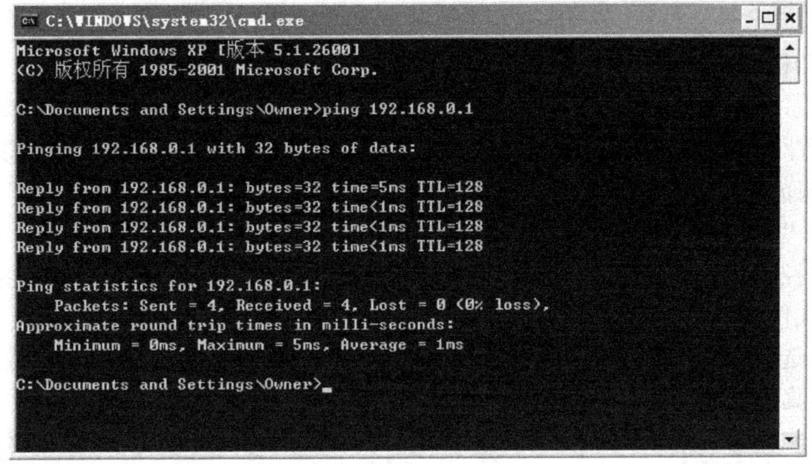


图 6-4　网络测试连通

（6）设置共享文件夹

在对等型网络中，实现资源共享是其主要目的，设置共享文件夹是实现资源共享的常用方式，在 Windows XP 中，设置共享文件夹可执行下列操作：

① 双击“我的电脑”图标，打开“我的电脑”对话框。

② 选择要设置共享的文件夹，在左边的“文件和文件夹任务”窗格中单击“共享此文件夹”超链接，或右击要设置共享的文件夹，在弹出的快捷菜单中选择“共享和安全”命令。

③ 打开“文件夹属性”对话框中的“共享”选项卡，如图 6-5 所示。

④ 在“网络共享和安全”选项组中选中“在网络上共享这个文件夹”复选框，这时“共享名”文本框和“允许网络用户更改我的文件”复选框均变为可用状态。

⑤ 在“共享名”文本框中输入该共享文件夹在网络上显示的共享名称，用户也可以使用其原来的文件夹名称。

⑥ 若选中“允许网络用户更改我的文件”复选框，则设置该共享文件夹为完全控制属性，任何访问该文件夹的用户都可以对该文件夹进行编辑修改；若清除该复选框，则设置该共享文件夹为只读属性，用户只可访问该共享文件夹，而无法对其进行编辑修改。

⑦ 设置共享文件夹后，在该文件夹的图标中将出现一个托起的小手，表示该文件夹为共

享文件夹，如图 6-6 所示。

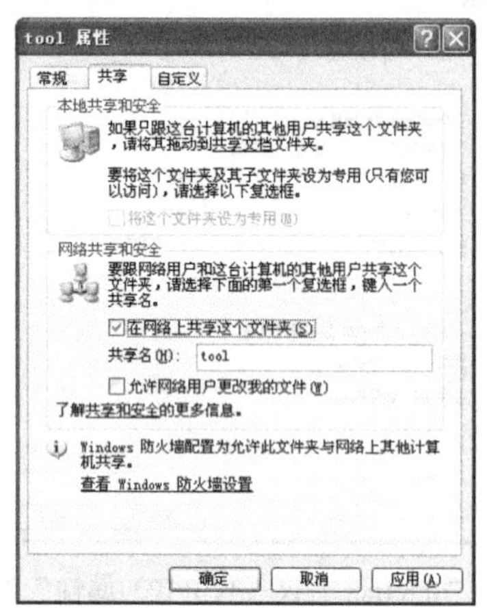


图 6-5 “共享”选项卡

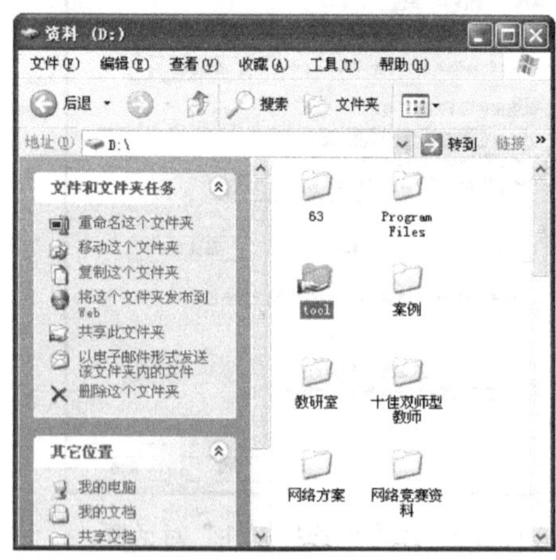


图 6-6 共享文件夹

（7）打印机的安装与设置

在网络中，用户不仅可以共享各种软件资源，还可以设置共享硬件资源，例如设置共享打印机。要设置网络共享打印机，用户需要先将该打印机设置为共享，并在网络中其他计算机上安装该打印机的驱动程序。将打印机设置为共享，可执行下列操作。

① 单击“开始”按钮，选择“控制面板”命令，打开“控制面板”窗口。

② 在“控制面板之选择一个类别”窗口中单击“打印机和其他硬件”超链接，打开“打印机和其他硬件”窗口，如图 6-7 所示。

③ 在“选择一个任务”选项组中选择“查看安装的打印机或传真打印机”超链接，打开“打印机和传真”窗口，如图 6-8 所示。

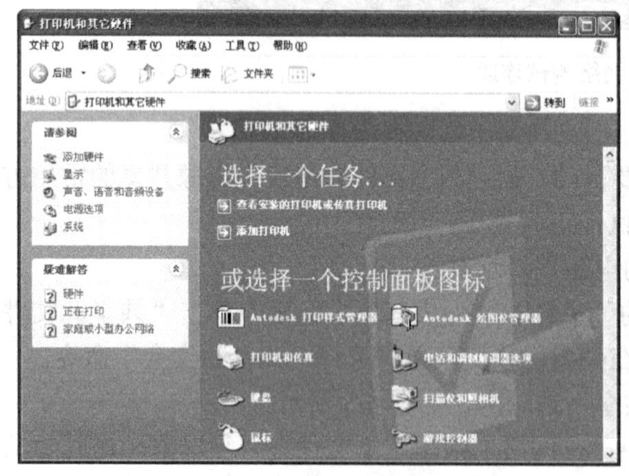


图 6-7 “打印机和其他硬件”窗口

图 6-8 “打印机和传真”窗口

④ 在该窗口中选中要设置共享的打印机图标，在“打印机任务”窗格中单击“共享此打印机”超链接，或右击该打印机图标，在弹出的快捷菜单中选择“共享”命令。

⑤ 打开“打印机属性”对话框中的“共享”选项卡，如图 6-9 所示。

⑥ 在该选项卡中选中“共享这台打印机”单选按钮，在“共享名”文本框中输入该打印机在网络上的共享名称。单击“确定”按钮，完成共享打印机的设置。

网络中的其他计算机如果要使用网络中共享的打印机，还需要在本机上安装共享打印机的驱动程序，安装方法如下。

① 打开网络中的其他一台计算机，打开控制面板中“打印机和传真”窗口，在打印机窗口中单击“添加打印机”链接，系统将会给出“添加打印机向导”对话框。

② 在“添加打印机向导”对话框中选择添加“网络打印机或连接到其他计算机的打印机”单选按钮，如图 6-10 所示。

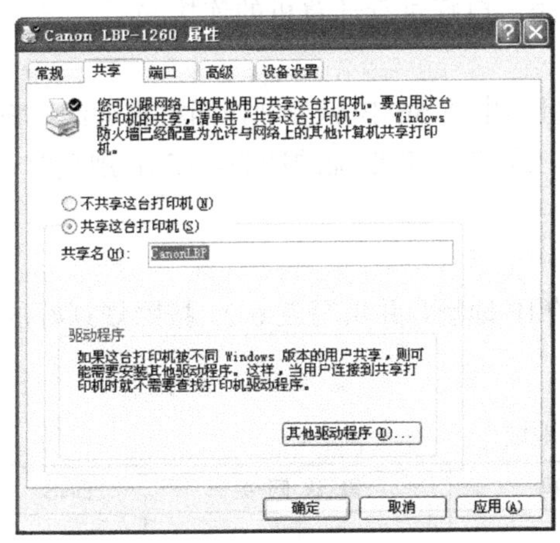


图 6-9　设置打印机共享

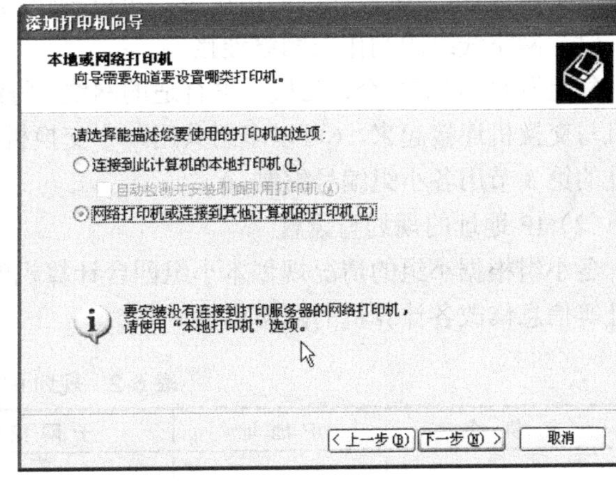


图 6-10　添加网络打印机

③ 单击“下一步”按钮，在“指定打印机”对话框中的“连接到 Internet，家庭或办公网络上的打印机”URL 的文本输入框中输入相应的地址和打印机名，如图 6-11 所示。

④ 单击“下一步”按钮，连接有打印机的计算机会要求用户提供一个身份验证，如图 6-12 所示，输入对方计算机中已有的用户账号和密码并通过验证后，就可以安装打印机的驱动程序了。安装完成后，本机就可以使用网络中的打印机了。

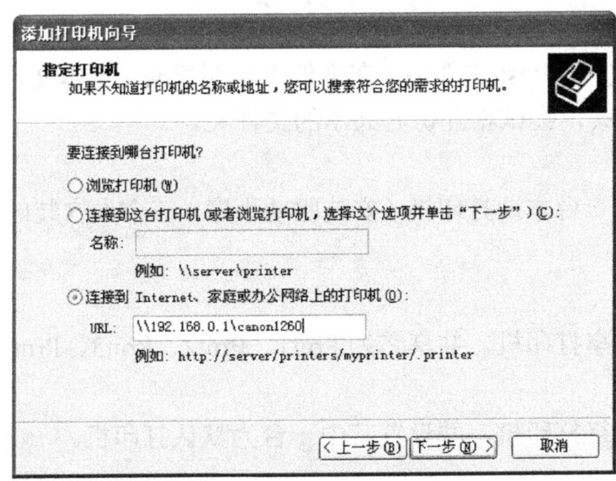


图 6-11　输入打印机的网络地址

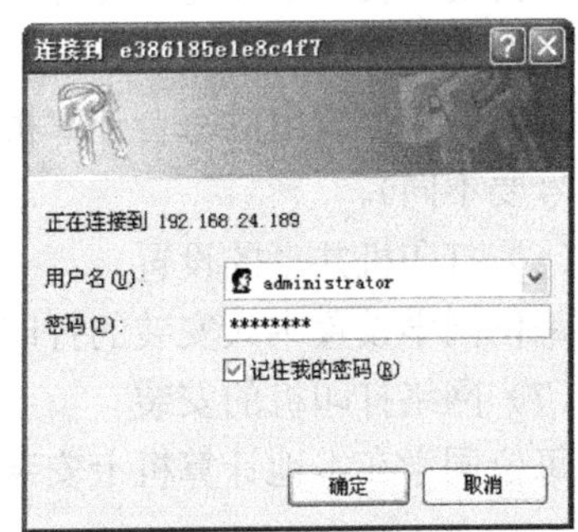


图 6-12　安装打印机的验证信息

## 小试牛刀

### 1. 网络方案设计

为民咨询公司有 5 个部门：经理室、市场部、调研部、策划部、财务部。公司现有办公计算机 20 台，市场部和财务部各有一台打印机，财务部的打印机不能提供给其他部门人用。公司想组建一个办公网络，你可以为他们设计一个方案吗？

**2．对等网络的组建**（每位同学可以先使用虚拟计算机操作，然后再由同学组成小组用实体计算机操作）

教师根据学校的实训条件，将学生分成若干组。将三台计算机组建成一个对等网，并进行必要的共享设置。（条件许可的情况下，可以制作网线，自行进行计算机的连接。）

（1）网络线缆的制作与网络连接

每组发水晶头 12 个，三根长度合适的网线。每组学生按 568B 标准制作四根直通线，将计算机与交换机连接起来。（可以多组共用一个交换机，为防止 IP 地址的冲突，在 IP 规划时，IP 地址的第 3 节用各小组编号编制。）

（2）IP 地址的规划与设置

各小组根据小组的情况规划本小组四台计算机的 IP 地址，并填写表 6-2。按照规划好的 IP 地址等信息修改各计算机的网络属性。

表 6-2　规划 IP 地址

| 主　机　名 | IP 地 址 | 子 网 掩 码 | 默 认 网 关 | DNS |
| --- | --- | --- | --- | --- |
| | | | | |
| | | | | |
| | | | | |
| | | | | |

（3）测试网络连通性

在三台计算机之间使用 ping 命令测试网络的连通性，观察网络通信情况是否正常，如果测试不通，检查问题所在，并排除故障。

（4）共享文件夹的设置与访问

每组同学在每台计算机的 D 盘上新建一个 test 文件夹，在文件夹中新建 test 文本文件，文件内容自定。设置 test 文件夹为共享文件夹，尝试相互访问共享的文件夹。

（5）本地打印机的安装

每组同学在本组的每台计算机均安装一台本地打印机（安装驱动程序，三个人安装的打印机型号要不同）。

（6）打印机共享的设置

每位同学设置本人安装的打印机为共享打印机，共享名为 Prnt1、Prnt2、Prnt3、Prnt4。

（7）网络打印机的安装

每位同学在本地计算机上安装两台网络打印机，并设置其中一台为默认打印机。

## 一比高下

**1．网络方案设计**

各小组同学根据自己及小组成员的方案设计情况，进行自我评价并对小组其他成员进行评价，将评价结果填写在表 6-3 中。

表 6-3　方案设计小组评价表

| 评 价 内 容 | 自 我 评 价 | | | 小 组 评 价 | | |
|---|---|---|---|---|---|---|
| | 优秀 | 合格 | 再努力 | 优秀 | 合格 | 再努力 |
| 拓扑结构设计 | | | | | | |
| IP 地址规划与设置 | | | | | | |
| 工作组设计 | | | | | | |
| 网络打印机的设计 | | | | | | |
| 网络设备的选择 | | | | | | |
| 设计方案的合理性 | | | | | | |
| 设计方案的可行性 | | | | | | |
| 小组综合评价： | | | | | | |

### 2．对等网组建

各小组同学根据自己及小组成员的工作完成情况，进行自我评价并对小组其他成员进行评价，将评价结果填写在表 6-4 中。

表 6-4　对等网组建小组评价表

| 评 价 内 容 | 自 我 评 价 | | | 小 组 评 价 | | |
|---|---|---|---|---|---|---|
| | 优秀 | 合格 | 再努力 | 优秀 | 合格 | 再努力 |
| 网线制作 | | | | | | |
| IP 地址规划与设置 | | | | | | |
| 网络测试与故障排除 | | | | | | |
| 共享文件夹的设置与访问 | | | | | | |
| 本地打印机的安装 | | | | | | |
| 打印机共享的设置 | | | | | | |
| 网络打印机的安装 | | | | | | |
| 小组综合评价： | | | | | | |

## 开动脑筋

1．一个单位如果有 100 台计算机，可以组建成一个对等网吗？

2．对等网中的各计算机必须使用同一种操作系统吗？

3．在对等网中，访问网络资源需要进行身份验证吗？你在实验中验证了吗？

4．组建一个 30 台计算机的小型办公网，网络集线设备使用 16 口交换机，你能画出该网络的连接图吗？列出设备清单如何？

## 课外阅读

### 域网络

域网络是目前企业局域网中应用最为广泛的一种网络管理模式。它最大特点就是可以实现用户、计算机等对象账户，以及网络安全策略的集中管理和部署。域网络主要特点如下：

（1）集中管理

域网络是 C/S（客户机/服务器）管理模式在局域网构建中的应用。在域网络中，有专门用来管理或者提供服务的各种服务器，如用于对象、安全策略管理的各级域控制器（DC）。通过 DC 中的活动目录（AD）和域组策略就可以对整个网络中的用户账户（包括用户权限、权利）、计算机账户和安全管理策略进行统一管理，统一部署。域网络中各成员计算机的角色并不是平等的，有管理（各服务器）和被管理（各客户机）之分。

（2）默认信任

在工作组网络中，由于各用户账户都只是对各自计算机本地有效，所以各成员计算机之间根本没有信任关系，要访问就必须先进行身份验证。而在域网络中，域用户账户在整个域网络有效，所以加入了域的计算机都遵守了相同的信任协议，彼此相互信任，只要有域网络中合法的用户账户即可。

（3）单点登录

在域网络中，采用的是单点登录。在域网络中的所谓“单点登录”就是用户只需要使用域账户登录一次，就可以实现对整个域网络共享资源的访问，而无须在访问不同计算机上共享资源时输入不同的账户信息。这就大大减化了网络资源的访问验证过程。在工作组网络中，因为安全边界就是各用户计算机本身，用户账户都是存储在各用户计算机上，所以无法实现网络中的单点登录。

（4）集中存储

在域网络中的用户文档或者数据可以集中保存在网络中的一台或者多台相应服务器上。用户文档还可以保存在服务器上为每个用户创建的用户主目录中，并且该目录只有用户自己可以访问，包括网络管理员也不能访问（当然网络管理员可以更改访问权限），极大地保障了各用户私有文档的安全性。同时也方便了网络数据的存储，提高网络数据存储的安全性。

（5）支持漫游配置

在域网络中，每个域用户账户都可以在域网络中任意一台允许本地登录的计算机上登录域网络，只要该计算机与 DC 在同一个网络中即可。而且用户的桌面环境及其他账户配置不会因在不同计算机上登录而不同，因为域网络支持全局漫游用户配置文件。

（6）安全配置更复杂

因为在域网络中涉及多级安全策略，各级策略的应用又有一定规则，所以总体来说，安全配置更为复杂，不容易掌握。

（7）网络性能较低

在域网络中的用户账户和安全策略都是在网络中的服务器上进行统一部署的，而且域网络中可能存在多级安全策略，所以用户在登录和进行网络访问时的性能不如工作组网络，存在一定的延时，特别是在大的域网络，或者安全策略配置复杂、安全策略配置不合理的域网络中表现尤其突出。

## 工作任务2　组建可管理的局域网

### 1. 可管理的局域网

由于网络规模的不断扩大，网络中传递的数据量也越来越大，特别是网络通信过程中大量的广播和组播的存在，很容易导致网络传输速率的下降，引起网络的阻塞甚至瘫痪，形成所谓的广播风暴。可管理的局域网是通过对网络中可网管交换机或路由器等网络设备进行相应的设置，以优化网络配置，提高网络性能，阻止广播风暴的产生。

### 2. 可网管交换机

可网管交换机又称为智能交换机，是可以被治理的交换机，具有通过治理端口执行监控交换机端口、划分 VLAN、设置 Trunk 端口等治理功能。

### 3. 交换机的级联

交换机的级联是指使用线缆将 2 台以上的交换机连接在一起，以实现扩充网络端口、实现相互之间通信的目的。使用级联技术连接网络，一方面解决了单交换机端口数量不足的问题，另一方面是可以延伸网络范围，解决一定区域内网络通信的问题。

图 6-13　交换机级联口

需要注意的是，交换机也不能无限制地级联下去，超过一定数量的交换机进行级联，最终会引起广播风暴，导致网络性能严重下降。

交换机之间的级联通常有两种方式：使用普通端口和使用级联端口。

有些交换机配有专门的级联（Uplink）端口，如图 6-13 所示。级联口是专门用于与其他交换机连接的端口，通过级联端口使得交换机之间的连接变得更加简单。将一根直通线缆一端连接在一台交换机的级联口，另一端连接在另一台交换机的普通端口，就可以完成交换机的级联连接，如图 6-14 所示。

图 6-14　通过级联口的级联

使用普通端口级联就是通过交换机的 RJ-45 端口进行连接，使用一根交叉线缆将两台交换机的两个普通端口连接起来，就完成两台交换机的级联了。

有的中高档交换机上没有设置级联口，这种交换机的端口具备识别网线是交叉线还是直通线的能力，并能自动适应网线的类型，在这种情况下，可以使用直通线。

#### 4．交换机的堆叠

交换机的堆叠是指将一台以上的交换机用专门的堆叠模块和堆叠连接电缆连接，组合起来共同工作，以便在有限的空间内提供尽可能多的端口，多台交换机经过堆叠形成一个堆叠单元，可以看成一台交换机，简化了网络的管理，同时堆叠的交换机之间的带宽远大于级联交换机之间的带宽。目前流行的堆叠模式主要有两种：星型模式和菊花链模式。

① 星型堆叠。这种模式的堆叠，需要提供一个独立的或者集成的高速交换中心（堆叠中心），一般是一台特别的交换机，称为堆叠主机，这样所有的堆叠交换机就可以通过专用的（也可是通用高速端口）高速堆叠端口上行到统一的堆叠中心。由于涉及专用总线技术，电缆长度一般不能超过 2m，如图 6-15 所示。因此，星型堆叠模式下，所有堆叠的交换机的位置需要局限在一个很小的空间之内。

② 菊花链式堆叠。菊花链式堆叠是一种基于级联结构的堆叠技术，对交换机硬件没有特殊要求，通过相对高速的端口串接和软件的支持，最终实现构建一个多交换机的层叠结构，是目前最常见的交换机堆叠方式，连接方式如图 6-16 所示。

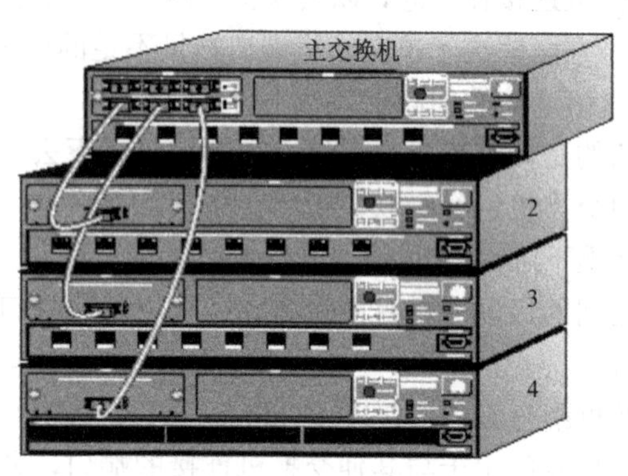

图 6-15　星型堆叠

图 6-16　菊花链式堆叠

堆叠与级联这两个概念既有区别又有联系。堆叠可以看做是级联的一种特殊形势。它们的不同之处在于：级联的交换机之间可以相距很远（在媒体许可范围内），而一个堆叠单元内的多台交换机之间的距离非常近，一般不超过几米；级联一般采用普通端口，而堆叠一般采用专用的堆叠模块和堆叠电缆。一般来说，不同厂家、不同型号的交换机可以互相级联，堆叠则不同，它必须在可堆叠的同类型交换机（至少应该是同一厂家的交换机）之间进行；级联仅仅是交换机之间的简单连接，堆叠则是将整个堆叠单元作为一台交换机来使用，这不但意味着端口密度的增加，而且意味着系统带宽的加宽。

#### 5．广播域和冲突域

广播域是局域网中设备之间发送广播帧的区域，即网络中一台计算机发送广播帧的最远范围。如果一个局域网连接的设备增多，广播的范围将变大，广播流量所占的比例也加大，就有可能引发网络性能问题。

冲突域是网络中所有设备发生数据冲突的最大范围。当局域网中的所有设备都连接在一个共享的物理介质上，有两个连入网络的设备同时向介质发送数据时，就会发生冲突，冲突发生后极大地延缓了数据的发送，降低了设备的吞吐量。连接到时冲突域中的设备越多，冲突发生的可能性就越大，网络的性能下降得越快。集线器所有端口都在同一个广播域，冲突域内。交换机的所有端口都在同一个广播域内，而每一个端口就是一个冲突域。局域网中的广播域和冲突域的范围如图 6-17 所示。

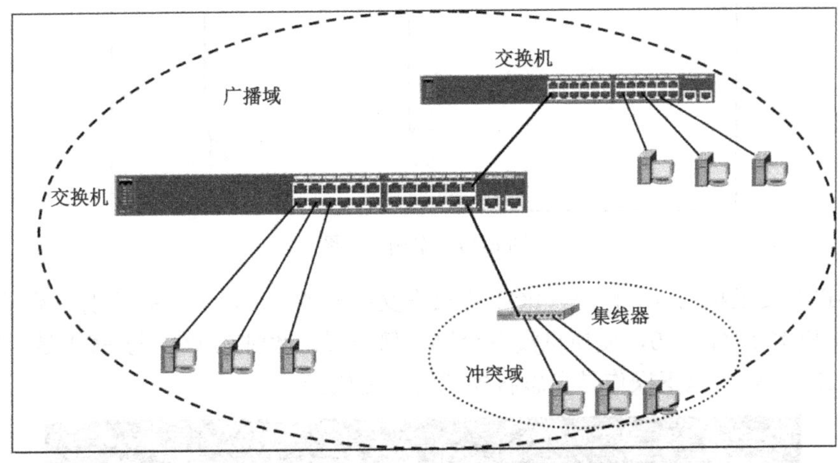


图 6-17　局域网中的广播域和冲突域的范围

### 6．VLAN 技术

VLAN 是虚拟局域网技术，是在一个物理局域网上划分出来的逻辑网络。VLAN 的划分不受连接设备的实际物理位置的限制，具有与普通物理网络同样的属性，广播帧可以在一个 VLAN 内转发、扩散，而不会进入其他的 VLAN 中，同一个 VLAN 中的成员都共享广播，形成一个广播域，而不同 VLAN 之间广播信息是相互隔离的，如图 6-18 所示。

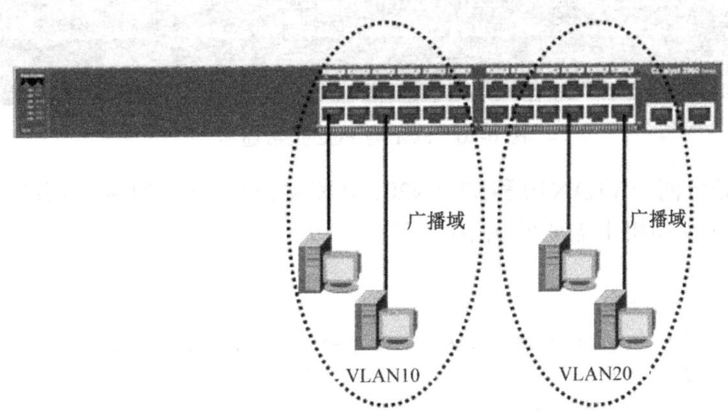


图 6-18　VLAN 技术隔离广播

### 7．单交换机上划分 VLAN 技术

基于交换机端口划分 VLAN 技术是最常用、应用最广泛的一种划分 VLAN 技术，目前绝大多数支持 VLAN 协议的交换机都提供此种 VLAN 配置方法。此种划分方法是将交换机上的物理端口，划分到若干个组中，每个组构成一个 VLAN。

基于端口在交换机上配置 VLAN，首先需要进入交换机的全局配置模式状态下，使用 VLAN 命令创建一个 VLAN，再使用 interface 命令打开指定接口，将其划分到指定的 VLAN 中即可。以图 6-19 所示的拓扑图来说明单交换机上划分 VLAN 技术。

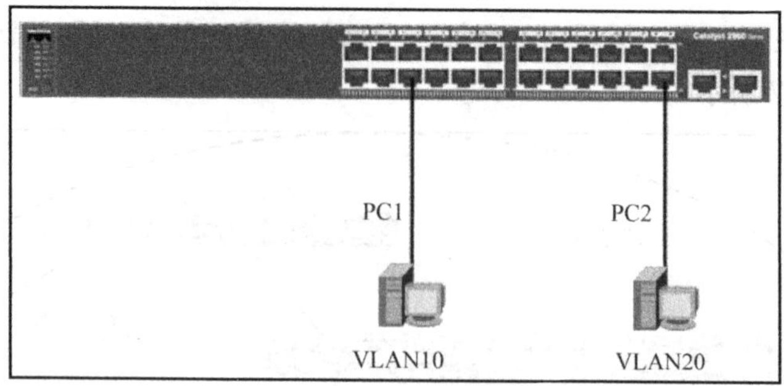


图 6-19 案例拓扑图

PC1 连接在交换机的 10 口上，PC2 连接在交换机的 20 口上，并分别配置了 IP 地址为 192.168.0.10 和 192.168.0.20，交换机没有经过任何设置。此时在 PC1 与 PC2 是可以正常通信的，如图 6-20 所示。（以下操作是在思科模拟器中完成。）

```
PC>ping 192.168.0.20

Pinging 192.168.0.20 with 32 bytes of data:

Reply from 192.168.0.20: bytes=32 time=63ms TTL=128
Reply from 192.168.0.20: bytes=32 time=62ms TTL=128
Reply from 192.168.0.20: bytes=32 time=63ms TTL=128
Reply from 192.168.0.20: bytes=32 time=63ms TTL=128

Ping statistics for 192.168.0.20:
    Packets: Sent = 4, Received = 4, Lost = 0 (0% loss),
Approximate round trip times in milli-seconds:
    Minimum = 62ms, Maximum = 63ms, Average = 62ms

PC>
```

图 6-20 PC1 与 PC2 正常通信

在交换机上划分两个 VLAN10 和 VLAN20，并将端口 Fa0/10 和 Fa0/20 分别分配到 VLAN10 和 VLAN20 中，在交换机上需要做如下的配置：

```
Switch>enable
Switch#config t
Enter configuration commands, one per line.  End with CNTL/Z.
Switch(config)#vlan 10
Switch(config-vlan)#exit
Switch(config)#vlan 20
Switch(config-vlan)#exit
Switch(config)#interface Fa0/10
Switch(config-if)#switchport access vlan 10
Switch(config-if)#interface Fa0/20
Switch(config-if)#switchport access vlan 20
Switch(config-if)#exit
Switch(config)#exit
%SYS-5-CONFIG_I: Configured from console by console
Switch#show vlan
```

```
VLAN Name                             Status    Ports
---- -------------------------------- --------- ----------------
1    default                          active    Fa0/1, Fa0/2, Fa0/3, Fa0/4
                                                Fa0/5, Fa0/6, Fa0/7, Fa0/8
                                                Fa0/9, Fa0/11, Fa0/12, Fa0/13
                                                Fa0/14, Fa0/15, Fa0/16, Fa0/17
                                                Fa0/18, Fa0/19, Fa0/21, Fa0/22
                                                Fa0/23, Fa0/24, Gig1/1, Gig1/2
10   VLAN0010                         active    Fa0/10
20   VLAN0020                         active    Fa0/20
1002 fddi-default                     active
1003 token-ring-default               active
1004 fddinet-default                  active
1005 trnet-default                    active

VLAN Type  SAID       MTU   Parent RingNo BridgeNo Stp  BrdgMode Trans1 Trans2
---- ----- ---------- ----- ------ ------ -------- ---- --------
1    enet  100001     1500  -      -      -        -    -        0      0
10   enet  100010     1500  -      -      -        -    -        0      0
20   enet  100020     1500  -      -      -        -    -        0      0
1002 enet  101002     1500  -      -      -        -    -        0      0
1003 enet  101003     1500  -      -      -        -    -        0      0
1004 enet  101004     1500  -      -      -        -    -        0      0
1005 enet  101005     1500  -      -      -        -    -        0      0

Switch#
```

通过在交换机上进行 VLAN 的创建与端口的分配后，在 PC1 上再使用 Ping 命令 Ping PC2 计算机时，已经得不到返回的数据包了，说明两台计算机已经成功隔离了。

### 8. VLAN 干道技术

在默认情况下，交换机的所有端口的功能都是相同的，但在进行设备连接的时候，需要根据连接设备对象的不同，划分 VLAN 的交换机端口。根据转发信息帧功能的不同，交换机的端口分为 Access 模式和 Trunk 模式两种类型。

（1）Access 模式

Access 模式是接入设备模式，是交换机端口的默认模式，该端口只能属于一个 VLAN，Access 口转发的是无 VLAN 标签的帧。如果交换机的端口连接的是终端计算机或服务器，则该端口类型一般指定为 Access 模式。

（2）Trunk 模式

如果跨交换机划分 VLAN，则交换机与交换机之间的连接端口，则一般指定为 Trunk 模式，即干道模式。干道是指两台交换机端口或交换机与路由器之间的一条点对点连接链路。

干道上可以承载多个 VLAN，即 Trunk 端口上可以传送不同 VLAN 中发出的数据帧，Trunk 端口属于多个 VLAN。交换机的 Trunk 端口需要手工配置才能形成，应用于 VLAN 跨多台交换机配置网络中。Trunk 端口和 Access 端口的区别如图 6-21 所示。

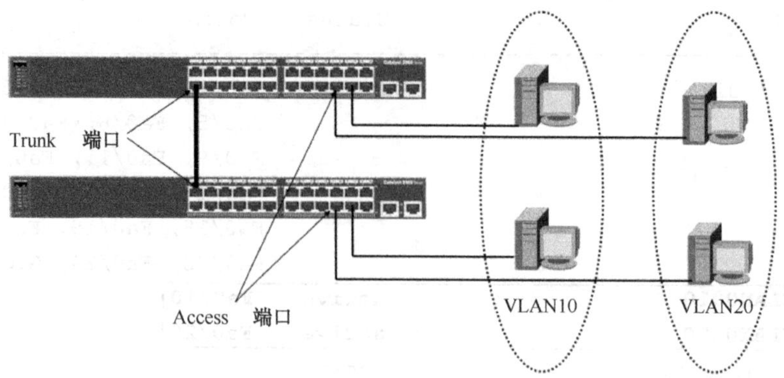


图 6-21 Trunk 端口和 Access 端口的区别

### 9. 多交换机上划分 VLAN 技术

以图 6-22 所示的拓扑结构为例说明多交换机上划分 VLAN 技术。使在同一 VLAN 里的计算机能跨交换机进行通信，在不同 VLAN 里的计算机不能进行通信。（在模拟器中完成）

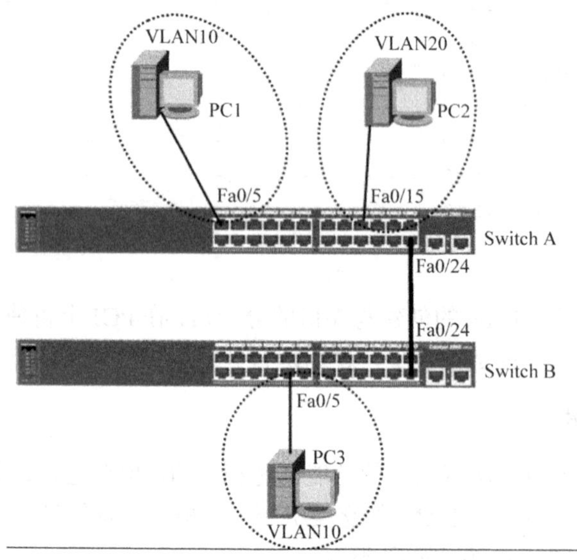


图 6-22 跨交换机 VLAN 通信拓扑

配置三台计算机的 IP 地址分别为 192.168.24.5、192.168.24.15、192.168.24.30。使用 Ping 命令测试，此时 3 台计算机之间可以 Ping 通。

（1）在 Switch A 上创建 VLAN10，并将 Fa0/5 端口划分到 VLAN10 中。

```
SwitchA>enable
SwitchA#config t
Enter configuration commands, one per line.  End with CNTL/Z.
SwitchA(config)#vlan 10
SwitchA(config-vlan)#exit
SwitchA(config)#interface Fa0/5
SwitchA(config-if)#switchport access vlan 10
SwitchA(config-if)#exit
SwitchA(config)#exit
```

```
%SYS-5-CONFIG_I: Configured from console by console
Switch#show vlan id 10

VLAN Name                             Status    Ports
---- --------------------------------------------
10   VLAN0010                         active    Fa0/5
SwitchA#
```

（2）在 Switch A 上创建 VLAN20，并将 Fa0/15 端口划分到 VLAN20 中。

```
SwitchA#config t
Enter configuration commands, one per line.  End with CNTL/Z.
SwitchA(config)#vlan 20
SwitchA(config-vlan)#exit
SwitchA(config)#interface Fa0/15
SwitchA(config-if)#switchport access vlan 20
SwitchA(config-if)#exit
SwitchA(config)#exit
%SYS-5-CONFIG_I: Configured from console by console
SwitchA#show vlan id 20

VLAN Name                             Status    Ports
---- --------------------------------------------
20   VLAN0020                         active    Fa0/15
SwitchA#
```

（3）在 Switch B 上创建 VLAN10，并将 Fa0/5 端口划分到 VLAN10 中。

```
SwitchB>enable
SwitchB#config t
Enter configuration commands, one per line.  End with CNTL/Z.
SwitchB(config)#vlan 10
SwitchB(config-vlan)#exit
SwitchB(config)#interface Fa0/5
SwitchB(config-if)#switchport access vlan 10
SwitchB(config-if)#exit
Switch(Bconfig)#exit
%SYS-5-CONFIG_I: Configured from console by console
SwitchB#show vlan id 10

VLAN Name                             Status    Ports
---- --------------------------------------------
10   VLAN0010                         active    Fa0/5
SwitchB#
```

完成两台计算机的配置后，从 PC1 计算机上使用 Ping 命令测试与其他计算机的连通性，由于 VLAN 技术隔离，网络中的设备都处于不连通状态。

（4）跨交换机 VLAN 之间连通性配置。

```
将Switch A与Switch B相连的端口定义为tag vlan模式。
SwitchA#config t
Enter configuration commands, one per line.  End with CNTL/Z.
SwitchA(config)#interface Fa0/24
```

```
        SwitchA(config-if)#switchport mode trunk

        %LINEPROTO-5-UPDOWN: Line protocol on Interface FastEthernet0/24, changed
state to down
        %LINEPROTO-5-UPDOWN: Line protocol on Interface FastEthernet0/24, changed
state to up
        SwitchA(config-if)#exit
        SwitchA(config)#exit
        %SYS-5-CONFIG_I: Configured from console by console
        SwitchA#show interface Fa0/24 switchport
        Name: Fa0/24
        Switchport: Enabled
        Administrative Mode: trunk
        Operational Mode: trunk
        ……
```

在 Switch B 上进行同样的配置。配置完成后，测试 PC1 计算机与 PC3 计算机的连通性，可以发现：两台计算机可以正常通信。

#### 9. 内部网络地址的规划

Internet 上有数以亿计的主机，为了区分这些主机，必须给每台主机都分配一个专门的地址，称为 IP 地址。通过 IP 地址可以访问到网络上的每一台主机。IP 地址分为公有地址和私有地址两种。公有地址用于 Internet 上，私有地址用于企业内部，不能在公网上使用。

当企业内部规划网络时，一般都使用私有地址。这种私有地址共有 3 类：

A 类：10.0.0.0～10.255.255.255。

B 类：172.16.0.0～172.31.255.255。

C 类：192.168.0.0～192.168.255.255。

在企业内部网络地址规划时，原则上没有严格的要求，只需要根据企业自身的情况，规划的方便就可以了。最常见的规划方法是使用 B 类私有地址来规划不同部门的网络地址：将 B 类地址的第 3 节作为部门之间的编号，第 4 节作为部门内部设备编号，如图 6-23 所示。

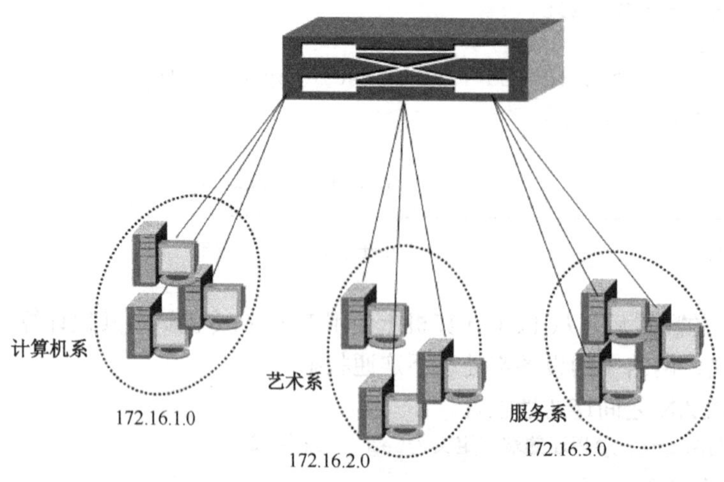


图 6-23　企业内部网络地址的规划

### 10．全网互通——三层交换

三层交换是将交换技术与路由技术进行了结合，在局域网中既可以实现交换功能又能实现路由功能，是二层设备与三层设备的结合，三层交换机可以完成这些功能。下面以图 6-24 所示的拓扑说明三层交换机的配置，使不处于同一 VLAN 中的计算机相互通信的情况。PC1、PC2 的 IP 地址分别设置为 172.16.10.10 和 172.16.20.10，子网掩码为默认值。（使用模拟器完成）

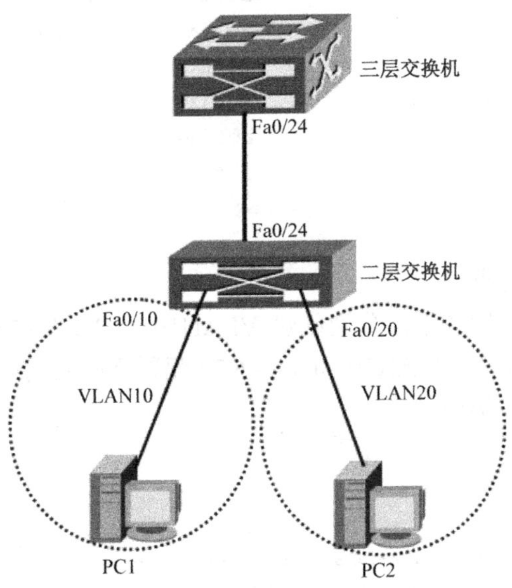


图 6-24　三层交换示例拓扑图

（1）两层交换机上的配置：

```
Switch>enable
Switch#config t
Enter configuration commands, one per line.  End with CNTL/Z.
Switch(config)#vlan 10
Switch(config-vlan)#exit
Switch(config)#vlan 20
Switch(config-vlan)#exit
Switch(config)#interface Fa0/10
Switch(config-if)#switchport access vlan 10
Switch(config-if)#no shutdown
Switch(config-if)#exit
Switch(config)#interface Fa0/20
Switch(config-if)#switchport access vlan 20
Switch(config-if)#no shutdown
Switch(config-if)#exit
Switch(config)#exit
%SYS-5-CONFIG_I: Configured from console by console
Switch#show vlan

VLAN Name                             Status    Ports
---- -------------------------------------------------------
```

```
1    default                          active    Fa0/1, Fa0/2, Fa0/3, Fa0/4
                                                Fa0/5, Fa0/6, Fa0/7, Fa0/8
                                                Fa0/9, Fa0/11, Fa0/12, Fa0/13
                                                Fa0/14, Fa0/15, Fa0/16, Fa0/17
                                                Fa0/18, Fa0/19, Fa0/21, Fa0/22
                                                Fa0/23, Fa0/24, Gig1/1, Gig1/2
10   VLAN0010                         active    Fa0/10
20   VLAN0020                         active    Fa0/20
1002 fddi-default                     active
1003 token-ring-default               active
1004 fddinet-default                  active
1005 trnet-default                    active
……
Switch#
```

（2）三层交换机上的配置。

在三层交换机上的配置模式下，分别创建 VLAN10 和 VLAN20，以此作为二层交换机上 VLN 的虚拟接口，并为创建的 VLAN10 和 VLAN20 配置不同的网络地址，以作为二层交换机上连接设备转发信息的网关接口。

```
Switch>
Switch>enable
Switch#config t
Enter configuration commands, one per line.  End with CNTL/Z.
Switch(config)#hostname Switch3550
Switch3550(config)#vlan 10
Switch3550(config-vlan)#exit
Switch3550(config)#vlan 20
Switch3550(config-vlan)#exit
Switch3550(config)#interface vlan 10

%LINK-5-CHANGED: Interface Vlan10, changed state to upSwitch3550(config-if)#
Switch3550(config-if)#ip address 172.16.10.1 255.255.255.0
Switch3550(config-if)#no shutdown
Switch3550(config-if)#exit
Switch3550(config)#interface vlan 20

%LINK-5-CHANGED: Interface Vlan20, changed state to upSwitch3550(config-if)#
Switch3550(config-if)#ip address 172.16.20.1 255.255.255.0
Switch3550(config-if)#no shutdown
Switch3550(config-if)#exit
Switch3550(config)#
```

在三层交换机的配置模式下，配置与二层交换机连接的端口 Fa0/24 为干道连接端口，以保证不同 VLAN 可以跨交换机通信。配置命令如下：

```
Switch3550(config)#
Switch3550(config)#interface Fa0/24
Switch3550(config-if)#switchport mode trunk
```

```
%LINEPROTO-5-UPDOWN: Line protocol on Interface FastEthernet0/24, changed state to down
%LINEPROTO-5-UPDOWN: Line protocol on Interface FastEthernet0/24, changed state to up
%LINEPROTO-5-UPDOWN: Line protocol on Interface Vlan10, changed state to up
%LINEPROTO-5-UPDOWN: Line protocol on Interface Vlan20, changed state to up
Switch3550(config-if)#no shutdown
Switch3550(config-if)#exit
Switch3550(config)#
```

在二层交换机的配置模式下，配置与三层交换机连接的端口 Fa0/24 为干道连接端口，以保证不同 VLAN 可以跨交换机通信。配置命令如下：

```
Switch(config)#interface Fa0/24
Switch(config-if)#switchport mode trunk
Switch(config-if)#no shutdown
Switch(config-if)#exit
Switch(config)#
```

两台交换机配置完成后，将两台测试用的计算机网关地址分别配置为 172.16.10.1 和 172.16.20.1。两台计算机就可以正常通信了。

## 小试牛刀

### 1. 单交换机划分 VLAN

每组准备两层交换机一台，计算机 4 台（安装有模拟器）。每组同学先使用模拟器练习单交换机划分 VLAN 的配置与测试。测试完成的同学两两组合，使用交换机进行单交换机划分 VLAN 的配置与测试。练习的同学不保存配置命令，以方便其他同学练习。

### 2. 干道技术配置验证

每组准备两层交换机两台，计算机 4 台（安装有模拟器）。每组同学先使用模拟器练习在两台交换机划分 VLAN，并将计算机划分在不同的 VLAN 中，再配置干道，实现连接在两台交换机上的同一个 VLAN 中的计算机正常通信。测试完成的同学两两组合，使用两台交换机完成配置与测试。练习的同学不保存配置命令，以方便其他同学练习。

### 3. 三层交换技术

每组准备两层交换机一台，三层交换机一台，计算机 4 台（安装有模拟器）。每组同学先使用模拟器练习三层交换机的配置与测试。测试完成的同学两两组合，使用交换机进行三层交换机的配置与测试。练习的同学不保存配置命令，以方便其他同学练习。

### 4. 全网通信

依照图 6-25 所示的拓扑结构，对交换机和计算机进行配置，以实现 PC1、PC2、PC3、PC4 之间正常通信（注意二层交换机的配置）。

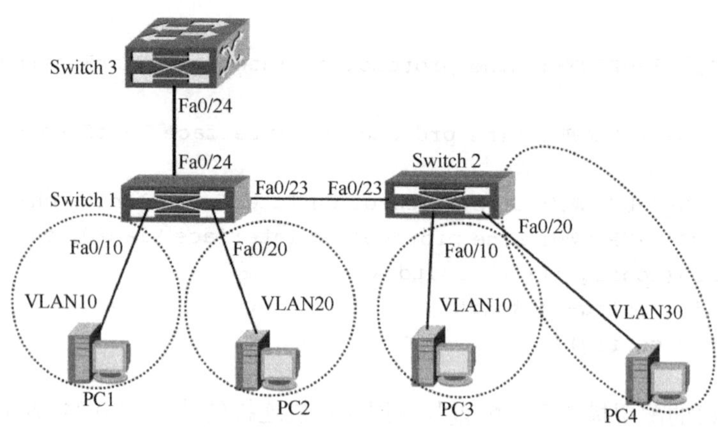


图 6-25　拓扑结构图

## 一比高下

各小组同学根据自己及小组成员的工作完成情况，进行自我评价并对小组其他成员进行评价，将评价结果填写在表 6-5 中。

表 6-5　全网通信小组评价表

| 评 价 内 容 | 自 我 评 价 | | | 小 组 评 价 | | |
|---|---|---|---|---|---|---|
| | 优秀 | 合格 | 再努力 | 优秀 | 合格 | 再努力 |
| 网络拓扑的连接 | | | | | | |
| Switch1 的配置 | | | | | | |
| Switch2 的配置 | | | | | | |
| Switch3 的配置 | | | | | | |
| 计算机的配置 | | | | | | |
| 全网通信 | | | | | | |
| 小组综合评价： | | | | | | |

## 开动脑筋

1．交换机的级联与堆叠有什么区别吗？

2．图 6-24 所示的拓扑结构中，Switch1 中没有 VLAN30、Switch2 中没有 VLAN20，我们在对其配置时，需要配置吗？不配置会怎么样？

## 课外阅读

### 链路聚合

链路聚合技术就是将交换机的多个端口在物理上分别连接，在逻辑上通过技术捆绑在一起，形成一个拥有较大带宽的复合主干链路，以实现主干链路均衡负载，并提供冗余链路网络效果，如图 6-26 所示。

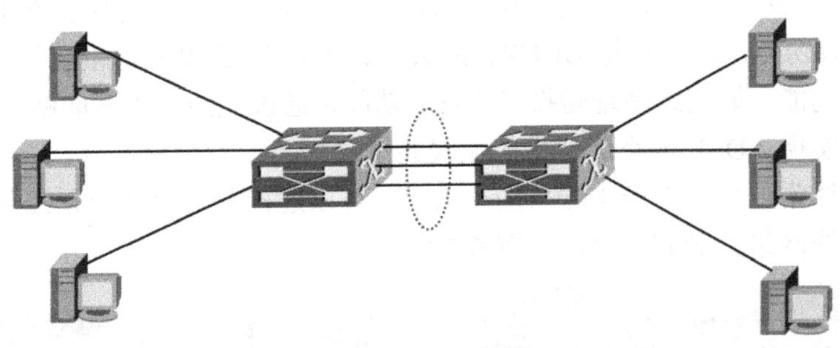

图 6-26　链路聚合

组合在一起的链路端口，可以作为单一连接端口来使用，提供单一连接带宽，网络数据流被动态地分布到各个端口，从而提高了传输速率。

链路聚合的主要优点是可靠性高。链路聚合技术在点到点链路上提供了固有并且自动的冗余性。如果链路使用的多个物理端口中的一个出现故障，网络传输的数据流可以动态地转向逻辑链路中其他正常的端口进行传输，自动地完成对实际流经某个端口的数据的管理。

链路聚合只能在 100Mbps 以上的链路上实现，而且各品牌设备对链路聚合的支持能力有一些差异，大部分的交换机都支持最多 4～8 条平行的聚合链路，但也有交换机支持更多的链路的聚合；有些交换机只能把相邻的端口设为一组聚合端口，而有些交换机可以将任意端口设为一组聚合端口，在实际应用中，需要根据交换机具体型号区别对待。

## 工作任务 3　配置无线网络接入

### 1. 无线局域网

无线局域网是计算机网络与无线通信技术结合的产物，是以无线信道作为传输媒介的计算机局域网。从 20 世纪 70 年代开始，无线网络的发展已有近 40 年历史，但对无线网络并没有一个统一的定论。一般来讲，凡是采用无线传输媒体的计算机网络都可称为无线网。其传输技术主要采用微波扩频技术和红外线技术两种，其中，红外线技术仅适用于近距离无线传输，微波扩频技术覆盖范围较大，是较为常见的无线传输技术。

### 2. 无线局域网常用设备

一般说来，组建无线局域网需要用到的设备包括无线接入点、无线路由器、无线网卡和天线几种。

（1）无线接入点

无线接入点就是通常所说的 AP，也被称为无线访问点。它是大多数无线网络的中心设备。无线路由器、无线交换机和无线网桥等设备都是无线接入点定义的延伸，因为它们所提供的最基础作用仍是无线接入。AP 在本质上是一种提供无线数据传输功能的集线器，它在无线局域网和有线网络之间接收、缓冲存储和传输数据，以支持一组无线用户设备。接入点通常是通过一根标准以太网线连接到有线主干线路上，并通过内置或外接天线与无线设备进行通信，无线 AP 通常只有一个网络接口，如图 6-27 所示。

（2）无线路由器

无线路由器是一种带路由功能的无线接入点，它主要应用在家庭及小企业。无线路由器具备无线 AP 的所有功能，例如支持 DHCP、防火墙、支持 WEP/WPA 加密等，除此之外还包括了路由器的部分功能，如网络地址转换（NAT）功能，通过无线路由器能够实现跨网段数据的无线传输，例如实现 ADSL 或小区宽带的无线共享接入。

无线路由器通常包含一个若干端口的交换机，可以连接若干台使用有线网卡的计算机，从而实现有线和无线网络的顺利过渡，如图 6-28 所示。

图 6-27　无线 AP

图 6-28　无线路由器

（3）无线网卡

使用无线网络接入技术的网卡可以统称为无线网卡，它们是操作系统与天线之间的接口，用来创建透明的网络连接。其接口一般有 USB、PCMCIA、PCI 和 MINI-PCI、CF/CFII 等形式，如图 6-29～图 6-31 所示。

图 6-29　USB 接口的无线网卡

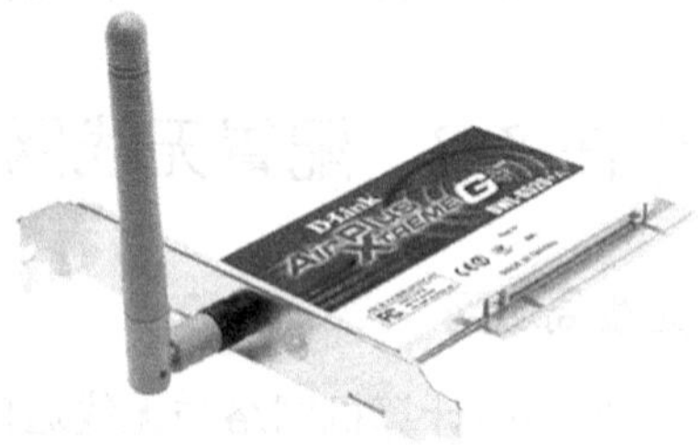

图 6-30　PCI 接口的无线网卡

图 6-31　PCMCIA 接口的无线网卡

Mini-PCI 无线网卡即是笔记本中内置式无线网卡，目前大多数笔记本均使用这种无线网卡，如图 6-32 所示。其优点是无须占用 PC 卡或 USB 插槽，老款的笔记本电脑是直接将芯片焊接在主板上的。

CF 无线网卡是应用在 PDA、PPC 等移动设备或终端上的网卡，其特点是体积很小且可直接插拔在设备上，如图 6-33 所示。目前的 CF 卡一般是 Type II（CFII）的接口。

图 6-32　Mini-PCI 无线网卡

图 6-33　CF 无线网卡

（4）天线

无线天线相当于一个信号放大器，主要用来解决无线网络传输中因传输距离、环境影响等造成的信号衰减。与接收广播电台时在增加天线长度后声音会清晰很多相同，无线设备（如 AP）本身的天线由于国家对功率有一定限制，它只能传输较短的距离，当超出这个有限的距离时，可以通过外接天线来增强无线信号，达到延伸传输距离的目的。

### 3. 无线局域网的组成结构

无线局域网采用单元结构，将各个系统分成许多单元，每个单元称为一个基本服务组，其余服务组的组成结构主要有两种形式：无中心拓扑结构和有中心拓扑结构。

无中心拓扑结构如图 6-34 所示，网络中任意两个站点间均可直接通信，一般采用公用广播信道，各站点可竞争公用信道，而信道接入控制协议大多采用 CSMA 类型的多址接入协议，一般适用于较小规模的网络。

有中心网络拓扑结构如图 6-35 所示，网络中要求有一个无线站点作为中心，其他站点通过中心 AP 进行通信。此种拓扑结构网络抗毁性差，中心站点的故障易导致整个网络瘫痪。

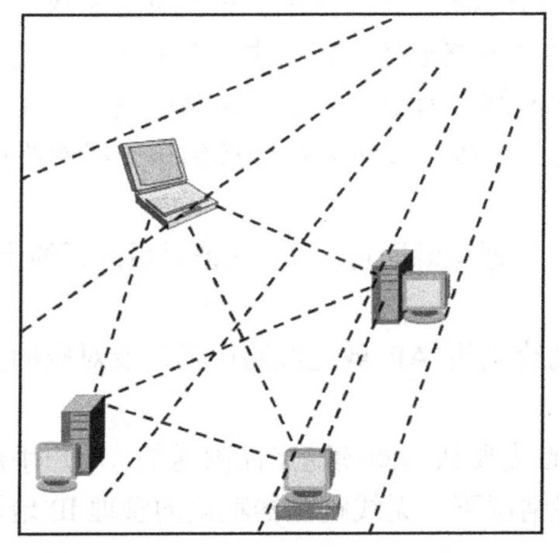

图 6-34　无中心无线网络拓扑结构

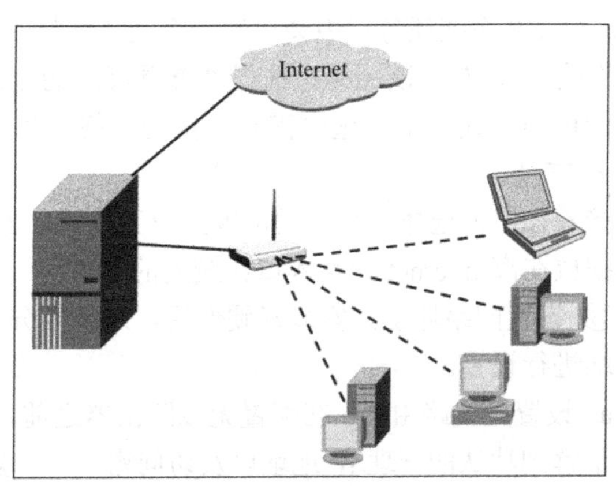


图 6-35　有中心无线网络拓扑结构

在实际无线网络组网中，常常将无线网络与有线主干网络结合起来，中心站点充当无线网络与有线主干网的桥接器，如图 6-36 所示。

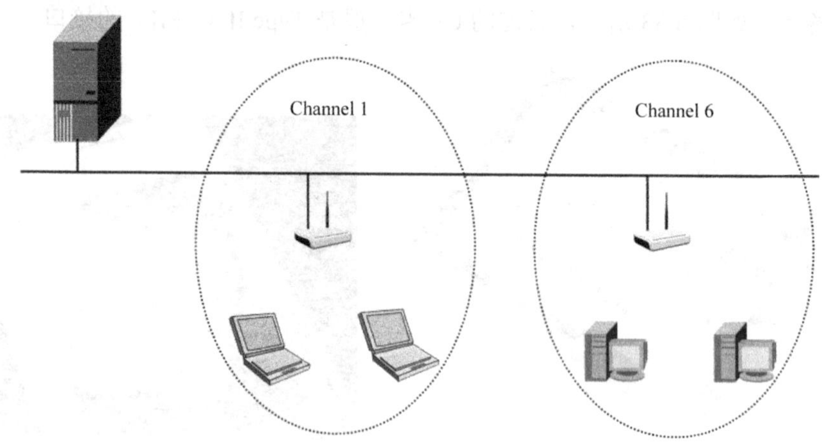


图 6-36 无线网络与有线主干网络结合

## 4．无线局域网的组建

WLAN 就是指不需要网线就可以通过无线方式发送和接收数据的局域网，只要通过安装无线路由器或无线 AP，在终端安装无线网卡就可以实现无线连接。要组建一个无线局域网，需要的硬件设备是无线网卡和无线接入点。

（1）组建家庭无线局域网

在家里如果采用传统的有线方式组建局域网，会受到种种限制，例如，布线会影响房间的整体设计，而且也不雅观等。通过家庭无线局域网不仅可以解决线路布局，在实现有线网络所有功能的同时，还可以实现无线共享上网。下面将组建一个拥有两台计算机的家庭无线局域网。

① 选择组网方式。家庭无线局域网的组网方式和有线局域网有一些区别，最简单、最便捷的方式就是选择对等网，即是以无线 AP 或无线路由器为中心，其他计算机通过无线网卡、无线 AP 或无线路由器进行通信

② 硬件安装。下面以 TP-LINK TL-WR340G 无线宽带路由器、联想昭阳 E43G 笔记本自带无线网卡为例说明。

打开“设备管理器”对话框，可以看到“网络适配器”中已经有了安装的无线网卡。在 Windows XP 系统任务栏中会出现一个连接图标（在“网络连接”窗口中还会增加“无线网络连接”图标），右击该图标，选择“查看可用的无线网络”命令，在出现的对话框中会显示搜索到的可用无线网络，选中需要连接的网络，单击“连接”按钮即可连接到该无线网络中，如图 6-37 所示。

接着在室内选择一个合适位置摆放无线路由器，接通电源即可。为了保证以后能无线上网，需要摆放在离 Internet 网络入口比较近的地方。

③ 设置网络环境。安装好硬件后，还需要分别给无线 AP 或无线路由器以及对应的无线客户端进行设置。

a. 设置无线路由器。在配置无线路由器之前，首先要认真阅读随产品附送的《用户手册》，从中了解到默认的管理 IP 地址以及访问密码。一般情况下，无线路由器默认的管理 IP 地址为 192.168.0.1，访问密码为 admin。

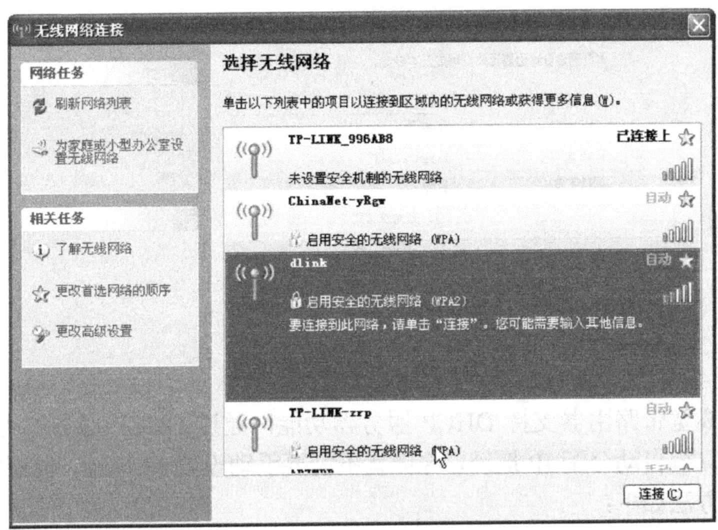


图 6-37　无线网络连接

连接到无线网络后，打开 IE 浏览器，在地址框中输入“192.168.0.1”，再输入登录用户名和密码（不同的无线路由器初始用户名和密码可能会不同，可以查看说明手册），单击“确定”按钮打开路由器设置页面，如图 6-38 所示。

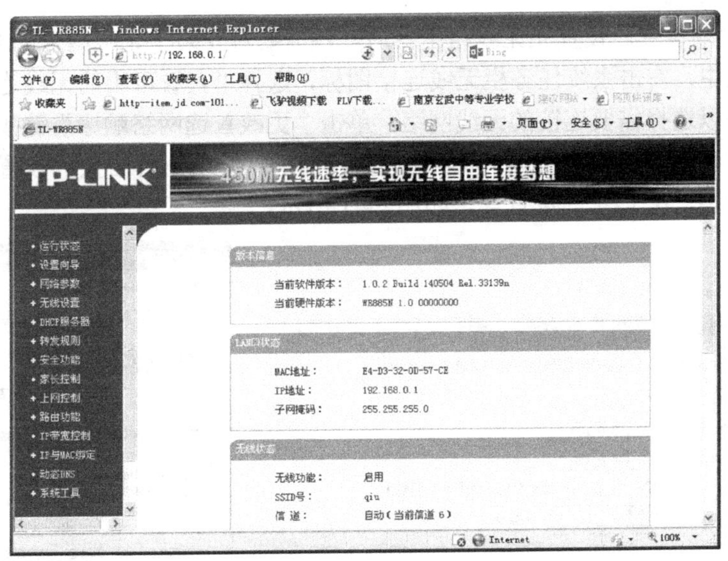


图 6-38　路由器的设置页面

在“无线设置”栏目中可以对无线网络进行相应的设置，在“SSID 号”选项中可以设置无线局域网的名称，在“信道”选项中选择默认的数字即可；在“密钥选择”设置项可以选择是否启用密钥，默认选择禁用，如图 6-39 所示。

**提示：**SSID 即 Service Set Identifier，也可以缩写为 ESSID，表示无线 AP 或无线路由的标识字符，其实就是无线局域网的名称。该标识主要用来区分不同的无线网络，最多可以由 32 个字符组成。

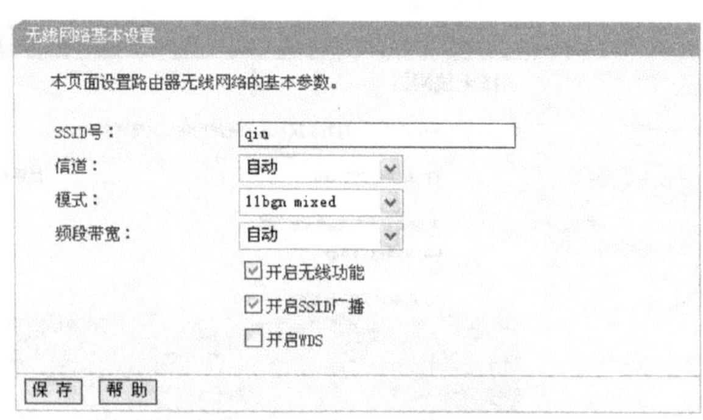


图 6-39　无线网络的设置

现在使用无线宽带路由器支持 DHCP 服务器功能，通过 DHCP 服务器可以自动给无线局域网中的所有计算机自动分配 IP 地址，这样就不需要手动设置 IP 地址，也避免出现 IP 地址冲突。具体的设置方法如下：

打开路由器设置页面，在左侧窗口中单击“DHCP 服务器”链接，然后在右侧窗口中的“动态 IP 地址”选项中选择“允许”选项，表示为局域网启用 DHCP 服务器。默认情况下“起始 IP 地址”为 192.168.0.100，这样第一台连接到无线网络的计算机 IP 地址为 192.168.0.100、第二台是 192.168.0.101……用户还可以手动更改起始 IP 地址最后的数字，最后单击“保存”按钮，如图 6-40 所示 。

b. 无线客户端设置。设置完无线路由器后，还需要对安装了无线网卡的客户端进行设置。在客户端计算机中，右击系统任务栏无线连接图标，选择“查看可用的无线连接”命令，在打开的对话框中可以选择需要连接的无线网络，单击“更改首选网络顺序”链接，打开“无线网络连接属性”对话框，在此对话框中可以对无线网络的客户端进行必要的设置，如可以设置首选连接的无线网络、IP 地址的设置等，如图 6-41 所示。

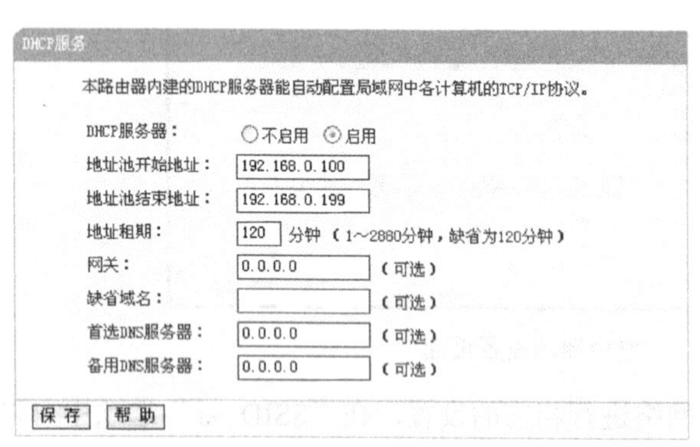


图 6-40　设置 DHCP 服务

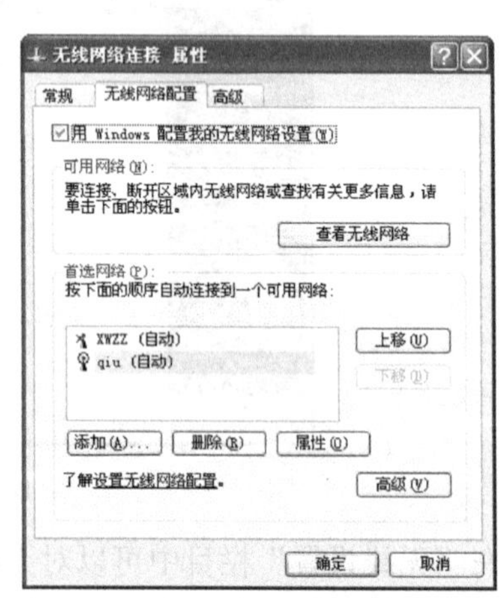


图 6-41　设置无线网络连接属性

（2）多机共享上网的设置

要实现多机共享上网，需要对无线路由器的 WAN 口进行设置。

① 硬件连接。如果是在单位的局域网内，只需要将局域网接口的网线与无线路由器的 WAN 口连接起来；如果是家庭用户，将无线路由器的 WAN 端口和 Internet 入口用网线连接起来即可。

② 设置无线路由器。打开 TP-Link 无线路由器的设置页面，在基本设置页面中，需要根据 Internet 接入情况来选择 WAN 口连接类型。

如果是 ADSL 用户，选择 PPPoE，并输入用户名和密码；如果是小区宽带接入，可以选择自动获取 IP 地址；如果是局域网用户，选择静态 IP，并指定 IP 地址、子网掩码、默认网关地址以及 DNS 服务器地址，如图 6-42 所示，设置完成后，单击“保存”按钮即可。

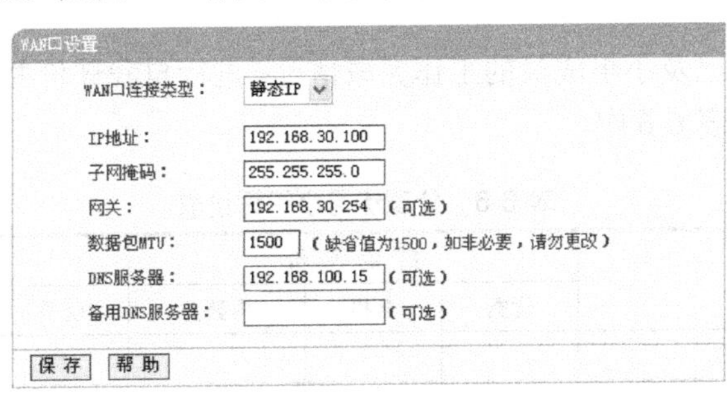


图 6-42　设置 WAN 端口

当然，为了防止别人使用无线信号，还需要对无线路由的安全认证项目进行设置，设置方法是单击“无线设置”项目中的“基本设置”栏目中进行设置，如图 6-43 所示。

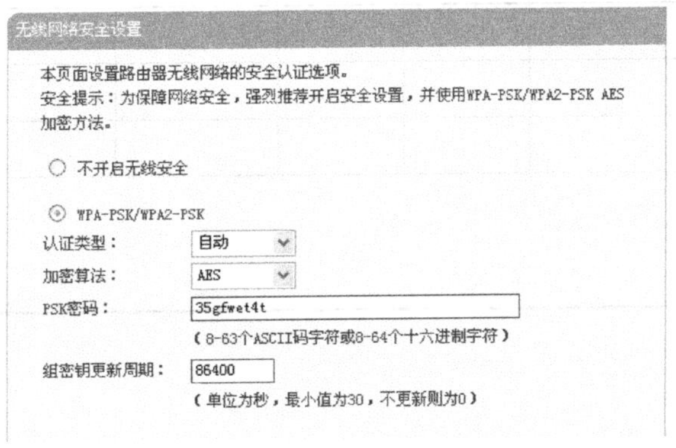


图 6-43　设置安全认证项目

③ 设置无线连接客户端。用户计算机的 IP 地址都设置为“自动获得 IP 地址”，或者和无线路由器在一个网段的地址即可。

## 小试牛刀

将学生分成若干小组，每个小组配置一台无线路由器，多台带无线网卡的计算机，完成以下的操作（每台无线路由器分配的频段不同）：

### 1. 无线路由器的设置

每个同学使用自己的计算机通过无线连接到路由器上，查看无线路由器的各个配置界面并对其进行配置。

### 2. 计算机的配置

配置本组的路由器为首选连接项，配置无线网的相关参数，能够实现与本组其他计算机的通信。

### 3．多机共享上网的设置

利用实训室校园网的接口，配置路由器的 WAN 口，实现本组各计算机能够通过路由器共享上网。

## 一比高下

各小组同学根据自己及小组成员的工作完成情况，进行自我评价并对小组其他成员进行评价，将评价结果填写在表 6-6 中。

表 6-6 分项练习小组评价表

| 评价内容 | | 自我评价 | | | 小组评价 | | |
|---|---|---|---|---|---|---|---|
| | | 优秀 | 合格 | 再努力 | 优秀 | 合格 | 再努力 |
| 操作技能 | 无线路由器的设置 | | | | | | |
| | 无线网卡的配置 | | | | | | |
| | 无线局域网的设置 | | | | | | |
| | 共享上网 | | | | | | |
| 合作交流 | 遵守纪律 | | | | | | |
| | 兴趣态度 | | | | | | |
| | 团结合作 | | | | | | |
| | 乐于助人 | | | | | | |
| 小组综合评价： | | | | | | | |

## 开动脑筋

1．结合自己对无线网络的理解，你认为无线网络主要应用于什么场合？
2．无线网络会成为网络发展的主流方向吗？
3．在目前技术条件下，无线网络能实现千兆传输吗？

## 课外阅读

### 蓝牙技术

蓝牙无线技术是一种短距离通信技术，旨在取代电缆来连接便携式和固定设备，并保证高度安全性。蓝牙是无线数据和语音传输的开放式标准，它将各种通信设备、计算机及其终端设备、各种数字数据系统，甚至家用电器采用无线方式连接起来。传输距离为 10cm～10m，如果增加功率或是加上某些外设便可达到 100m 的传输距离。采用 2.4GHz ISM 频段和调频、跳频技术，使用权向纠错编码、ARQ、TDD 和基带协议。蓝牙支持 64kbps 实时语音传输和数据传输，发射功率分别为 1mW、2.5mW 和 100mW，并使用全球统一的 48 比特的设备识别码。由于蓝牙采用无线接口来代替有线电缆连接，具有很强的移动性，并且适用于多种场合，加上该技术功耗低，对人体危害小，而且应用简单、容易实现，所以易于推广。

蓝牙技术的应用范围相当广泛，可以广泛应用于局域网络中各类数据及语音设备，如 PC、拨号网络、笔记本电脑、打印机、传真机、数码相机、移动电话和高品质耳机等，蓝牙的无线通信方式将上述设备连在一起，从而实现各类设备之间随时随地进行通信。应用蓝牙技术的典型环境有无线办公环境、汽车工业、信息家电、医疗设备以及学校教育和工厂自动控制等。

2014 年 12 月 4 日，最新的蓝牙 4.2 标准颁布，改善了数据传输速度和隐私保护程度，并接入了该设备将可直接通过 IPv6 和 6LoWPAN 接入互联网。在新的标准下蓝牙信号想要连接或者追踪用户设备必须经过用户许可，否则蓝牙信号将无法连接和追踪用户设备。

速度方面变得更加快速，两部蓝牙设备之间的数据传输速度提高了 2.5 倍，因为蓝牙智能（Bluetooth Smart）数据包的容量提高，其可容纳的数据量相当于此前的 10 倍左右。

## 本项目小结

本项目分三个工作任务介绍了局域网组网技术，三个工作任务分别为组建对等网、组建可管理的局域网和配置无线网络接入。组建对等网相对比较简单，需要掌握共享资源的设置与网络参数的设置；组建可管理的局域网的内容相对比较复杂，有网络规划、交换机与路由器的设置等内容，可以根据情况，有选择地学习；配置无线网络接入是现在应用非常广泛的一种网络形式，主要需要对无线路由器进行设置，不同厂家的产品的设置方法略有差异，基本上相同的，可以根据产品的介绍就可以完成，本项目不涉及集中管理的无线网络的配置，此种网络组建品牌间的差异较大，实训条件各学校均不容易达到，在学校条件许可的情况下，教师可以做适当的介绍。三个工作任务内容重点掌握第一个工作任务和第三个工作任务，第二个工作任务由于涉及的内容比较复杂，可以有选择地学习。

## 思考与练习

1．什么是对等网络？对等网络的特点是什么？

2．组建对等网络需要配置哪些项目？

3．美达科技公司有 5 个部门：经理室、市场部、技术部、售后部、财务部。公司现有办公计算机 20 台，市场部和财务部各有一台打印机，财务部的打印机不能提供给其他部门人用。公司想组建一个对等办公网络，请你为他们设计一个方案？

4．交换机的级联有几种方式，交换机的级联与堆叠的区别是什么？

5．什么是虚拟局域网？主要优点有哪些？

6．什么是广播域？什么是冲突域？

7．什么是干道？干道上可以承载多个 VLAN 吗？

8．链路聚合技术是什么技术？

9．什么是无线局域网？

10．无线局域网的组成结构主要有哪几种？

# 项目 7　测试与验收网络工程

## 项目描述

网络工程的测试与验收是施工方向用户方移交网络的正式手续，也是用户对工程的认可手段。只有通过了用户方的检测认可，网络工程才算基本完工。网络工程的测试主要测试工程的布线系统是否符合要求，如果布线系统的性能指标达不到要求，会对网络的整体性能产生较大的影响，工程测试是网络建设中非常重要的一个环节。

## 项目分解

工作任务 1　测试网络工程布线系统
工作任务 2　网络工程验收
工作任务 3　网络工程交接

## 工作任务 1　测试网络工程布线系统

目前网络布线使用最广泛的线缆是光缆和非屏蔽双绞线，双绞线的使用量非常大，在综合布线工程测试中以检测双绞线的情况居多。

### 1. 了解测试依据与标准

2007 年，我国原建设部出台了 GB 50311—2007《综合布线系统工程设计规范》和 GB 50312—2007《综合布线系统工程验收规范》，这两个国家标准规范了国内综合布线施工和验收的相关技术要求。

### 2. 认识测试工具

对布线系统进行测试，必须使用电缆测试仪来进行。电缆测试仪有很多种，所有的测试仪都包括测试仪主机和远端单元，还包括一些配套件，根据测试仪的测试方式，分为模拟测试仪和数字测试仪两类。目前有些施工单位采用极为简易的测试装置来测试，通常情况下测试能力是极为有限的，只能测试电缆的连续性，不能用它来对布线系统进行认证测试，要作认证测试必须使用专用的测试仪才能完成，现在工程中广泛使用 Fluke 线缆分析仪。

Fluke 公司是世界电子测试生产工具、分销和服务的领导者，产品遍及很多的领域，网络电缆测试仪只是其产品线中的一个品种，现在广泛使用的是 DTX 系列的认证测试分析仪。DTX 系列的认证测试分析仪对铜缆和光纤认证测试仪可确保布线系统符合 TIA/ISO 标准，可以测试 10M 到 10KM 线缆，其外形如图 7-1 所示。

Fluke DTX-LT 电缆认证测试仪是 DTX 系列测试仪中的简配产品，主要由 DTX-LT 主测试仪和智能远端测试仪、Link Ware PC 软件、Cat 6/E 类永久链路适配器、6/E 类通道适配器及相关辅助设备组成。

主测试仪控制面板如图 7-2 所示，各个控制键的功能如表 7-1 所示。

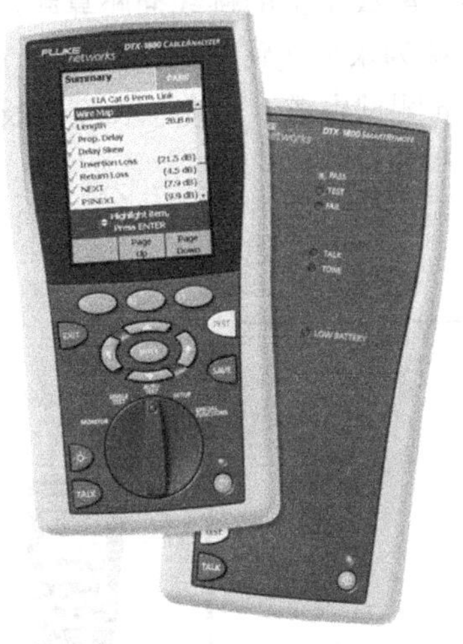

图 7-1　Fluke DTX 系列测试分析仪

图 7-2　主测试仪控制面板

表 7-1　主测试仪控制键的功能

| KEY | 名　称 | 功　能 |
| --- | --- | --- |
| F1 F2 F3 | 功能键 | 提供与当前的屏幕画面有关的功能。功能显示于屏幕画面功能键之上 |
| EXIT | 退出键 | 退出当前的屏幕画面而不保存更改 |
| TEST | 测试键 | 开始目前选定的测试。如果没有检测到智能远端，则启动双绞线布线的音频发生器。当两个测试仪均接好后，即开始进行测试 |
| SAVE | 保存健 | “自动测试”结果保存于内存中 |
| ENTER | 输入键 | 输入键可从菜单内选择选中的项目 |
| TALK | 对话键 | 按下此键可使用耳机来与链路另一端的用户对话 |
|  | 灯光键 | 按该键可以背照灯的明亮和暗淡设置之间切换。按住 1 秒钟来调整显示屏的对比度 |
|  | 开关键 | 电源开关 |
|  | 旋转开关 | 旋转开关可选择测试仪的模式 |
|  | 箭头键 | 箭头键可用于浏览屏幕画面并递增或递减字母数字的值 |

### 3. 了解电缆链路的测试方式

电缆链路的测试有两种方式：永久链路的测试方式和信道测试方式，在 GB 50312—2007

《综合布线系统工程验收规范》中定义了超五类布线系统永久链路和信道的测试标准。

（1）永久链路的测试

永久链路又称为固定链路，在工程中一般是指从配线架上的跳线插座算起，到工作区信息面板插座位置。对该段链路进行的物理性能测试，称为永久链路的测试，如图 7-3 所示。永久链路不包括现场测试仪插接线和插头，以及两端 2m 测试电缆，电缆总长度最长为 90m，而基本链路包括两端的 2m 测试电缆，电缆总计长度为 94m。

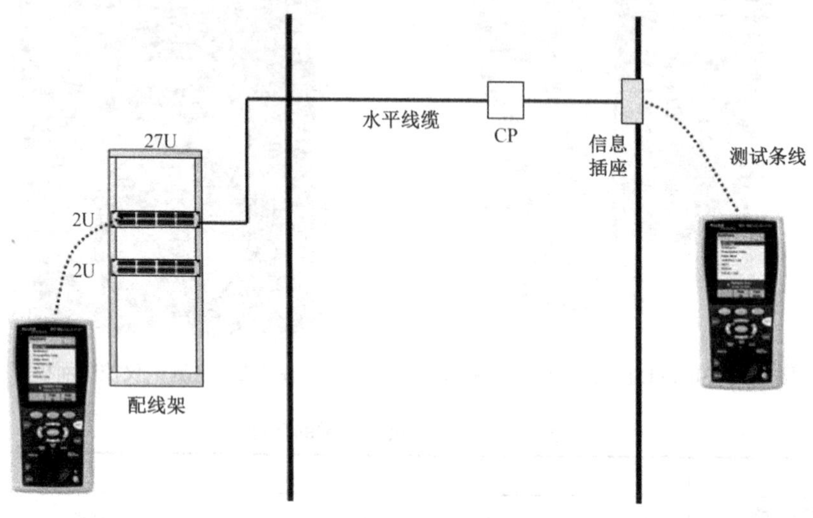


图 7-3　永久链路的测试

（2）信道测试方式

信道也称为通道，是指包括用户终端连接线在内的整体通道，即端到端的链路。信道测试一般是指从交换机端口上设备跳线的水晶头算起，到服务器网卡前用户跳线的水晶头结束，总长度不能超过 100m，对这段链路进行的物理性能测试。信道测试方式如图 7-4 所示。

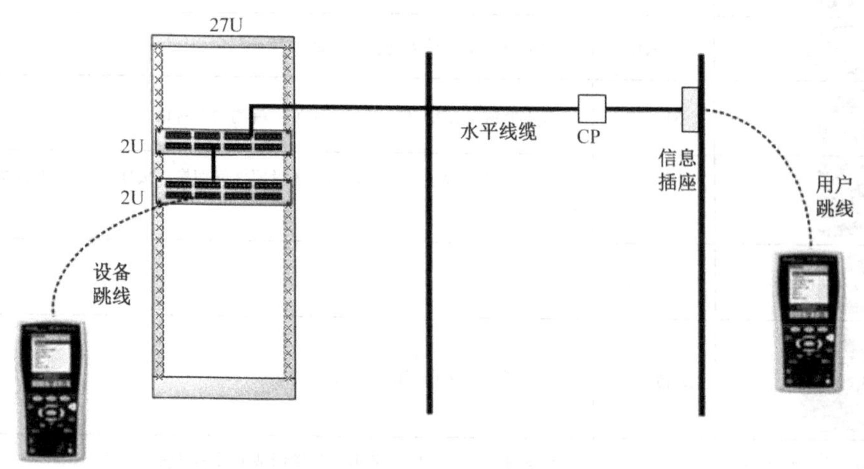


图 7-4　信道测试方式

信道测试与永久链路的测试方法相似，取出数据的方法也完全相同。不同的是选取的测试模式不一样，使用的测试适配器不同而已。

### 4. 认识主要认证测试参数及含义

Fluke 认证测试仪的认证测试参数比较多，常用的参数主要有接线图、长度、传播延迟、延迟偏离、插入损耗、回波损耗、NEXT（近端串扰）、PS NEXT（综合近端串扰）、ACR-F（远端衰减串扰比）、PS ACR-F（综合远端串扰比）、ACR-N（衰减串扰比）、PS ACR-N（综合衰减串扰比）等。

（1）NEXT（近端串扰）

串扰分为近端串扰（NEXT）和远端串扰（FEXT）两种。由于存在线路损耗，因此 FEXT 的量值的影响较小，测试仪主要测量 NEXT。NEXT 损耗是测量一条 UTP 链路中从一对线到另一对线的信号耦合。对于 UTP 链路，NEXT 是一个关键的性能指标，也是最难精确测量的一个指标，且随着信号频率的增加，其测量难度将加大。

NEXT 并不表示在近端点所产生的串扰值，它只是表示在近端点所测量到的串扰值。这个量值会随电缆长度的不同而变化，电缆越长，其值变得越小。同时发送端的信号也会衰减，对其他线对的串扰也相对变小。实验证明，只有在 40m 内测量得到的 NEXT 才是较真实的。如果另一端是远于 40m 的信息插座，虽然它会产生一定程度的串扰，但测试仪可能无法测量到这个串扰值。因此最好在两个端点都进行 NEXT 测量。现在的测试仪都配有相应功能，可以在链路一端就能测量出两端的 NEXT 值。

（2）传播延迟

传播延迟是指一个信号从电缆一端传到另一端所需要的时间，它也与 NVP 值成正比。一般 5 类 UTP 的延迟时间在每米 5～7 纳秒（ns）左右。ISO 则规定 100m 链路最差的时间延迟为 1 微秒（μs）。延迟时间是为何局域网要有长度限制的主要原因之一。

（3）插入损耗

插入损耗是指发射机与接收机之间，插入电缆或元件产生的信号损耗，通常指衰减。衰减是沿链路的信号损失度量。由于集肤效应、绝缘损耗、阻抗不匹配、连接电阻等因素，信号沿链路传输损失的能量称为衰减，表示为测试传输信号在每个线对两端间的传输损耗值及同一条电缆内所有线对中最差线对的衰减量相对于所允许的最大衰减值的差值。衰减与线缆的长度有关系，随着长度的增加信号衰减也相应增加。衰减用 dB（分贝）作单位，表示源传送端信号到接收端信号强度的比率。由于衰减随频率的变化而变化，因此，应测量在应用范围内的全部频率上的衰减。

（4）回波损耗

回波损耗是电缆链路由于阻抗不匹配所产生的反射，是一对线自身的反射。不匹配主要发生在连接器的地方，但也可能发生于电缆中特性阻抗发生变化的地方，所以施工的质量是减少回波损耗的关键。回波损耗将引入信号的波动，返回的信号将被双工的千兆网误认为是收到的信号而产生混乱。

（5）衰减串扰比（ACR）

衰减串扰比的定义为：在受相邻发信线对串扰的线对上其串扰损耗（NEXT）与本线对传输信号衰减值（A）的差值（单位为 dB），即 ACR（dB）=NEXT（dB）—A（dB）。对于五类及高于五类线缆和同类接插件构成的链路，由于高频效应及各种干扰因素，ACR 的标准参数不单纯从串扰损耗值 NEXT 与衰减值 A 在各相应频率上的直接的代数差值导出，通常可通过提高链路串扰损耗 NEXT 或降低衰减 A 以改善链路 ACR。对于六类布线链路在 200 MHz 时 ACR 要求为正值，六类布线链路要求测量到 250 MHz。

在某些频率范围内，串扰与衰减量的比例关系是反映电缆性能的另一个重要参数。ACR 有时也以信噪比（Signal-Notice Ratio，SNR）表示，由最差的衰减量与 NEXT 量值的差值计算。ACR 值较大，表示抗干扰的能力更强。一般系统要求至少大于 10 dB（分贝）。

### 5. 自动测试双绞线布线系统

Fluke 测试仪测试链路的基本操作程序是：安装测试适配器（信道或永久链路），开机，选择测试标准，测试，保存数据，测试下一条链路。使用计算机读出测试仪中保存的结果（使用随机 LinkWare 软件），打印测试报告等。

（1）安装测试适配器

将适用于该任务的适配器连接至测试仪及智能远端，如图 7-5 所示。

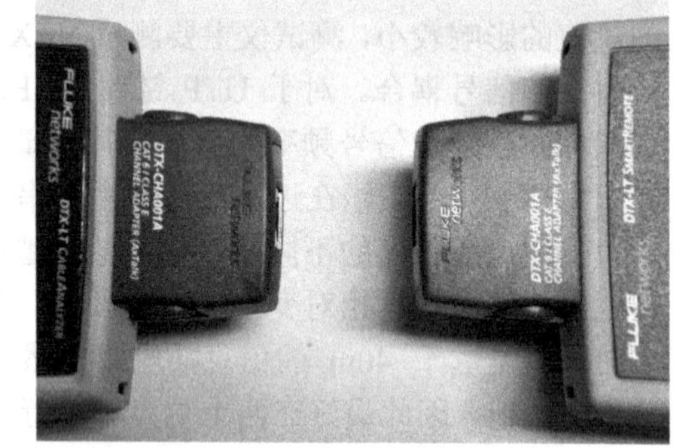


图 7-5 安装适配器

（2）开机

按下主测试仪右下角的电源开关键，此时测试仪会启动自检。

（3）设置

将旋转开关调整到“setup”挡，然后选择“双绞线”。从“双绞线”选项卡中设置以下设置值：

缆线类型：选择一个缆线类型列表，然后选择要测试的缆线类型。

测试极限：选择执行任务所需的测试极限值。屏幕会显示最近使用的 9 个极限值。按 F1 键来查看其他极限值列表。

（4）测试

将旋转开关转至“AUTOTEST”（自动测试），将测试线缆插入适配器的接口中，按下测试仪或智能远端的“TEST”键，测试仪将会对链路进行测试，如图 7-6 所示。如果要停止测试，可以按下“EXIT”键。

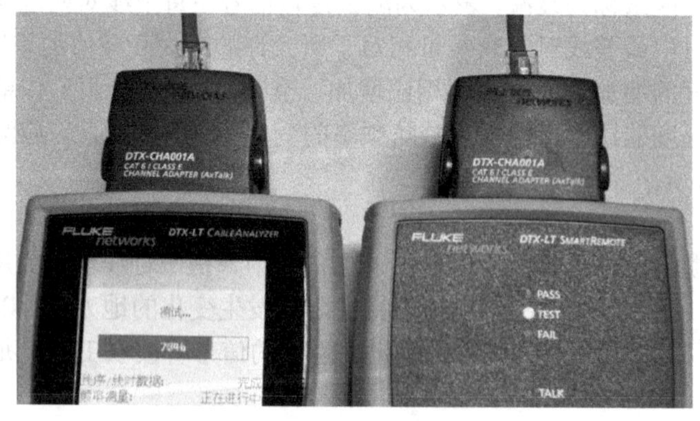


图 7-6 线缆测试

（5）保存数据

如果要保存测试结果，可以按下“SAVE”键，选择或建立一个缆线标识码，然后再按一次“SAVE”键保存数据。

### 6. 正确解读测试报告

图 7-7 所示为完整的 Fluke 测试报告。

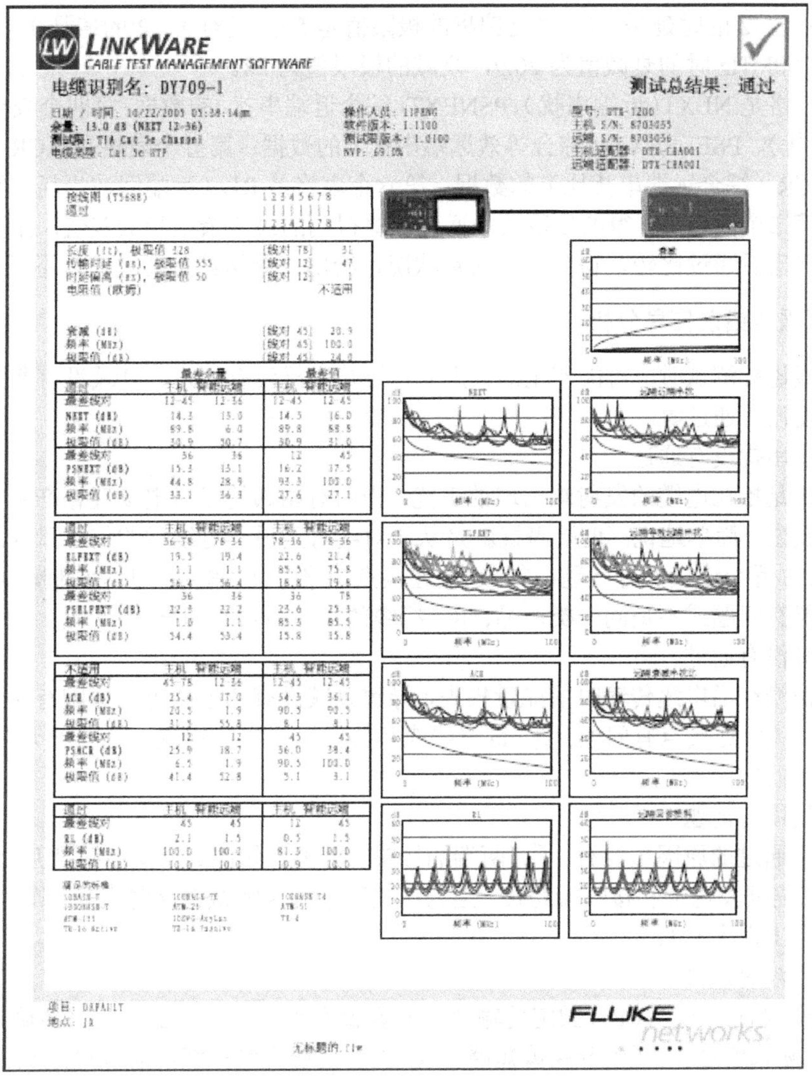


图 7-7　Fluke 测试报告

测试报告分为左右两栏，左侧是测试数据，右侧为与数据对应的图示。左侧第一个表格是接线图，主要表示线路是否通畅，接线是否正确；第二个表格中的数据如下：

| | | |
|---|---|---|
| 长度（ft），极限值328 | [线对 78] | 31 |
| 传输时延（ns），极限值555 | [线对 12] | 47 |
| 时延偏离（ns），极限值50 | [线对 12] | 1 |
| 电阻值（欧姆） | | 不适用 |
| 衰减（dB） | [线对 45] | 20.9 |
| 频率（MHz） | [线对 45] | 100.0 |
| 极限值（dB） | [线对 45] | 24.0 |

测试仪使用的长度单位是 foot（英尺），1 英尺=0.3048m，这次测的线长度是 31ft，就是 9.4488m。这个长度指的是线对 7、8 的长度，也就是代表整条线缆的长度。传输时延的极限值

为 555，线对 1、2 的时延是 47。时延偏离的极限值是 50，线对 1、2 的值是 1。线对 4、5 在测试频率为 100MHz 时的衰减值为 20.9，衰减的极限值为 24。

第三个表格是 NEXT（近端串扰）、PSNEXT（综合近端串扰）的数据；第四个表格是 ELFEXT（等效远端串扰）、PSELFEXT（综合等效远端串扰）的数据；第五个表格是 ACR（远端衰减串扰比）、PSACR（综合远端串扰比）的数据；第六个表格是 RL（远端回波损耗）的数据。解读方法基本同第二个表格。测得的参数值是通过计算得到的最差余量和最差值，计算过程应该比较复杂的，算出后通过比较，得到线路质量状况，给出一个结论是通过还是不通过。

#### 7．测试报告错误信息分析

对双绞线进行测试时，可能产生的问题有：近端串扰没有通过、衰减没有通过、接线图没有通过、长度没有通过等。

（1）近端串扰没有通过

近端串扰是指在电缆的发射端出现的干扰，当两对相邻的线对电场互相产生假信号时，近端串扰就会发生。简单地说：近端串扰就是从一对线对到另一对线对的信号泄露。其产生的原因主要有：① 近端连接点有问题；② 远端连接点短路；③ 串对；④ 外部噪声；⑤ 链路线缆和接插性能有问题或不是同一类产品；⑥ 线缆的端接质量有问题。

（2）衰减没有通过

衰减是信号在沿电缆传输时的能量损失，导致衰减没有通过的可能原因有：① 长度过长；② 温度过高；③ 连接点有问题；④ 链路线缆和接插性能有问题或不是同一类产品；⑤ 线缆的端接质量有问题。

（3）接线图有问题

接线图不通过的原因主要有：① 两端的接头有断路、短路、交叉、破裂开路；② 跨接错误（某些网络需要发送端和接收端跨接，当为这些网络构筑测试链路时，由于设备线路的跨接，测试接线图会出现交叉）。

（4）长度没有通过

可能的原因有：① NVP（额定传输速率）设置不正确，可用已知的好线确定并重新校准 NVP；② 实际长度过长；③ 开路或短路；④ 设备连线及跨接线的总长度过长。

#### 8．网络服务的测试

网络服务的测试是根据局域网内所配置的网络服务进行测试，局域网常用的网络服务主要有 DNS、DHCP、WEB、FTP 等，测试时，只需要在局域网内不同的 VLAN 中选择相应一定量的测试点，用一台 PC 连入网络，对网络的相关站点进行登录访问，只要能够正常访问就可以了。

### 小试牛刀

由于 Fluke 测试仪是比较昂贵的设备，因此教师要强调测试仪的使用注意事项，每个小组确定一个使用负责人，保证设备的正确使用。

将班级学生分为小组，完成以下工作任务：

#### 1．双绞线缆的测试

每组学生制作一根 2m 以上的双绞线缆，使用超五类的标准测试该双绞线的参数，并将测试结果以自己的姓名为文件名保存。

### 2. 永久链路的测试

每组学生在学校的校园网内选择一个永久链路进行测试，注意需要更换接口跳线。将测试结果以“yjll-组号”为文件名保存。

### 3. 测试报告的解读

教师给每个小组各准备一份 Fluke 测试报告（或使用学生自己导出的测试报告），请各小组学生进行解读，多份报告各小组之间轮换。解读内容请各小组根据报告情况来写。

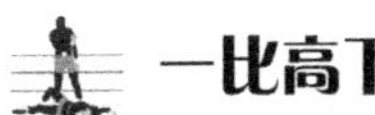

## 一比高下

1. 每个小组选派一名代表介绍使用 Fluke 测试仪对链路进行测试的过程，并对本组的测试报告进行解读。

2. 教师为每个小组准备一份 Fluke 测试报告，请每个小组选派一名代表解读，解读成绩作为小组的成绩。

## 开动脑筋

1. 对网络布线工程验收测试，可以使用验证测试方式吗？
2. 除了 Fluke 测试设备以外，还有没有什么可以作为认证测试的设备？
3. 信道测试与永久链路测试有什么区别？
4. Fluke 测试仪可以测试光纤通道吗？需要怎么做？

## 课外阅读

### 光缆测试管理软件 LinkWare

LinkWare 是 Fluke 测试仪随机的管理软件，主要用于管理测试仪的测试结果数据，其主工作界面如图 7-8 所示。

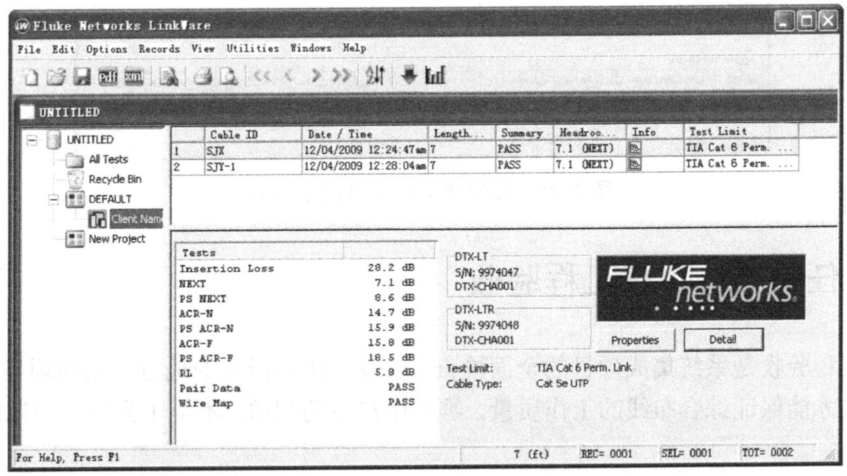


图 7-8　LinkWare 的主操作界面

通过该软件可以查看到测试数据的详细信息，如图 7-9 所示。

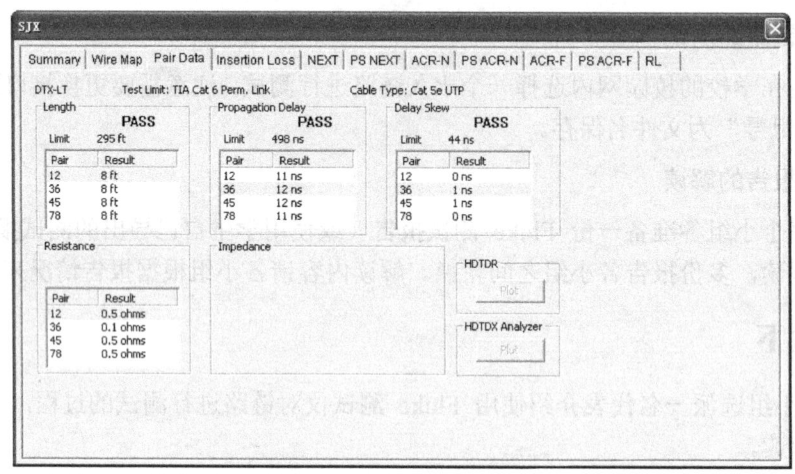


图 7-9　测试数据的详细信息

由于测试仪的测试结果具有权威性，其数据不允许用户自行修改，所以输出的文件类型主要有两个格式：PDF 和 XML 格式，如图 7-10 所示为 XML 格式的输出报告，输出的数据只供用户阅读。

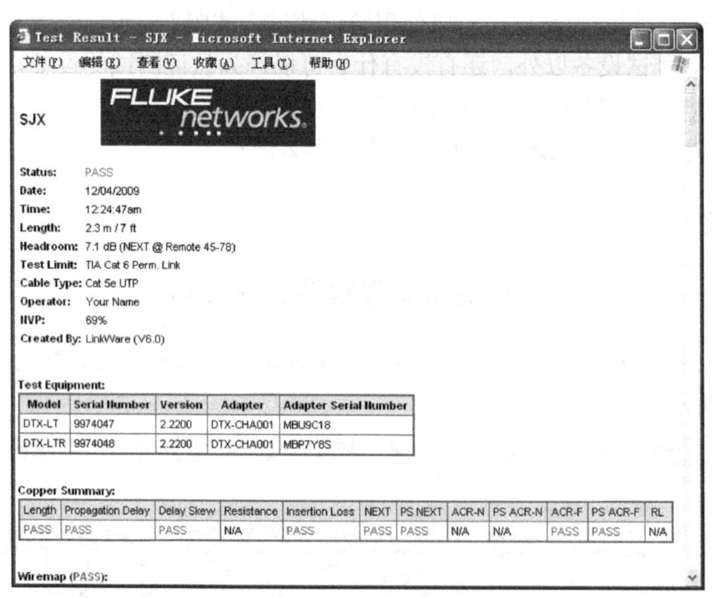

Test Result - SJX - Microsoft Internet Explorer

文件(F)　编辑(E)　查看(V)　收藏(A)　工具(T)　帮助(H)

SJX　FLUKE networks.

**Status:** PASS
**Date:** 12/04/2009
**Time:** 12:24:47am
**Length:** 2.3 m / 7 ft
**Headroom:** 7.1 dB (NEXT @ Remote 45-78)
**Test Limit:** TIA Cat 6 Perm. Link
**Cable Type:** Cat 5e UTP
**Operator:** Your Name
**NVP:** 69%
**Created By:** LinkWare (V6.0)

**Test Equipment:**

| Model | Serial Number | Version | Adapter | Adapter Serial Number |
|---|---|---|---|---|
| DTX-LT | 9974047 | 2.2200 | DTX-CHA001 | MBU9C18 |
| DTX-LTR | 9974048 | 2.2200 | DTX-CHA001 | MBP7Y8S |

**Copper Summary:**

| Length | Propagation Delay | Delay Skew | Resistance | Insertion Loss | NEXT | PS NEXT | ACR-N | PS ACR-N | ACR-F | PS ACR-F | RL |
|---|---|---|---|---|---|---|---|---|---|---|---|
| PASS | PASS | PASS | N/A | PASS | PASS | PASS | N/A | N/A | PASS | PASS | N/A |

**Wiremap** (PASS):

图 7-10　XLM 格式的 Fluke 测试报告

# 工作任务 2　网络工程验收

网络工程验收是系统集成项目的全面检查，验收工作量最大的地方是布线项目，只能经过严格的验收才能保证综合布线的工作质量，维护用户方的利益，不至于为用户后期的维护埋下隐患。

## 1．了解验收标准

综合布线系统工程施工依据的标准和指导性文件较多，过去国内大多数综合布线系统工程采用国外厂商生产的产品，且其工程设计和安装施工绝大部分由国外厂商或代理商组织实施。当时因缺乏统一的工程建设标准，所以不论是在产品的技术和外形结构，还是在具体设计和施工以及与房屋建筑的互相配合等方面都存在一些问题，没有取得应有的效果。为此，我国主管建设部门和有关单位在近几年来组织编制和批准发布了一批有关综合布线系统工程设计施工应遵循的依据和法规。这方面的主要标准和规范如下。

（1）国家标准《综合布线系统工程设计规范》（GB50311—2007）根据建设部公告，自 2007 年 10 月 1 日起施行。

（2）国家标准《综合布线系统工程验收规范》（GB50312—2007）根据建设部公告，自 2007 年 10 月 1 日起施行。

（3）国家标准《智能建筑设计标准》（GB50314—2006）由原建设部和国家质量技术监督局联合批准发布，自 2007 年 7 月 1 日起施行。

（4）国家标准《智能建筑工程质量验收规范》（GB50339—2003）由原建设部和国家质量监督检验检疫总局联合发布，自 2003 年 10 月 1 日起施行。

（5）国家标准《通信管道工程施工及验收规范》（GB50374—2006）由原信息产业部发布，自 2007 年 5 月 1 日起施行。

（6）国家标准《建筑电气工程施工质量验收规范》（GB50303—2002）由原建设部发布，自 2002 年 6 月 1 日起施行。

（7）通信行业标准《建筑与建筑群综合布线系统工程设计施工图集》（YDD5082—1999）由信息产业部批准发布，自 2000 年 1 月 1 日起施行。

由于综合布线技术发展迅速，技术规范内容在不断地进行修订和补充，因此在验收时应注意使用最新的技术标准。

### 2．了解验收项目

（1）现场物理验收

现场物理验收主要从物理层面上对整个网络工程的布线情况进行验收，主要对工作区子系统、配线子系统、干线子系统以及设备间、管理间的线缆布放情况进行检查验收，主要从外观上进行必要的检查。

（2）检查设备安装

布线系统的设备安装主要涉及机柜的安装、配线架的安装和信息模块的安装等内容。

① 机柜和配线架的安装。在配线间或设备间内通常都安放有机柜（或机架），机柜内主要包括基本框架、内部支撑系统、布线系统、通风系统。根据实际需要在其内部安装一些网络设备。配线架安装在机柜中的适当位置，一般为交换机、路由器的上方或下方，其作用是水平线缆首先连入配线架模块，然后再通过跳线接入交换机。对于垂直干线系统的光纤要先连接到光纤配线架，再通过光纤跳线连接到交换机的光纤模块接口。

② 信息模块的安装。工作区的信息插座包括面板、模块、底盒，其安放的位置应当是用户认为使用最方便的位置，一般安放位置在距离墙角线 0.3m 左右，也可以安放在办公桌的相应位置。专用的信息插座模块可以安装在地板上或是大厅、广场的某一位置。

（3）检查线缆的安装与布放

双绞线电缆和光缆是网络布线中使用最多的传输介质，布线量非常大，所以在工程验收时，这一块是重点的检查项目，验收均应在施工过程中由用户与督导人员随工检查。发现不合格的地方，做到随时返工，如果在布线工程完成后再检查，出现问题处理起来比较麻烦。

### 3．了解验收方法

工程验收是工程建设程序的一个重要环节，验收工作并不是必须在工程结束后才能进行，有些验收工程必须在施工过程中进行的，如隐蔽工作、暗敷管道、穿放或牵引缆线等，所以，不同的工作项目和内容其验收的方法也不同，一般有随工验收（又称为随工检验）和工程竣工检验（又称为工作验收）两种方式。

（1）随工验收

随工验收是指在工程实施的过程中，对工程进行的一种验收方式，主要适用于布线系统工程中具有隐蔽性的部分，以防不合格的施工结果被掩盖。

布线工程随工验收的检验方式有旁站、现场巡视和平行检验三种。

旁站：指随工或现场监管人员在工程施工阶段中，对关键部位、关键工序的施工质量实施全过程现场跟班的监督活动。

现场巡视：指随工或现场监管人员对正在施工的部位或工序现场进行的定期或不定期的监督活动，它不限于某一部位或过程。

平行检验：随工代表或施工质检员利用一定的检查或检测手段，按照一定的比例，对某些工程部位、试验、材料等独立进行检查或检测，进行质量判断。

随工验收时，随工检验人员要认真填写好随工验收单，并要三方签字确认。随工验收单的格式如下。

**隐蔽工程随工验收单**

工程名称：　　　　　　　　　　　　　　　　　　　　　　　年　　月　　日

<table>
<tr><td colspan="2">建设单位/总包单位</td><td colspan="2">设计、施工单位</td><td colspan="2">监理单位</td></tr>
<tr><td colspan="2"></td><td colspan="2"></td><td colspan="2"></td></tr>
<tr><td rowspan="7">隐蔽工程内容与检查</td><td rowspan="2" colspan="2">检查内容（共　项）</td><td colspan="3">检查结果</td></tr>
<tr><td>安装质量</td><td>楼层（部位）</td><td>图号</td></tr>
<tr><td colspan="2"></td><td></td><td></td><td></td></tr>
<tr><td colspan="2"></td><td></td><td></td><td></td></tr>
<tr><td colspan="2"></td><td></td><td></td><td></td></tr>
<tr><td colspan="2"></td><td></td><td></td><td></td></tr>
<tr><td colspan="2"></td><td></td><td></td><td></td></tr>
<tr><td colspan="2">验收意见</td><td colspan="4"></td></tr>
<tr><td colspan="2">建设单位/总包单位<br>验收人：<br>日期：<br>盖章：</td><td colspan="3">设计、施工单位<br>验收人：<br>日期：<br>盖章：</td><td>监理单位<br>验收人：<br>日期：<br>盖章：</td></tr>
<tr><td colspan="6">备注：<br>1．检查内容包括：① 管道排列、走向、弯曲处理、固定方式；②管道连接、管道搭铁、接地；③ 管口安放护圈标识；④ 接线盒及桥架加盖；⑤ 线缆对管道及线间绝缘电阻；⑥线缆接头处理等。<br>2．检查结果的安装质量栏内，按检查内容序号，合格的打“√”号，基本合格的打“△”号，不合格的打“×”号，并注明对应的楼层（部位）、图号。<br>3．综合安装质量的检查结果，在验收意见栏内填写验收意见并扼要说明情况。</td></tr>
</table>

上述表格只作为随工验收参考表格，实际工程中可以根据实际情况自行设计表格的内容与样式。

（2）工程竣工验收

工程竣工验收通常分为预验收和正式验收。预验收是由建设单位或监理单位组织人员到工程现场检查了了解工程实际情况和有关资料，只有预验收合格，才能组织正式验收。

预验收的内容主要包括各种竣工资料、相关图纸及随工检验记录表等。预验收检验合格后，建设单位可组织相关人员对工程进行正式验收，验收完成填写工程验收竣工报告，竣工验收报告格式如下：

**网络工程竣工验收报告**

<table>
<tr><td>建设项目名称</td><td colspan="2"></td><td>建设单位</td><td colspan="2"></td></tr>
<tr><td>单位工程名称</td><td colspan="2"></td><td>施工单位</td><td colspan="2"></td></tr>
<tr><td>建设地点</td><td colspan="2"></td><td>监理单位</td><td colspan="2"></td></tr>
<tr><td>开工日期</td><td></td><td>竣工日期</td><td></td><td>终验日期</td><td></td></tr>
<tr><td>工程内容</td><td colspan="5">详见安装工程量总表</td></tr>
<tr><td colspan="6">验收意见及施工质量评语：</td></tr>
<tr><td colspan="6">施工单位代表：<br>施工单位签章：<br>日　　期：　年　月　日</td></tr>
<tr><td colspan="6">监理单位代表：<br>监理单位签章：<br>日　　期：　年　月　日</td></tr>
<tr><td colspan="6">建设单位代表：<br>建设单位签章：<br>日　　期：　年　月　日</td></tr>
</table>

### 4．现场物理验收

现场物理验收主要从物理层面上对整个网络工程的布线情况进行验收，主要对工作区子系统、水平干线子系统、垂直干线子系统以及设备间、管理间的线缆布放情况进行检查验收，主要从外观上进行必要的检查。

（1）工作区子系统的验收

网络布线工程中，工作区一般比较多，在工作区进行验收时，可能不能逐个工作区进行验收，可以随机选择一些工作区进行验收，主要验收的内容如下：

① 线槽走向，布线是否美观大方，符合规范。

② 信息座是否按规范进行安装。

③ 信息座安装是否做到等高、等平、牢固。

④ 信息面板是否都固定牢靠。

（2）配线子系统的验收

配线子系统涉及较多的楼层，主要验收的内容如下：

① 线槽安装是否符合规范。

② 槽与槽，槽与槽盖是否接合良好。

③ 托架、吊杆是否安装牢靠。

④ 水平干线与垂直干线、工作区交接处是否出现裸线。

⑤ 水平干线槽内的线缆有没有固定。

（3）干线子系统的验收

干线子系统的验收除了类似于配线子系统的验收内容外，要检查楼层与楼层之间的洞口是否封闭，线缆是否按间隔要求固定，拐弯线缆是否留有弧度。

（4）管理间、设备间、进线间子系统

验收主要检查设备安装是否规范整洁。

### 5. 检查设备安装

布线系统的设备安装主要涉及机柜的安装、配线架的安装和信息模块的安装等内容。

① 机柜和配线架的安装。在配线间或设备间内通常都安放有机柜（或机架），机柜内主要包括基本框架、内部支撑系统、布线系统、通风系统。根据实际需要在其内部安装一些网络设备。配线架安装在机柜中的适当位置，一般为交换机、路由器的上方或下方，其作用是水平线缆首先连入配线架模块，然后再通过跳线接入交换机。对于垂直干线系统的光纤要先连接到光纤配线架，再通过光纤跳线连接到交换机的光纤模块接口。

② 信息模块的安装。工作区的信息插座包括面板、模块、底盒，其安放的位置应当是用户认为使用最方便的位置，一般安放位置在距离墙角线 0.3m 左右，也可以安放在办公桌的相应位置。专用的信息插座模块可以安装在地板上或是大厅、广场的某一位置。

### 6. 检查线缆的安装与布放

双绞线电缆和光缆是网络布线中使用最多的传输介质，布线量非常大，所以在工程验收时，这是重点的检查项目，验收均应在施工过程中由用户与督导人员随工检查。发现不合格的地方，做到随时返工，如果在布线工程完成后再检查，出现问题处理起来比较麻烦。

线缆布放的检查：

（1）桥架和线槽安装

① 位置是否正确。

② 安装是否符合要求。

③ 接地是否正确。

（2）线缆布放

① 线缆的形式、规格是否与设计规定相符合。

② 线缆的标号是否正确，线缆两端是否贴有标签，标签书写应清晰，标签是否选用不易损坏的材料等。

③ 线缆拐弯处是否符合规范。

④ 竖井的线槽、线固定是否牢固。

⑤ 是否存在裸线。

（3）室外光缆的布线

室外光缆布线有架空布线、管道布线、挖沟布线、隧道布线等方式，针对不同的布线方式，需要检查的内容有一定的差异。

① 架空布线：架设竖杆位置是否正确；吊线规格、垂度、高度是否符合要求；卡挂钩的间隔是否符合要求。

② 管道布线：使用的管孔、管孔位置是否合适；线缆规格；线缆走向路由；防护设施。

③ 挖沟布线（直埋）：光缆规格；敷设位置、深度；是否加了防护铁管；回填时复原与夯实。

④ 隧道线缆布线：线缆规格；安装位置、路由；设计是否符合规范。

### 7．设备的清点与验收

（1）明确任务目标

对照设备订货清单或者中标书清点到设备，确保到货设备与订货或中标型号一致，并做好必要的记录，必要的话应将各设备的设备号记录在册，以使验货工作有条不紊地进行。

（2）先期准备

由系统集成商负责人员在设备到货前根据订货清单填写《到货设备登记表》的相应栏目，以便于到货时进行核查、清点。《到货设备登记表》仅为方便工作而设定，所以不需任何人签字，只需由专人保管即可。

（3）开箱检查、清点、验收

一般情况下，设备厂商会提供一份验收单，可以以设备厂商的验收单为准。仔细验收各设备的型号、数量以及设备的外观等内容，并做好记录。妥善保存设备随机文档、质保单和说明书，软件和驱动程序应单独存放在安全的地方。

（4）登记、贴标

设备验收后，就由本单位负全部责任，是本单位的固定资产。根据本单位的固定资产编号情况，将所有的设备进行登录造册，并归属不同的部门保管，贴上单位固定资产编号，请相关责任人签字认可。

### 8．文档与系统测试验收

（1）网络系统的初步验收

对于网络设备，其测试成功的标准为：能够从网络中任一机器和设备（有 Ping 或 Telnet 能力）Ping 及 Telnet 通网络中其他任一机器或设备（有 Ping 或 Telnet 能力）。由于网内设备较多，不可能逐对进行测试，故可采用如下方式进行。

① 在每一个子网中随机选取两台机器或设备，进行 Ping 和 Telnet 测试。

② 对每一对子网测试连通性，即从两个子网中各选一台机器或设备进行 Ping 和 Telnet 测试。

③ 测试中，Ping 测试每次发送数据包不应少于 300 个，Telnet 连通即可。Ping 测试的成功率在局域网内应达到 100%，在广域网内由于线路质量问题，视具体情况而定，一般不应低于 80%。

④ 测试所得具体数据填入《验收测试报告》。

（2）网络系统的试运行

从初验结束时刻起，整体网络系统进入为期两到三个月的试运行阶段。整体网络系统在试运行期间不间断地连续运行时间不应少于两个月。试运行由系统集成厂商代表负责，用户和设备厂商密切协调配合。在试运行期间要完成以下任务。

① 监视系统运行。

② 网络基本应用测试。

③ 可靠性测试。

④ 断电—重启测试。

⑤ 冗余模块测试。

⑥ 安全性测试。

⑦ 网络负载能力测试。

⑧ 系统最忙时访问能力测试。

（3）网络系统的最终验收

各种系统试运行满三个月后，由用户对系统集成商所承做的网络系统进行最终验收。

① 检查试运行期间的所有运行报告及各种测试数据。确定各项测试工作已做充分，所有遗留的问题都已解决。

② 验收测试。按照测试标准对整个网络系统进行抽样测试，测试结果填入《最终验收测试报告》。

③ 签署《最终验收报告》，该报告后附《最终验收测试报告》。

④ 向用户移交所有技术文档，包括所有设备的详细配置参数、各种用户手册等。

（4）交接和维护

① 网络系统交接。交接是一个逐步使用户熟悉系统，进而能够掌握、管理、维护系统的过程。交接包括技术资料交接和系统交接，系统交接一直延续到维护阶段。

技术资料交接包括在实施过程中所产生的全部文件和记录，需要提交如下资料：总体设计文档；工程实施设计；系统配置文档；各个测试报告；系统维护手册（设备随机文档）；系统操作手册（设备随机文档）；系统管理建议书。

② 网络系统维护。在技术资料交接之后，进入维护阶段。系统的维护工作贯穿系统的整个生命期，用户方的系统管理人员将要在此期间内逐步培养独立处理各种事件的能力。

在系统维护期间，系统如果出现任何故障，都应详细填写相应的故障报告，并报告相应的人员（系统集成商技术人员）处理。

在合同规定的无偿维护期之后，系统的维护工作原则上由用户自己完成，对系统的修改用户可以独立进行。为对系统的工作实施严格的质量保证，建议用户填写详细的系统运行记录和修改记录。

### 9．工程鉴定会

（1）准备鉴定材料

一般情况下，网络工程结束后，用户方与施工方需要共同组织一个网络工程鉴定会，用户方聘请相关专家对网络完成情况进行鉴定，而施工方需要准备相应的鉴定材料。施工方为鉴定会准备的材料有：网络工程建设报告；网络布线工程测试报告；网络工程资料审查报告；网络工程用户意见报告；网络工程验收报告。

① 网络工程建设报告。主要由工程概况、工程设计与实施、工程特点、工程文档等内容组成。

② 网络布线工程测试报告。网络工程测试报告主要包含检测的内容，如线材的检测、桥架和线槽的查验、信息点参数的测试等内容。

③ 网络工程资料审查报告。主要报告工程技术资料的审查情况，审查施工方为用户提供

了哪些技术资料。

④ 网络工程用户意见报告。主要报告用户对工程的相关意见。

⑤ 网络工程验收报告。对工程的一个综合评价。

（2）聘请领导、专家

聘请领导、专家的工作是由用户方完成的，具体聘请的人员由用户方自己确定。通常情况下，聘请的专家最好是校园网络工程方面的专家，当然也可以聘请其他网络公司的工程技术人员。

（3）召开鉴定会

鉴定会一般是在网络工程的现场进行，由用户方与施工方共同组织，施工方作网络工程建设报告，用户方做工程验收报告等工作，最后，多方在鉴定结论上签字认可。必要时，与会专家可以对施工方就网络施工、设计等方面的问题进行提问，由施工方给出相应的答复。

（4）材料归档

在验收、鉴定会结束后，将施工方所交付的文档材料，验收、鉴定会上所使用的材料一起交给用户方的有关部门，由用户方的有关部门对材料进行整理存档。

## 小试牛刀

将班级学生分成若干组，完成以下工作任务：

### 1．对机房做物理验收

选择一个设备种类及数量比较多的计算机房，请各个小组自己设计表格对该机房的设备进行物理验收。要能登记清楚设备型号、数量等信息。各个小组分别验收，最后可以比较各小组的验收质量。

### 2．检查工作区的信息面板的安装

请学生到教师的办公室，对教师办公室工作区的信息插座的安装进行检查，统计出安装不规范的信息插座，并指出其不规范之处。各个小组分别验收，最后可以比较各小组的验收质量。

### 3．检查设备安装

检查校园网中的各配线装置的安装情况、校园网设备间的设备安装情况。各小组自行设计表格统计检查的情况。各个小组分别验收，最后可以比较各小组的验收质量。

## 一比高下

各小组同学根据自己及小组成员的工作完成情况，进行自我评价并对小组其他成员进行评价，将评价结果填写在表 7-2 中。

表 7-2　分项练习小组评价表

| 评 价 内 容 | | 自 我 评 价 | | | 小 组 评 价 | | |
|---|---|---|---|---|---|---|---|
| | | 优秀 | 合格 | 再努力 | 优秀 | 合格 | 再努力 |
| 操作技能 | 表格设计的合理性 | | | | | | |
| | 设备登记准确 | | | | | | |
| | 工作区子系统的验收 | | | | | | |
| | 设备安装检查标准 | | | | | | |

续表

| 评价内容 | | 自我评价 | | | 小组评价 | | |
|---|---|---|---|---|---|---|---|
| | | 优秀 | 合格 | 再努力 | 优秀 | 合格 | 再努力 |
| 合作交流 | 遵守纪律 | | | | | | |
| | 兴趣态度 | | | | | | |
| | 团结合作 | | | | | | |
| | 乐于助人 | | | | | | |
| 小组综合评价： | | | | | | | |

## 开动脑筋

1．一个网络布线工程中，工作区的每个信息点都必须通过认证测试吗？为什么？

2．某学校对教学楼的布线系统进行了改造，你觉得是使用明线好，还是暗线好？请说明理由。

3．一个网络工程结束后，设备供应商会提供相关的培训，你认为这样的培训有必要吗？为什么？

4．某学校新建了一个机房，需要为其组织一个工程鉴定会吗？

## 课外阅读

### ××××网络工程验收报告

今天，召开南方计算机学校校园网络工程验收会，验收小组由南方天恒网络系统工程公司和南方计算机学校的专家及南方市教育局的有关专家、领导组成，验收小组和与会代表听取了南方计算机学校校园网络工程的方案设计和施工报告、测试报告、资料审查报告和用户试用情况报告；实地考察了南方计算机学校计算中心主机房和网络工程的部分现场。验收小组经过认真讨论，一致认为：

（1）工程系统规模较大。南方计算机学校校园网络工程是一个较大的工程项目，具有近 10 幢楼宇，几百个用户结点。该工程按照国际标准 EIA/TIA-568 设计，参照相关的结构化布线系统技术标准施工，是一个标准化的、实用性强、技术先进、扩充性好、灵活性大和开放性好的信息通信平台，既能满足目前的需求，又兼顾未来发展需要，工程总体规模覆盖了全校的几乎所有的建筑。

（2）工程技术先进，设计合理。该系统按照 EIA/TIA-568 国际标准设计，工程采用一级集中式管理模式，水平线缆选用符合国际标准的 TP-Link 非屏蔽超 5 类双绞线，主干线选用 6 芯光缆，信息插座选用 AMP8 位/8 路模块化插座，符合 FDDI、EIA/TIL568、IEEE802 和 ICEA 标准。南方计算机学校网络布线采用金属线槽、PVC 管和塑料线槽规范布线，除室内明线槽外，其余均在天花板吊顶内，布局合理。

（3）施工质量达到设计标准。在工程实施中，由南方计算机学校计算机科和南方天恒网络系统公司联合组成了工程指挥组，协调工程施工组、布线工程组和工程监测组，双方人员一起进行协调，监督工程施工质量，由于措施得当，保障了工程的质量和进度。工程实施完全按照设计的标准完成，做到了布局合理，施工质量高，对所有的信息点、电缆进行了自动化测试，测试的各项指标全部达到合格标准。

（4）文档资料齐全。天恒公司为南方计算机学校提供了翔实的文档资料。这些文档资料为工程的验收、计算机网络的管理和维护，提供了必不可少的依据。

综合上述，南方计算机学校网络工程的方案设计合理、技术先进、工程实施规范、质量好；布线系统具有较好的实用性、扩展性，各项技术指标全部达到设计要求，为实现数字南方工程的实现开创了一个良好开端。验收小组一致同意通过网络工程的验收。

南方计算机学校网络工程验收小组

组长：×××

××××年××日

## 工作任务 3　网络工程交接

网络工程的交接是指施工单位将建设完成的工程移交给建设方使用，建设方按照合同中约定的条款进行验收确认，交接双方共同签字确认办理移交手续的过程。工程交接意味着工程施工阶段的结束，建设方可以正常使用，此时，工程仍处于施工方的质量保证期内，工程中出现的任何故障，施工方必须无偿提供服务，一般情况下，质保期为三年，部分设备质量可能会是一年，具体的质保时间可以参看标书文件。

### 1. 工程交接的项目

工程交接主要剩余线材和器材的交接、工程资料以及竣工资料的交接。

（1）剩余线材和器材的交接

工程施工中可能会涉及项目的变更，布线的线材、管材和器材会出现多余的现象，这些线材均已为建设方的财物，施工方应将其分门别类整理好，并列出清单将其移交给建设方。各方负责交换的人员要签署工程交接手续的证明文件，各持一份留存。

（2）工程资料的交接

凡是布线工程建设过程中形成的具有保存价值的各项数据、图样、表格、文字材料以及照片等影像资料都是工程资料。为了便于查阅利用，应将这些资料整理，并装订成册，移交给建设方。

（3）竣工资料的交接

工程竣工资料是工程交接中最重要的材料，包含了几乎全套的工程施工的相关文件，一般由四大类文件组成：交工技术文件、验收技术文件、施工管理文件和竣工图纸。

### 2. 交工技术文件

交工技术文件的内容比较多，主要由工程说明、材料设备进场记录表、设计变更报告、工程延期申请表、重大事故报告、工程交接书以及工程验收报告等材料组成。主要技术文件的格式及内容如下。

① 工程说明。工程说明是将工程概况、主要的工程项目内容以及工程施工方、监理方等情况做个介绍通报。

## 工 程 说 明

**一、工程概况**

本工程为×××学校校园网综合布线工程，施工地点位于×××××，本次施工是校园内教学大楼、实训楼、教学工厂、食堂、实验剧场等的综合布线工程，共 218 个信息点。

**二、工程项目内容**

本工程于××年×月×日开工，工程中主干网由高速千兆光纤骨干以太网组成，网络分布呈星型拓扑结构，配线子系统采用百兆主干网络、100 兆自适应到桌面的校园网络方案，把学校的各个资源联系起来，另外，学校通过电信宽带线路把互联网系统接入到校园网内。

综合布线部分包括水平线管安装（PVC$\phi$32、$\phi$20、$\phi$25 暗埋于各楼层墙体内）、水平线槽安装（安装在综合楼各教室天花上）;

楼墙开孔 20 个，楼板开孔 16 个;

超五类双绞线布放（布放 218 条）;

光纤布放（布放 12 条）;

底盒安装（安装 218 个）;

网络面板安装（安装 218 套）; 面板安装（300 套，含更换）;

150×75 水平主干桥架安装（中央机房--对面分机柜）、150×75 竖井垂直主干桥架安装（中央机房--A 区各楼层分机柜）;

100×80×1 水平主干桥架安装（主干桥架至分机柜）;

主干光纤布放（布放 8 条）;

机柜安装共 9 个，（安装在 3 楼中央机房 42U 落地式机柜，其他 9U 挂墙式分机柜安装在楼层办公室内）;

配线架安装（共 8 个：超五类 24 口配线架 2 个、超五类 48 口配线架 6 个、1U 绕线架 8 个）、光纤盒安装（共 9 个：24 口光纤盒 2 个、12 口光纤盒 7 个）;

配线架线缆端接（226 条）;

模块端接 218 个;

超五类线缆测试 218 条；光纤测试 6 条。

**三、项目组织系统**

建设项目名称:

建设单位名称:

监理单位名称:

施工单位名称:

② 工程开工报告。工程开工报告是施工方向监理方和建设方提请开工建设的申请报告，报告内容主要是报告开工前期的准备情况，表达已具备开工建设的条件，提请建设方与监理方同意开工建设的报告。其基本格式如下。

**工程开工报告**

<table>
<tr><td colspan="4">工程名称：</td></tr>
<tr><td>施工单位</td><td></td><td>施工地点</td><td></td></tr>
<tr><td>建设单位</td><td></td><td>监理单位</td><td></td></tr>
<tr><td>施工负责人</td><td></td><td>手机号码</td><td></td></tr>
<tr><td>计划开工日期</td><td></td><td>计划竣工日期</td><td></td></tr>
<tr><td colspan="4">工程准备情况及存在地主要问题：<br>施工单位（签章）：__________<br>日　　　期：__________</td></tr>
<tr><td colspan="4">监理单位意见：<br>监理单位（签章）：__________<br>日　　　期：__________</td></tr>
<tr><td colspan="4">建设单位意见：<br>建设单位签章：__________<br>日　　　期：__________</td></tr>
</table>

注：本报告一式三份，建设单位、监理单位、施工单位各一份。

③ 施工组织设计（方案）报审表。施工组织方案报审表是由施工方设计制作的完整的施工组织方案交给监理方，由监理方审核能否施工的表格，报审表中必须有完整的施工方案。其基本格式如下。

**施工组织设计（方案）报审表**

工程名称：　　　　　　　　　　　　　　　　编号：

<table>
<tr><td>致：__________（监理单位）<br>我方已根据施工合同的有关规定完成了__________工程施工组织设计（方案）的编制，并经我单位技术负责人审查批准，请予以审查。<br>附：施工组织设计（方案）<br>承包单位（章）__________<br>项　目　经　理__________<br>日　　　期__________</td></tr>
<tr><td>专业监理工程师审查意见：<br>专业监理工程师__________<br>日　　　期__________</td></tr>
<tr><td>总监理工程师审核意见：<br>项目监理机构__________<br>总监理工程师__________<br>日　　　期__________</td></tr>
</table>

注：本报告一式三份，建设单位、监理单位、施工单位各一份。

此外，还有工程进度计划报审表等相关报审表格，表格格式基本相同，可以根据实际情况决定是否需要填写。

④ 材料、设备进场记录表。材料、设备进场记录表主要记录施工中采购的材料及设备情况，该表是核算工程量的重要依据。表格主要记录名称、型号、生产厂家以及数量等情况。材料进场记录表基本格式如下：

**材料进场记录表**

项目名称：　　　　　　　　　　　　　　　　　　　　编号：

| 序　号 | 材 料 名 称 | 型号/规格 | 生 产 厂 家 | 性 能 参 数 | 数　量 |
|---|---|---|---|---|---|
| 1 | ××PVC 线管 | ϕ32 | | | 720m |
| 2 | ××PVC 线管 | ϕ20 | | | 4000m |
| 3 | ××PVC 线管 | ϕ25 | | | 720m |
| 4 | ××PVC 线槽 | 40×18 | | | 2100m |
| 5 | ××PVC 线槽 | 25×14 | | | 450m |
| 6 | 双绞线 | IBDN 超五类 | | | 58 箱 |
| 7 | 镀锌铁桥架 | 100×80 | | | 2600m |
| 8 | 镀锌铁桥架 | 150×75 | | | 450m |
| 9 | 镀锌铁桥架 | 60×30 | | | 60m |
| 10 | 室内光纤 | 六类多膜 | | | 1000m |
| 11 | 室外光纤 | 六类多膜 | | | 1400m |

记录人：　　　　　　　　　　监督人：　　　　　　　　　日期：

注：本报告一式三份，建设单位、监理单位、施工单位各一份。

设备进场记录表基本格式如下：

**设备进场记录表**

项目名称：　　　　　　　　　　　　　　　　　　　　编号：

| 序　号 | 设 备 名 称 | 设 备 型 号 | 生 产 厂 家 | 数　量 | 备　注 |
|---|---|---|---|---|---|
| 1 | 落地式机柜 | 落地式机柜 | | 1 | |
| 2 | 挂墙式机柜 | 挂墙式机柜 | | 8 | |
| 3 | 绕线架 | PA2212（02） | | 8 | |
| 4 | 光纤耦合器 | PG5101-ST | | 56 | |
| 5 | 光纤接头 | PJ50ST-MM | | 56 | |
| 6 | 12 口光纤盒 | PD5012-ST | | 6 | |
| 7 | 24 口光纤盒 | PD5024-ST | | 1 | |
| 8 | 24 口配线架 | PD1124 | | 2 | |
| 9 | 48 口配线架 | PD1148 | | 6 | |
| | | | | | |
| | | | | | |

记录人：　　　　　　　　　　监督人：　　　　　　　　　日期：

注：本报告一式三份，建设单位、监理单位、施工单位各一份。

⑤ 设计变更报告。设计变更报告是在工程实施过程中，由于情况的变化原设计方案可能不能满足用户的需求或不方便施工，由施工方会同设计方共同向用户方及监理方提出的变更申请，其基本结构如下：

**设计变更报告**

项目名称：　　　　　　　　　　　　　　　　　　项目编号：

| 原设计方案： |
|---|
| 修改原因及新的设计方案： |
| 对监理工作的影响： |

报告人：　　　　　　　　　　　　　　　　　　报告日期：

注：本报告一式三份，建设单位、监理单位、施工单位各一份。

⑥ 工程延期申请表。网络工程的施工工期通常比较长，在一个时间段内，各种不可知的因素都有可能对工期带来影响，就会影响工程的如期完工，施工方可以根据情况向用户方和监理方提出工程延期的申请。工程临时延期申请报告基本格式如下：

**工程临时延期申请报告**

项目名称：　　　　　　　　　　　　　　　　　　项目编号：

致：＿＿＿＿＿＿＿＿（监理单位）

根据施工合同条款第＿条第＿款的规定，由于＿＿＿＿＿＿＿＿＿＿＿＿原因，我方申请工程延期，请予以批准。

附件：

1．工程延期的依据及工期计算：

合同竣工日期：××××年×月×日

申请延长竣工日期：××××年×月×日

2．证明材料

承建单位：＿＿＿＿＿＿

项目经理：＿＿＿＿＿＿

日　　期：＿＿＿＿＿＿

注：本报告一式三份，建设单位、监理单位、施工单位各一份。

工程最终延期审批表基本格式如下：

**工程最终延期审批表**

项目名称：　　　　　　　　　　　　　　　　　　　　　　　　项目编号：

<table>
<tr><td>
致：____________（承包单位）<br>
根据施工合同条款________________条的规定，我方对你方提出的________工程延期申请（第____号）要求延长工期________________日历天的要求，经过审核评估：<br>
□最终同意工期延长________________日历天。使竣工日期（包括已指令延长的工期）从原来的________年________月______日延迟到________年__________月_____日。请你方执行。<br>
□不同意延长工期，请按约定竣工日期组织施工。<br>
说明：<br>
<br>
项目监理机构 ____________<br>
总监理工程师 ____________<br>
日　　期 ____________
</td></tr>
</table>

注：本报告一式三份，建设单位、监理单位、施工单位各一份。

⑦ 工程交接书。工程交接书是工程经施工方、监理方和建设单位在工程完成、初步检验后，签发的一种文档，文档中的实质性材料不多，但需要提供很多的附件。基本格式如下：

**工程交接书**

<table>
<tr><td colspan="3">本工程于__________ 开工 ____________ 完工。经建设单位、监理单位、施工单位三方检查，工程质量符合要求。<br>附件：<br>1．测试报告<br>2．竣工图纸<br>3．竣工验收资料<br>4．…</td></tr>
<tr><td colspan="3">工程交接意见：</td></tr>
<tr><td colspan="3">验收人员：(签名)</td></tr>
<tr><td>建设单位（盖章）：<br>项目负责人：<br>日　　期：</td><td>监理单位（盖章）：<br>监理工程师：<br>日　　期：</td><td>施工单位（盖章）：<br>项目负责人：<br>日　　期：</td></tr>
</table>

注：本报告一式三份，建设单位、监理单位、施工单位各一份。

⑧ 工程验收报告。工程验收报告主要描述工程的基本情况，重点内容是验收意见和施工质量评语，其基本格式如下：

**工程竣工验收报告**

<table>
<tr><td>建设项目名称</td><td colspan="2"></td><td>建设单位</td><td colspan="2"></td></tr>
<tr><td>单位工程名称</td><td colspan="2">综合布线单项工程</td><td>施工单位</td><td colspan="2"></td></tr>
<tr><td>建设地点</td><td colspan="2"></td><td>监理单位</td><td colspan="2"></td></tr>
<tr><td>开工日期</td><td></td><td>竣工日期</td><td></td><td>终验日期</td><td></td></tr>
<tr><td>工程内容</td><td colspan="5">详见安装工程量总表</td></tr>
<tr><td colspan="6">验收意见及施工质量评语：</td></tr>
<tr><td colspan="6">施工单位代表：<br>施工单位签章：<br>日　　期：　　年　月　日</td></tr>
<tr><td colspan="6">监理单位代表：<br>监理单位签章：<br>日　　期：　　年　月　日</td></tr>
<tr><td colspan="6">建设单位代表：<br>建设单位签章：<br>日　　期：　　年　月　日</td></tr>
</table>

### 3．验收技术文件

验收技术文件主要由安装设备清单、设备安装工艺检查情况表、信息点抽检验收记录表等各种类型的检查表组成。

已安装设备清单基本格式如下：

**已安装设备清单**

项目名称：　　　　　　　　　　　　　　编号：

| 序　号 | 设备名称及型号 | 单　位 | 数　量 | 安 装 地 点 | 备　注 |
|---|---|---|---|---|---|
| 1 | 42U 落地式机柜安装 | 个 | 1 | 中央机房 | |
| 2 | 15U 挂墙式机柜安装 | 个 | 8 | 各个楼层的分机柜 | |
| 3 | 超五类 48 口配线架安装 | 个 | 6 | 分机柜 | |
| 4 | 超五类 24 口配线架安装 | 个 | 2 | 分机柜 | |
| 5 | 24 口光纤盒安装 | 个 | 2 | 分机柜及中央机柜 | |
| 6 | 12 口光纤盒安装 | 个 | 7 | 分机柜及中央机柜 | |
| 7 | 1U 绕线架安装 | 个 | 8 | 分机柜及中央机柜 | |
| | | | | | |

注：1. 本报告一式三份，建设单位、监理单位、施工单位各一份；

2. 工程简要内容：中心机房、配线间终端设备安装。

设备安装工艺检查情况表基本格式如下：

设备安装工艺检查情况表

项目名称：　　　　　　　　　　　　　　　　　　　　项目编号：

| 序　号 | 检 查 项 目 | 检 查 情 况 |
| --- | --- | --- |
| 1 | 配线架端接安装 | 安装、线缆标签及扎放工艺良好 |
| 2 | PVC 线管安装 | 水平度、固定、接头及安装工艺符合施工规范 |
| 3 | 底盒、面板安装 | 水平度、固定、接头及安装工艺符合施工规范 |
| 4 | 镀锌铁线槽安装 | 水平度、垂直度、接口、稳固度符合施工规范 |
| 5 | 线缆敷设、扎放 | 线缆标签、预留长度、扎放松紧符合设计要求和施工规范，无扭曲、打结现象 |
| 6 | 水晶头端接 | 端接工艺、接触性能符合施工规范 |
| 7 | 光纤头端接 | 端接工艺、接触性能符合施工规范 |
| 8 | | |

检查人员：　　　　　　　　　　　　　　　　　　　　日期：

注：1. 本报告一式三份，建设单位、监理单位、施工单位各一份；

2. 工程简要内容：安装 PVC 线管，镀锌铁桥架，安装机柜，敷设光纤、超五类线缆，端接测试。

综合布线系统线缆穿布检查记录表基本格式如下：

综合布线系统线缆穿布检查记录表

项目名称：　　　　　　　　　　　　　　　　　　　　编号：

| 施工单位 | | 施工负责人 | | 完成日期 | |
| --- | --- | --- | --- | --- | --- |
| 工程完成情况 | | | | | |
| 序号 | 线缆品牌、规格型号 | 根数 | 均长 | 备注 | |
| 1 | IBDN 超五类双绞线缆 | 218 | 68m | 网络布线 | |
| 2 | TCL/PC51MM50-6 六芯室内光纤 | 9 | 110m | 网络布线 | |
| 3 | TCL/PC51MM50-6 六芯室外光纤 | 3 | 120m | 网络布线 | |
| 4 | | | | | |
| 检查情况 | | | | | |
| 两端预留长度有无编号 | | | | | |
| 线缆弯折有无情况 | | | | | |
| 线缆外皮有无破损 | | | | | |
| 松紧冗余 | | | | | |
| 槽、管利用率 | | | | | |
| 过线盒安装是否符合标准 | | | | | |

检查人员：　　　　　　　　　　　　　　　　　　　　日期：

注：本报告一式三份，建设单位、监理单位、施工单位各一份。

综合布线信息点抽检电气测试验收记录表与综合布线光纤抽检测试验收记录表的基本格式分别如下：

**综合布线信息点抽检电气测试验收记录表**

项目名称： 项目编号： 抽验日期： 年 月 日

| 信息点总数 | 218 | 其中 | 数据点 | 218 | 配线间数（设备间） | 9 | 拟抽检点数 | 20个点 | | |
|---|---|---|---|---|---|---|---|---|---|---|
| | | | 语音点 | | | | | | | |
| 线缆厂家型号 | IBDN 超五类双绞线 | | 模块厂家型号 | TCL PM1011/超五类信息模块 | | | 配线架厂家型号 | TCL PD11/48/24 口配线架 | | |
| 测试标准 | TIA/EIA568A、ISO/IEC11801 标准 | | | 使用的测试仪器 | FLUKE | | | | | |
| 设计单位 | | | | | | 施工单位 | | | | |
| 选点及抽检结果 | | | | | | | | | | |
| 序号 | 配线间 | 信息点编号 | 长度 | 接线图 | 工作电容 | 绝缘电阻 | 近端串扰 | 直流电阻 | 回波损耗 | 结果 |
| 1 | 三楼A区中央机房 | 3FA-05 | 65.8m | | ≤5.2 | 5000 | 60dB | ≤9.4 | 26.3dB | 合格 |
| 2 | 三楼A区中央机房 | 3FA-12 | 78.5m | | ≤5.2 | 5000 | 82.54dB | ≤9.4 | 27.7dB | 合格 |
| 3 | 三楼A区中央机房 | 3FA-15 | 56.3m | | ≤5.4 | 5000 | 64.2dB | ≤9.4 | 23.3dB | 合格 |
| 4 | 三楼A区中央机房 | 3FA-18 | 22.3m | | ≤5.2 | 5000 | 72.35dB | ≤9.4 | 29.6dB | 合格 |
| 5 | 三楼A区中央机房 | 3FA-20 | 64.4m | | ≤5.2 | 5000 | 45.33dB | ≤9.4 | 24.5dB | 合格 |
| 6 | …… | | | | | | | | | |
| 7 | | | | | | | | | | |
| 8 | | | | | | | | | | |
| 9 | | | | | | | | | | |

注：本报告一式三份，建设单位、监理单位、施工单位各一份。

## 综合布线光纤抽检测试验收记录表

项目名称：　　　　　　　　　　　　项目编号：　　　　　　　　　　抽验日期：　　　　年　　月　　日

| 光纤总根数（段数） | 12 | 其中室内（分芯数） | 9 | 室外（分芯数） | 3 | 拟抽检根数 | 5 根 | | |
|---|---|---|---|---|---|---|---|---|---|
| 光纤厂家型号 | TCL/PC51MM50-6 六芯室内光纤/ PC51MM50-6 六芯室外光纤 | | | | | 端接设备厂家型号 | TCL/PG5024-ST | | |
| 测 试 标 准 | YD/T901-2001 国际标准 | | 使用的测试仪器 | | FLUKE | | | | |
| 设 计 单 位 | | | | | 施工单位 | | | | |
| 选点及抽检结果 | | | | | | | | | |
| 序号 | 起始配线间（设备间） | 端止配线间 | 光纤类型编号 | 典型插入损耗 | 最大回波损耗 | 插 入 损 耗 | 回 波 损 耗 | 震　动 | 结　果 |
| 1 | 三楼 A 区中心机房 | 三楼 B 区分机房 | PC51MM50-6 六芯室内光纤 | ≤0.25dB | ≤-50dB | ≤0.1dB | ≤0.2dB | 10~60Hz 单振幅 | 合格 |
| 2 | 三楼 A 区中心机房 | 二楼 B 区分机房 | PC51MM50-6 六芯室内光纤 | ≤0.24dB | ≤-50dB | ≤0.1dB | ≤0.2dB | 10~60Hz 单振幅 | 合格 |
| 3 | 三楼 A 区中心机房 | 一楼 A 区分机房 | PC51MM50-6 六芯室内光纤 | ≤0.251dB | ≤-50dB | ≤0.1dB | ≤0.2dB | 10~60Hz 单振幅 | 合格 |
| 4 | 三楼 A 区中心机房 | 体育馆 | PC51MM50-6 六芯室外光纤 | ≤0.25dB | ≤-50dB | ≤0.1dB | ≤0.2dB | 10~60Hz 单振幅 | 合格 |
| 5 | 三楼 A 区中心机房 | 饭堂 | PC51MM50-6 六芯室外光纤 | ≤0.25dB | ≤-50dB | ≤0.1dB | ≤0.2dB | 10~60Hz 单振幅 | 合格 |

测量人员：　　　　　　　　监视人员：　　　　　　　　记录人员：　　　　　　　　日期/时间：

注：本报告一式三份，建设单位、监理单位、施工单位各一份。

### 4．施工管理文件

施工管理文件是施工过程中的管理资料，主要由施工人员管理、施工质量管理、施工现场安全管理以及施工进度表等组成，如图 7-11～图 7-14 所示。

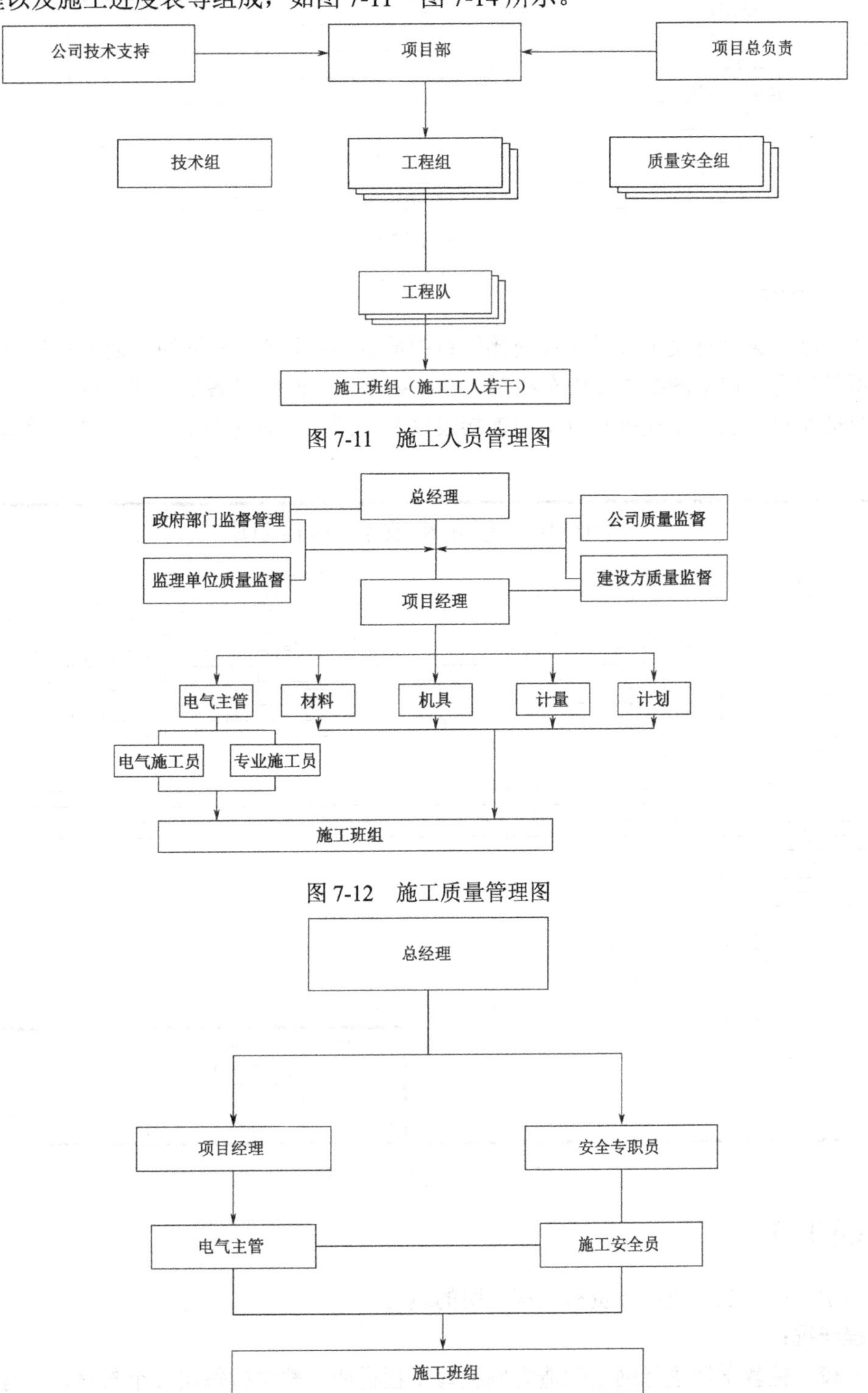


图 7-11　施工人员管理图

图 7-12　施工质量管理图

图 7-13　施工现场安全管理图

| | 施工进度计划表 | | | | | | | | | | | |
|---|---|---|---|---|---|---|---|---|---|---|---|---|
| 内容 月 | 2015年3月 | | | | | | 2015年4月 | | | | | |
| 日 | 1-5 | 6-10 | 11-15 | 16-20 | 21-25 | 26-31 | 1-5 | 6-10 | 11-15 | 16-20 | 21-25 | 26-30 |
| 施工准备 | | | | | | | | | | | | |
| 管路协调 | | | | | | | | | | | | |
| 线缆敷设 | | | | | | | | | | | | |
| 设备订购 | | | | | | | | | | | | |
| 现场设备安装 | | | | | | | | | | | | |
| 管理设备安装 | | | | | | | | | | | | |
| 系统调试 | | | | | | | | | | | | |
| 试运行 | | | | | | | | | | | | |
| 正常交付使用 | | | | | | | | | | | | |
| | 注：实际进度表将与甲方密切协商决定，并与进度计划表相符 | | | | | | | | | | | |

图 7-14　施工进度计划表

## 5．竣工图纸

竣工图纸从某种意义上说是工程交接资料中最重要的资料，网络的后期维护与升级都需要有此图纸做参考。竣工图纸主要由布线图、网络拓扑图、网络设备配置图、网段关联图、配线架与信息插座对照表、交换机与设备间连接表以及光纤配线表等组成，图 7-15 所示为机柜打线图。

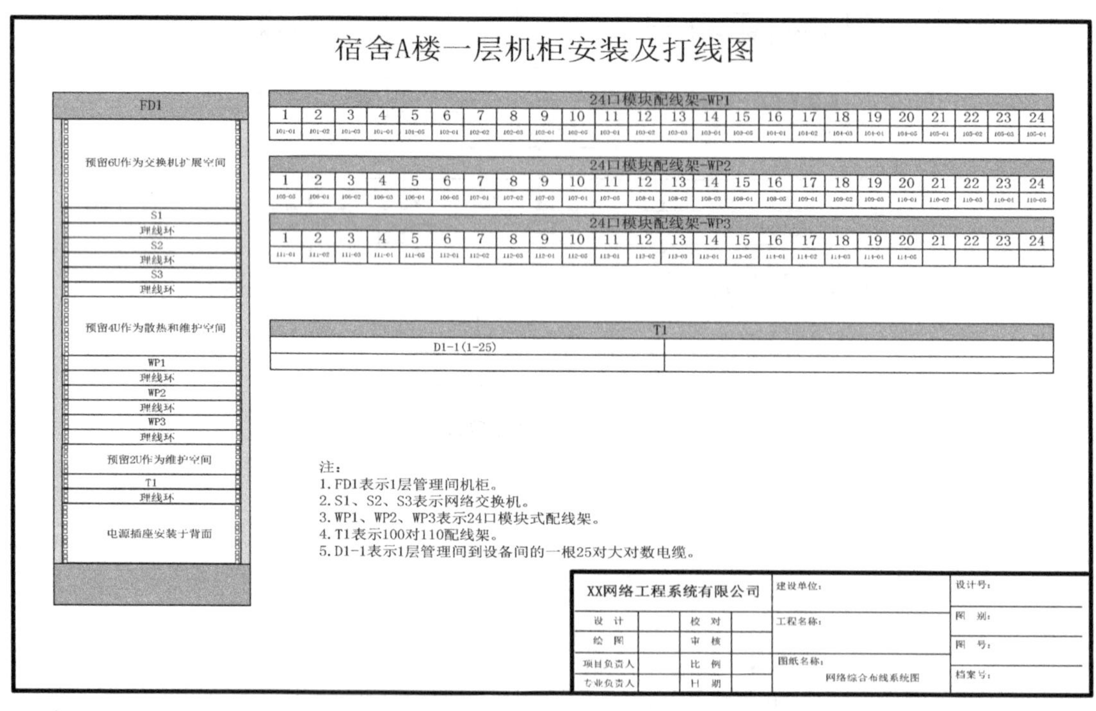


图 7-15　机柜布局及打线图

## 小试牛刀

全体学生按小组完成以下资料工程说明的编写。

**工程概况：**

以本校一幢教学楼进行网络改造为例编写工程说明，教学楼每层 8 个教室，共有 5 层。每间教室留有一个数据点和一个语音点。楼层使用桥架布线，教室内使用 PVC 线槽布线。教学楼层高为 2.8m，教室的长宽为 8m×6m。整幢楼的配线间设置在 1 楼。

## 一比高下

各小组同学根据自己及小组成员的工作完成情况，进行自我评价并对小组其他成员进行评价，将评价结果填写在表 7-3 中。

表 7-3　分项练习小组评价表

| 评价内容 | | 自我评价 | | | 小组评价 | | |
|---|---|---|---|---|---|---|---|
| | | 优秀 | 合格 | 再努力 | 优秀 | 合格 | 再努力 |
| 操作技能 | 工程说明的格式 | | | | | | |
| | 基本工作量的统计 | | | | | | |
| | PVC 线槽的统计 | | | | | | |
| | 桥架的统计 | | | | | | |
| | 方案的合理性 | | | | | | |
| | 兴趣态度 | | | | | | |
| | 团结合作 | | | | | | |
| | 乐于助人 | | | | | | |
| 小组综合评价： | | | | | | | |

## 开动脑筋

1. 施工过程中如果有重大责任事故，需要在竣工报告中体现出来吗？
2. 工程中的隐蔽工程该怎样验收呢？
3. 网络布线过程中，如果施工方有偷工减料行为，工程监理方有权制止吗？
4. 网络工程在施工过程中需要改变设计，监理方同意就可以了吗？
5. 布线工程中的隐藏工程要等到施工结束后进行验收吗？

## 课外阅读

### 网络工程系统图

综合布线系统的系统图用于描述整幢建筑布线系统结构，通过系统图可以看出每个楼层布放线缆数量、楼层信息点的数量以及缆线的使用情况；可以明确管理间设置的楼层，管理间的配线架的配置情况；干线系统传输介质的选用及敷设情况；可以明确设备间的位置，设备间配线架的配置。

系统图通常使用 CAD 或 Visio 软件绘制，也可以使用其他软件绘制。系统图要准确地表述出工作区子系统信息插座的数量，分清双孔信息点和单孔信息点，并标注出使用线缆的数量；管理间子系统要标注出管理间编号及配线架数量；干线子系统线缆及光纤标注要正确、合理；设备间配线架的数量要准确合理；图例以及说明正确。系统图如图 7-16 所示。

根据用户需求和学生宿舍楼规模的情况。将每幢楼的合适的楼层设置管理间，并将两幢楼的设备间合二为一，并将其设置在 A 楼一层的弱电间中，B 楼的数据与语音信号直接与 A 楼一层弱电间相关设备相连，B 楼一层设置管理间。因此，宿舍楼综合布线系统涉及工作区子系统、配线子系统、干线子系统、设备间子系统、管理间子系统 5 个子系统，如图 7-16 所示。

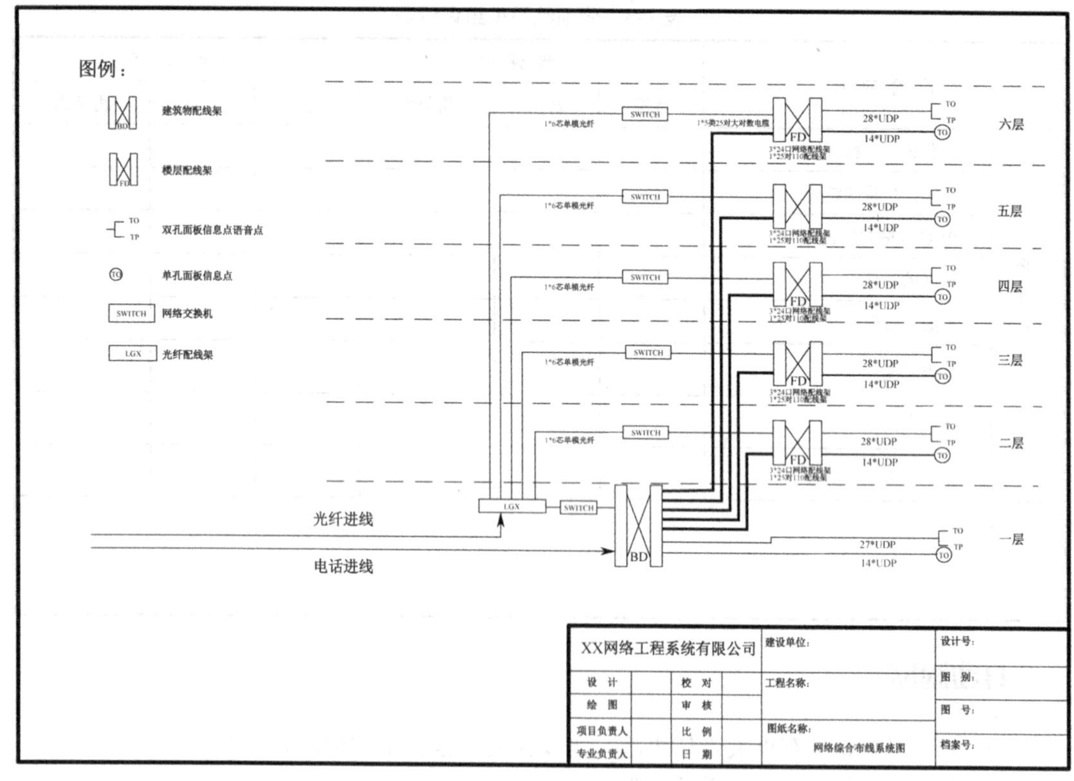


图 7-16　系统图

# 本项目小结

本项目用了 3 个工作任务介绍了网络工程测试、验收以及布线工程的交接，主要内容有网络测试技术、网络工程的验收技术以及工程交接的相关内容。重点要掌握 Fluke 测试仪测试线缆技术、Fluke 测试报告的理解以及导出，掌握网络工程验收项目及基本的验收要求，了解工程交接的主要项目和交接的资料等，了解相关文档的撰写内容以及撰写的基本格式。

# 思考与练习

1．布线系统的测试的主要依据是什么？

2．电缆链路测试方式有哪些？

3．图 7-17 所示一组 Fluke 测试数据表示的含义是什么？

| | | |
|---|---|---|
| 长度（ft），极限值328 | [线对 78] | 31 |
| 传输时延（ns），极限值555 | [线对 12] | 47 |
| 时延偏离（ns），极限值50 | [线对 12] | 1 |
| 电阻值（欧姆） | | 不适用 |
| 衰减（dB） | [线对 45] | 20.9 |
| 频率（MHz） | [线对 45] | 100.0 |
| 极限值（dB） | [线对 45] | 24.0 |

图 7-17　测试数据

4. 什么是近端串扰？什么是回波损耗？
5. 近端串扰没有通过的主要原因有哪些？
6. 什么是永久链路？永久链路的测试与信道测试有什么区别？
7. 工程验收的主要项目有哪些？
8. 布线工程验收的主要标准有哪些？
9. 工程鉴定会通常是由工程中的哪一方来组织？

# 反侵权盗版声明



举报电话：（010）88254396；（010）88258888
传　　真：（010）88254397
E-mail:　dbqq@phei.com.cn
通信地址：北京市万寿路 173 信箱
　　　　　电子工业出版社总编办公室
邮　　编：100036